알기 쉬운

X-선 유기결정구조 해석

강상욱 · 서일환 · 이종대 지음

EASILY UNDERSTANDABLE

X-RAY ORGANIC CRYSTAL STRUCTURE ANALYSES

자유아카데미

머리말

X-선 결정학(X-ray crystallography)이라는 단결정 X-선 회절(single crystal X-ray diffraction)은 결정성 시료 내의 원자 배열을 정확하게 밝히는 데 X-선 회절 방법이 사용되는 해석적 기법 중 하나입니다.

결정 구조 연구자를 위한 본서에서는 결정학의 이론보다는 실제 결정 구조 해석을 하는데 필요한 요점만 나열하도록 노력하였습니다. 중요한 그림, 표 그리고 중요 항목은 연구자들이 쉽게 점근할 수 있도록 '※' 표와 함께 차례 안에 넣었습니다.

1장에서는 첫째로 시료의 합성 및 성장 방식, CSD의 이용법을 제시하였고 시료 합성의 예를 들어 뚜렷한 목적이 있는 새로운 화합물을 단결정으로 성장시켜 결정 구조를 분석하도록 하였습니다. 둘째는 결정 구조 해석을 하는 장치의 소개로서 1960년대에 사용하던 X-선 사진법으로부터 현재의 area detector에 이르기까지를 사진과 함께 나타내었습니다. 셋째는 SHELX-97 컴퓨터 프로그램을 이용하여 구조를 해석하는 중원자법(heavy atom method)과 직접법(direct method)의 실례를 들어서 초보자도 SHELX-97 프로그램을 이용할 수 있도록 하였습니다. 넷째는 PLATON 프로그램을 이용하여 공간군을 확인하고, 수소 결합을 찾고, 알 수 없는 용매와 ghost peak를 제거하는 방법을 보였습니다. 끝으로 혼성 결합(hybrid bond)과 좌우상(enantiomers)에 대하여 간략하게 설명하였습니다.

2장에서는 특성 X-선의 발생 과정과 명명법을 기술하고 결정 구조 해석에 주로 사용되는 X-선 파장 $\lambda(\mathrm{CuK}\alpha) = 1.5418$ Å과 $\lambda(\mathrm{MoK}\alpha) = 0.7107$ Å은 단색화장치로 graphite의 (002)면에 회절시켜 얻을 수 있음을 지적했습니다.

3장에서는 결정질 고체에 있는 7가지 결정계, 14가지 Bravais 격자, 32가지 점군을 약술하고, 230개 공간군이 어떻게 얻어지는지를 보였습니다. 그리고 230개 공간군의 특성을 파악할 수 있도록 92개 대칭 중심 공간군, 68개 극성 공간군, 70개의 비극성이며 비대칭 중심 공간군으로 분류하여 표로 작성하였으며 각 공간군에서 분자의 허용되는 병진변위(translation)를 기재하였습니다.

4장에서는 결정에서 2차원적인 면(plane)을 나타내는 Miller 지수를 정하는 방법을 제시한 후 실격자를 역격자(reciprocal lattice)로 기술함으로서 Bragg 회절 법칙을 Ewald 구의 개념으로 쉽게 설명하였습니다. 이어서 Bragg 법칙을 이용하여 orthorhombic계의 단위 세포의 크기를 결정하는 방법을 제시하였습니다.

5장에서는 결정학에서 가장 중요한 대상인 위상(phase)을 명확히 설명하였습니다. 그리고 위상을 이용하는 구조 인자식이 무엇이며, 이 구조 인자식이 대칭 중심 공간군과 비대칭 중심 공간군에 따라 어떻게 다르게 표시되는지를 보였으며 Friedel 법칙도 언급하였습니다. 이어서 온도 인자를 간단히 설명하고 disordered 현상을 보이는 원자를 그림으로 나타내었습니다. 회절 강도의 규칙적인 소멸은 원자 또는 분자의 병진변위가 있을 때만 생김을 언급하고, 이들을 (1) Miller 지수 3개 모두에 관련된 소멸, (2) Miller 지수 2개에만 관련된 소멸, (3) Miller 지수 1개에만 관련된 소멸 등으로 분류하였습니다. 그리고 공간군은 주로 이 소멸 법칙에 의하여 결정된다는 것을 언급하였습니다. 이어서 chiral 분자가 가질 수 있는 65개 좌우상(enantiomorphous) 공간군과 함께 11개의 좌우상 쌍(enantiomorphic pairs)도 표로 작성하였습니다. 특히 변칙 산란체(anomalous scatterer)를 포함한 chiral 분자 $C_{56}H_{56}Cl_6Cr_2P_4$의 절대 구조를 좌우상 쌍 공간군들 $P6_122$와 $P6_522$ 중 $P6_122$로 밝힌 과정을 부록에 상세히 기술하였습니다.

마지막 6장에서는 결정 구조 해석에 사용되는 X-선이 전자파이므로 파동의 성질을 간단히 설명한 후 Fourier 합산과 Fourier 변환의 의미, 그리고 Fourier 변환이 가역적(reversible)임을 설명하였습니다. 이어서 전자 밀도의 Fourier 합산이 구조 인자이고, 역으로 구조 인자의 Fourier 합산이 전자 밀도임을 보였으며 구조 인자의 Fourier 합산을 경험하기 위하여 간단하게 $P1$과 $P\overline{1}$ 공간군을 택하여 실제로 전자 밀도를 작도하였습니다. 끝으로 위상 문제를 해결하는 Patterson 법과 직접법을 약술한 후 Fourier 식의 의미를 되새기며 마무리하였습니다.

이 책이 결정학을 연구하는 분들께 다소 도움이 되기를 바랍니다. 저자들은 이 책을 출판하는 데 도와주신 자유아카데미 관계자 여러분께 심심한 감사를 표하는 바입니다. 감사합니다.

강상욱, 서일환, 이종대

차 례

Chapter 01

Contents

Contents

Chapter 06

Chapter 01

유기 결정 구조 해석의 개요
(Summary of Organic Crystal Structure Analyses)

1장에서는 단결정의 성장에서부터 결정 구조 연구에 사용되는 X-선 장비들을 소개하고 컴퓨터를 사용하여 구조 해석을 한 다음 CIF(Crystallographic Information File)의 작성까지 단결정 구조 해석을 위한 전체적인 내용을 요약하였다.

대학에서 화학을 전공하면 1학년에서 일반화학 1, 2를, 2학년에서 유기화학 1, 2를 배우게 된다. 일반화학에서는 화학에 대한 전반적인 내용을 공부하고, 유기화학에서는 원자, 분자에 대한 복습과 작용기를 배우며, 이를 이용한 합성을 배우게 된다. 이러한 지식을 바탕으로 새로운 유기 화합물을 합성하려면 몇 가지 방법을 통해 화합물의 합성 여부를 판단할 수 있다.

우선 가장 간단한 방법으로 박막 크로마토그래피(Thin-Layer Chromatography)가 있다. 이것은 이동상(용매)과 고정상(실리카 젤)을 이용하여 출발 물질과 생성 물질의 극성 차이에 의한 이동 거리의 차이로 판단하는 것이다. 준비 과정이 간단하고 누구나 사용할 수 있는 장점이 있어 보편적으로 많이 이용된다. 그 다음은 분석기기를 이용하여 확인하는 방법으로, 질량 분석법(Mass Spectroscopy), 적외선 분광법(Infrared Spectroscopy), 자외선 분광법(Ultraviolet Spectroscopy), 핵자기 공명 분광법(Nuclear Magnetic Resonance Spectroscopy)이 있다. 이들 분석 장비들은 모두 합성된 화합물을 확인하고 그 구조를 예측하기 위해 개발되었다. 그러나 이런 많은 분석 장비에도 불구하고 새롭게 합성된 화합물의 구조를 정확히 예측하고 실제 화합물의 구조를 밝히기에는 한계가 있다. 이런 한계를 극복할 수 있었던 계기가 된 것이 단결정 X-선 회절 분석법(Single Crystal X-ray Diffraction Method)이다. 이 방법은 X-선을 단결정에 조사하여 회절된 정도를 이용하여 전자 밀도를 알아내고, 측정된 전자 밀도를 이용하여 원자를 예상하여 실제 분자 구조와 거의 유사한 그림을 얻어내는 것이다. 이제부터 단결정 X-선 분석법을 이용하기 위한 가장 기본적인 것부터 알아보자.

1.1 시료의 합성 및 단결정 성장

유기화학 교재에 나와 있는 합성법을 이용할 수도 있겠지만, 그 외에 알려진 수많은 합성법 중 실험자가 목표로 하는 화합물을 합성하기 위해 적당한 합성법을 선택한 다음, 순수하게 정제된 출발 물질들을 이용하여 화합물을 합성할 수 있다. 기본적인 반응의 확인은 박막 크로마토그래피를 이용하여 반응의 진행 여부를 확인할 수 있다. 박막 크로마토그래피를 이용하여 출발 물질이 완전히 사라지고 새로운 물질이 생성됨을 확인한 다음 관 크로마토그래피(column chromatography), 승화(sublimation), 재결정(recrystallization), 증류(distillation) 등과 같은 다양한 정제 과정을 통해 합성하고자 했던 화합물만을 분리하도록 한다. 분리된 화합물은 가능한 한 용해도가 좋지 않은 용매를 이용하여 용액으로 만든 다음, 고농도로 농축시켜 저온이나 상온 조건의 진동이 적은 장소에서 안정적으로 결정이 성장할 수 있는 환경을 만들어 주어 단결정 X-선 분석법을 이용할 수 있는 결정을 얻도록 한다. 이때 중요한 것은 화합물의 분자 하나하나가 외부의 아무런 영향 없이 스스로 특정한 단위 세포(unit cell)를 형성할 수 있도록 환경을 조성해 주어야 한다는 것이다. 왜냐하면 자연은 무질서도가 증가하는 방향으로 에너지가 이동하는데 무질서도가 감소하는 방향으로 에너지가 이동해야 하므로 단결정 X-선 분석법에 이용할 수 있는 결정을 얻기 위한 재결정 과정은 외부로부터 에너지 유입이 불가능하도록 가능한 한 낮은 온도, 적은 운동 에너지를 갖는 상태를 유지시켜야만 한다. 이렇게 하면 투명하면서 일정한 형태를 갖는 고체 상태의 결정을 얻어낼 수 있다. 만일 합성된 화합물이 긴 사슬 형태이거나 다량의 사슬 형태의 치환기를 가지고 있다면 결정 상태를 이루기 어렵거나 결정을 얻어내는 데 많은 노력을 기울여야 할 것이다. 그리고 순수한 상태의 화합물이 액체이거나 끈적끈적한 젤(gel) 상태라면 결정을 얻기가 불가능할 수도 있다.

1.1.1 목적이 있는 시료의 선택

새로운 화합물을 합성하다 보면 결정 형성이 잘되는 화합물이 있고 그렇지 못한 화합물이 있다는 것을 알게 된다. X-선 회절법을 처음 이용하게 되면 다른 분광학적 방법으로 구조를 예상하기 전에 서둘러 결정 형태를 만들어 화합물의 구조를 보고자 하는 유혹에 빠지는 경우가 종종 있다. 그러나 X-선 회절법은 다양한 분석 방법을 이용하여 구조 예측이 가능한 경우나 구조적인 특이성이 보이지 않는 화합물에 대해서는 가급적 적용을 하지 않는 것이 효과적이다. 그 이유는 결정을 형성시키는 데 시간이 필요할 뿐만 아니라, 다른 분광학 장비와 달리 측정하는 시간도 상당히 소요되기 때문이다(6~12시간). 이런 이유로 구조적으로 새로운 특성을 갖는 것으로 판단되는 최종 생성물이거나 지금까지 발표되지 않은 특이한 구조라고 예상되는 경우에 한해 X-선 회절법을 활용하는 것이 효과적이라고 할 수 있다.

1.1.2 시료의 구조 해석이 되어 있는지의 여부 확인

화합물을 합성하기 전에 우선 앞서 발표된 자료들을 조사하여 합성하고자 하는 화합물의 독창성에 대해 확인해야 한다. 만일 합성하고자 하는 화합물이 기존의 자료에 이미 발표되어 있고 그 구조가 명시되어 있다면 어렵게 구조 해석을 위해 시간을 낭비할 필요가 없기 때문이다. 화합물의 독창성은 CSD(Cambridge Structural Database)를 이용하면 보다 쉽게 확인할 수 있다. 다음에 CSD의 역할과 사용법에 대하여 간략하게 설명하였다.

① Cambridge Structural Database, CSD

CSD는 작은 분자의 결정 구조들의 저장소라고 할 수 있다. 과학자들은 특정 화합물의 결정 구조를 결정하는 데 단결정 X-선 결정학을 사용한다. 일단 구조가 밝혀지면 그 구조에 관한 정보는 한 개의 file(CIF format)로 저장되어 CSD에 맡겨진다. 그 정보는 결정질 위상(crystalline phase)의 공간군 대칭(space group symmetry), 그의 세포 상수(cell parameters), 삼차원적인 세포(cell) 안에 있는 모든 원자들의 상대적인 원자의 좌표로 구성되어 있다. 과학자들은 각자의 실험실에서 성장된 결정들로부터 얻은 자료들을 CSD와 비교하는 데 사용할 수 있다. 이 정보는 역시 다양한 소프트웨어를 이용하여 그 구조를 볼 수 있게 하는 데 사용될 수 있다. 또한, 상(phase)의 이론적인 분말 회절 방식이 어떨 것이라는 것을 계산하는 것도 가능하다. 이 선택은 해석적인(analytical) 이유에서 특히 중요하다. 왜냐하면 그것은 결정을 성장시킬 필요 없이 결정질 분말 혼합물에서 각각의 상을 식별할 수 있도록 하기 때문이다. 많은 작은 분자들은 잠재적으로 의학 약품(drugs)으로 작용할 수 있는 종류의 유기 화합물들이며, CSD의 매우 중요한 용도는 약품 설계의 새로운 실마리를 암시할 수 있는 관련된 분자들 중 구조적 비교를 하는 것이다. 이와 같은 CSD는 CCDC(Cambridge Crystallographic Data Centre)에 의하여 자료들이 수집되며 보존, 유지된다.

② CSD 사용법

CSD를 이용하여 화합물들의 구조 해석이 되어 있는지 여부는 다음 순서로 확인한다. CSD를 이용하여 구조를 확인하는 방법은 12가지가 있다. 즉 구조 그림, 저자나 참고문헌, 화합물 이름, 공간군(space group), 화학식, 단위 세포 상수(unit cell parameters) 등이다. 이들 중 일반적으로 사용하는 것은 다음과 같다.

① 단위 세포 상수인 a, b, c, α, β, γ 값을 이용하는 방법
② 화학식을 이용하는 방법
③ 구조 그림을 그려서 확인하는 방법
④ 화합물 이름을 이용하는 방법

위의 방법들을 사용하여 CSD에서 구조가 찾아지면 결정 구조를 이차원이나 삼차원으로 살펴볼 수 있다. 또한 저자를 포함한 참고문헌과 결정 자료에 대한 다양한 정보를 볼 수 있다.

1.1.3 합성된 시료의 구성 성분 확인

앞서 언급한 바와 같이 합성된 화합물은 우선적으로 쉽게 접근할 수 있는 분광학 기기를 이용하여 화합물을 구성하고 있는 성분을 확인할 수 있다. 합성이 끝나면 원소 분석을 통해 화합물을 구성하고 있는 원소의 성분을 확인하고 적외선 분광법을 이용하여 작용기를 확인하고(작용기가 존재한다면) ^{1}H와 ^{13}C 핵자기 공명법을 이용하여 수소와 탄소의 주변 환경을 확인하여 합성하고자 하는 화합물이 맞는지 확인한다. 가장 기본적인 분광학 방법을 이용하여 화합물을 확인한 다음 결정 성장을 통해 X–선 회절법을 이용하도록 한다.

1.1.4 시료의 밀도 측정

시료의 밀도(g/cm^3)를 측정함으로써 다음 식에 의하여 단위 세포 내의 분자 수 Z를 계산한다. 참고로 H_2O의 밀도는 1g/cm^3 (= 10^3 kg/m^3= 1 Mg/m^3) 이다. 여기서 M(mega) = 10^{6}이다.

$$Z = \frac{0.623 \times \rho\,(\mathrm{kg/m^3}) \times \mathrm{V}\,(\text{Å}^3)}{\mathrm{W}\,(\mathrm{kg})}$$ (단, ρ는 시료의 밀도, V는 부피, W는 분자량이다.)

한 예로 1.4.4절의 CIF 기재사항에 기재된 자료를 사용하여 계산한 단위 세포 내의 분자 수는 다음과 같이 Z = 4이다.

$$Z = \frac{0.623 \times 1.389\,(\mathrm{Mg/m^3}) \times 3189.3\,(\text{Å}^3)}{666.90\,(\mathrm{kg})} = 4.14$$

① 밀도 변화 기둥법(Density Gradient Column Method)

서로 다른 밀도를 갖는 액체를 서로 혼합한 다음 이 혼합 용액을 그림 1.1.1과 같이 긴 관이 장착된 장치에 보관한다. 밀도를 측정하고자 하는 고체 시료를 이 용액이 들어 있는 긴 관에 넣어 주면 밀도가 유사한 액체가 존재하는 위치에 고체 시료가 위치하게 되고 이때 고체 시료가

위치한 부분의 눈금을 읽어 밀도를 측정하게 된다. 이 방법은 높은 정밀도를 갖는 측정 결과를 얻을 수 있는 장점이 있는 반면에 시료 전처리 시간 및 측정 시간이 긴 단점이 있다.

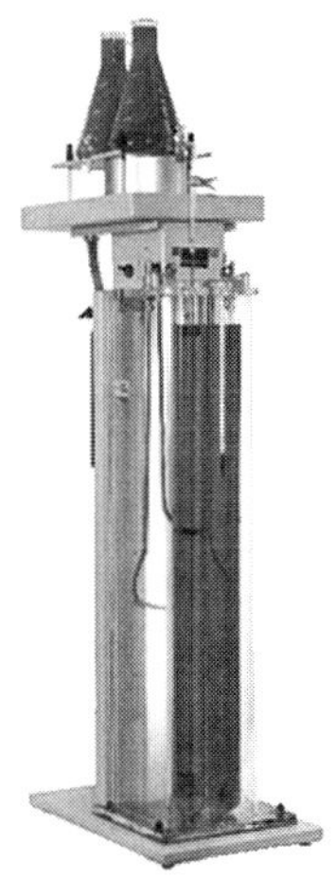

그림 1.1.1 밀도 변화 기둥법을 이용하는 액체 비중계

1.1.5 시료 합성의 예

다음은 화합물의 합성과 재결정 방법의 예를 소개하고자 두 개의 유기 화합물의 삼차원 구조와 그 합성법, 단결정 성장 방법에 대해 나타내었다. 자세한 합성법 및 재결정 방법은 참고문헌을 참고하기 바란다.

합성 예 1

OH, Br —(1. n-BuLi, 2. Me_3SiCl)→ $OSiMe_3$, Br —(1. n-BuLi, 2. Ph_2PCl)→ OH, PPh_2 + N_3 —($-N_2$)→ OH, N, P

목표 화합물은 주어진 반응식에 나타낸 것과 같이 3단계를 거쳐 얻어낼 수 있다. 주어진 출발물질과 n−BuLi을 이용하여 탈수소화 반응을 진행시킨 다음 Me_3SiCl을 첨가하여 알코올 작용기를 보호하고, 1당량의 n−BuLi을 한 번 더 적가(dropwise)한 다음 Ph_2PCl을 첨가하여 Ph_2P가 치환된 페놀 화합물을 페닐 아자이드와 반응시키면 목표 화합물을 합성할 수 있다. 합성된 화합물은 관 크로마토그래피를 이용하여 정제한 다음 헥세인 용매에 녹여 저온 재결정 방법을 이용하여 X−선 회절법에 적용 가능한 결정을 얻어 그림 1.1.2와 같은 삼차원의 구조를 얻을 수 있다.

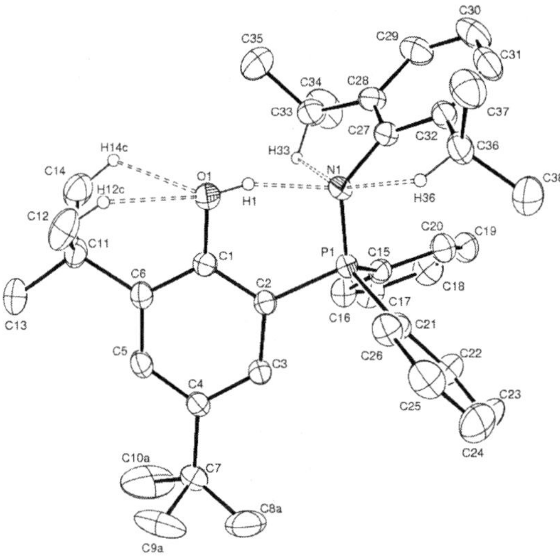

그림 1.1.2 합성된 최종 화합물의 삼차원 구조[1] | 점선은 분자 내 수소 결합(intramolecular hydrogen bond)을 의미한다.

합성 예 2

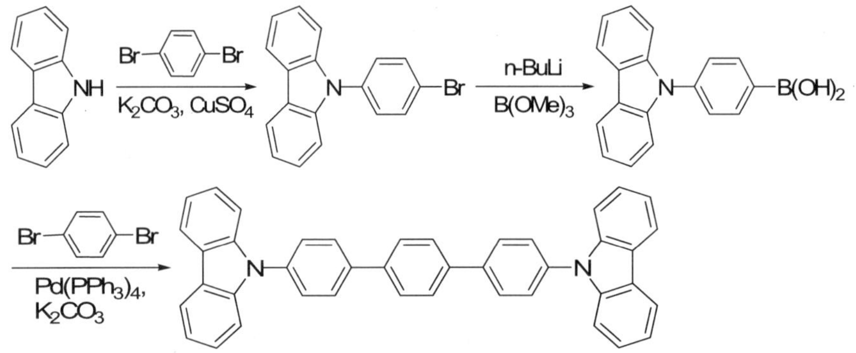

목표 화합물은 전형적인 유기금속 반응인 Ullmann 반응과 Suzuki 탄소-탄소 짝지음 반응(carbon-carbon coupling reaction)을 이용하여 3단계에 걸쳐 합성할 수 있다. 각 단계마다 생성되는 화합물은 관 크로마토그래피를 이용하여 분리하고, 다음 단계에 사용하였다. 최종 생성물은 관 크로마토그래피를 이용하여 분리한 다음 CH_2Cl_2 용매에 녹여 재결정하여 X-선 회절법에 적용 가능한 결정 상태를 얻을 수 있다. 그림 1.1.3은 본 화합물의 $C_{42}H_{28}N_2$ 삼차원적 구조를 나타낸다.

1) $C_{38}H_{48}NOP$, $P\bar{1}$, Lee, J. -D., Suh, I. -H., Kang, S. O. *Acta Cryst. C.* 2011, 67, o151-o153.

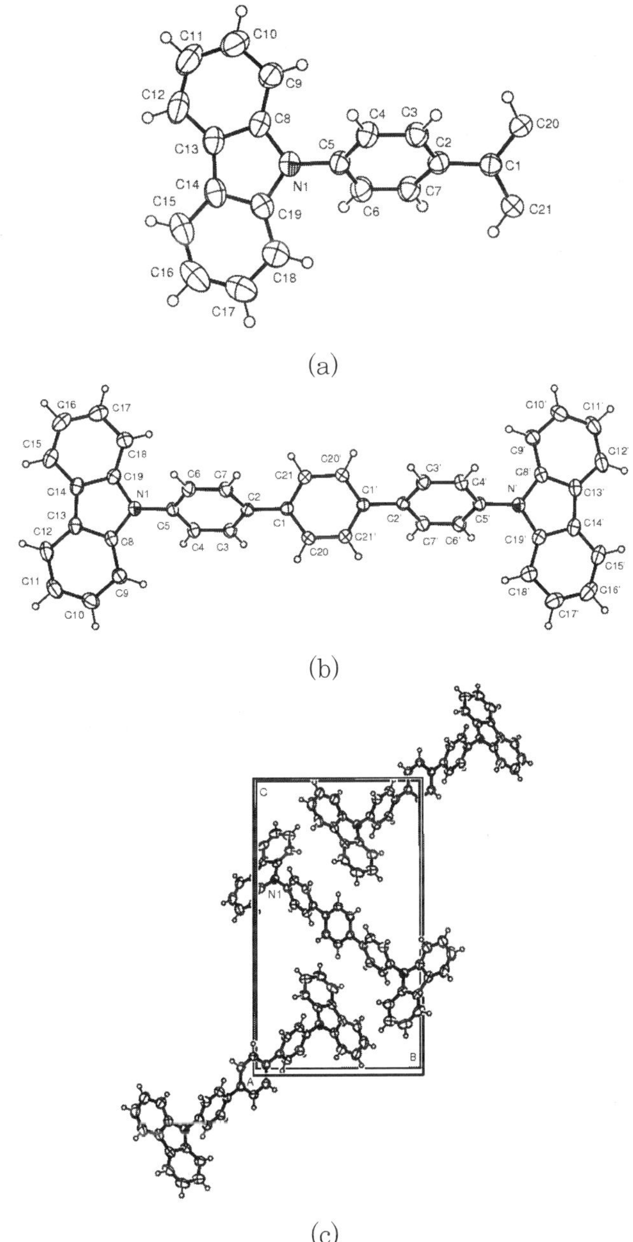

그림 1.1.3 (a) 반 분자를 나타내는 비대칭 단위
(b) 나머지 원자의 위치가 확정된 완전한 분자 형태($C_{42}H_{28}N_2$, $P2_1/n$)
(c) [100]면을 따라서 쌓인 분자 모형[2)]

2) Wee, K. -R., Cho, Y. -J., Jeong, S. -Y., Kwon, S., Lee, J. -D., Suh, I. -H., Kang, S. O. *J. Am. Chem. Soc.* **2012**, *134*, 17982-17990.

1.2 회절계(diffractometer)를 이용한 회절 강도 측정

1.2.1 Goniometer head에 단결정 부착

① 그림 1.2.1 (a)에 보인 고니오미터 헤드(goniometer head)에 지름이 0.2 mm 이하의 유리봉을 고정시켜 놓는다. 이 유리봉 끝에 단결정을 부착시킬 것이다.

(a) (b)

그림 1.2.1 Goniometer head | (a) Goniometer head 전체로 가장 윗부분에는 모세관이 부착되어 있다. (b) 간단한 goniometer head로 가장 윗부분에는 자석으로 된 원반이 붙어 있어 저온 실험 장치 적용이 가능하다. 저온 실험 시 결정에 얼음이 맺히는 것을 방지하기 위해 질소 가스를 불어주도록 설계되었다.

② 단결정으로 성장된 시료를 유리판 위에 놓고 현미경을 통해 가장 적당한 결정 하나를 선택한다. 단결정의 상태가 결정 구조 해석에 결정적인 영향을 미친다.

X-선 강도 자료 수집을 위한 시료의 크기는 지름이 0.2 mm 정도인 구(sphere)가 이상적이다. 그러나 일반적으로는 시료의 모서리가 명확하게 모가 나 있어야 하며, 시료에 어떤 불순물이 붙어 있으면 파라핀유(C_nH_{2n+2})로 씻어 내어 회절 강도에 영향이 없도록 해야 한다. 최종적으로 선택된 단결정은 유리판 위의 한 모서리 위에 반만 걸쳐 놓는다. 그림 1.2.2에 나타낸 것

과 같이 goniometer head에 고정시킨 유리봉의 끝에 에폭시나 매니큐어 같은 접착제를 최소로 묻혀서 준비한 단결정을 올린 다음 움직이지 않도록 고정시킨다.

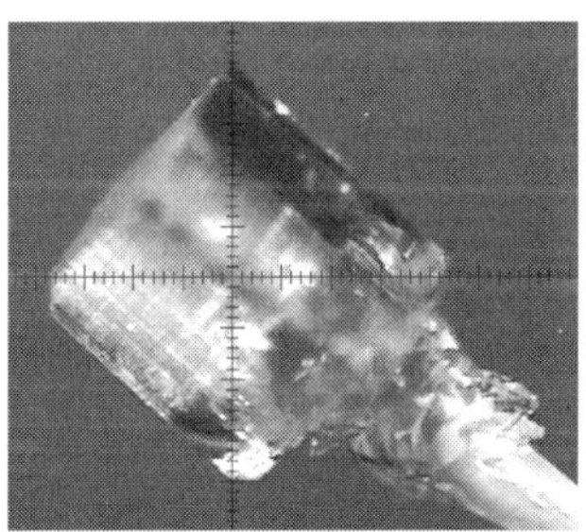
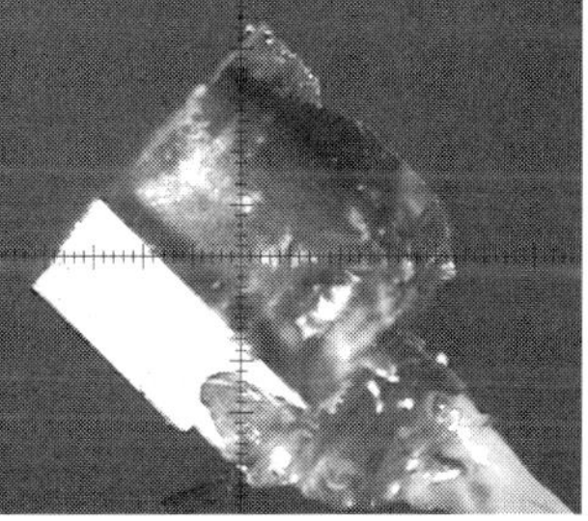

그림 1.2.2 이상적인 시료의 부착

1.2.2 X-선 회절 강도 측정

결정 구조를 밝히는 목적은 결정 내에 있는 원자의 위치를 찾는 것이다. 일단 원자의 위치 정보를 얻으면 이 정보를 이용하여 원자 및 분자 사이의 거리, 원자 사이의 각도, 원자 집단의 평면성, 원자 사이의 비틀림 각 등의 기하학적 자료를 얻을 수 있어서 그 분자 구조를 논할 수 있는 것이다.

수 Å $(= 10^{-10}\,\mathrm{m} = 10^{-1}\,\mathrm{nm})$ 정도로 떨어져 있는 원자의 위치를 알기 위해서는 무엇인가를 원자에 충돌시켜 원자에서 산란되어 나오는 것을 측정하고 분석해야만 하는데, 그것이 바로 전자파인 것이다. 왜냐하면 자유 전자가 전자파를 만나면 전자 자신도 입사한 전자파와 동일하게 진동하여 입사 전자파와 동일한 전자파를 방출하기 때문이다. 그러나 임의의 전자파를 사용할 수는 없다. 예를 들어, 파장이 6000 Å 인 가시광선을 결정 내의 원자에 조사하여 회절파를 측정할 수 있을까? 답은 '아니다'이다. 왜 그럴까? 원자들 사이의 거리는 대략 $d = 1$ Å 정도이다. Bragg 식에 가시광선을 적용해 보면 $\sin\theta = \dfrac{\lambda}{2d} = \dfrac{6000}{2} > 1$이어서 θ값을 얻을 수 없다. 다시 말하면, 가시광선은 파장이 너무 길어서 원자 간의 거리 정도를 구별하지 못할 뿐만 아니라 에너지가 작아 시료를 투과할 수 없다. 또한 γ선(파장 $\lambda = 10^{-3}$ Å) 같이 파장이 너무 짧으면 γ선이 원자로부터 회절되어 나오는 각도 사이의 차이가 너무 작아서 그 차이를 구별할 수 없을 뿐만 아니라 파장이 짧으면 에너지가 커서 시료를 손상시키기 때문에 사용할 수 없다.

결국 결정 구조 해석을 위해 가장 적당한 것이 X-선($0.1 < \lambda < 100$ Å)이다. X-선 중에서도 결정 구조 해석에 가장 많이 사용되는 전자파는 $\lambda_{CuK\alpha} = 1.5418$ Å 와 $\lambda_{MoK\alpha} = 0.7107$ Å 이다. 이러한 X-선을 생성하는 X-선 관을 그림 1.2.3에 나타내었다. 그림 1.2.3 (a)는 X-선 관의 내부 구조이고, 그림 1.2.3 (b)는 X-선 관의 외부 구조이다.

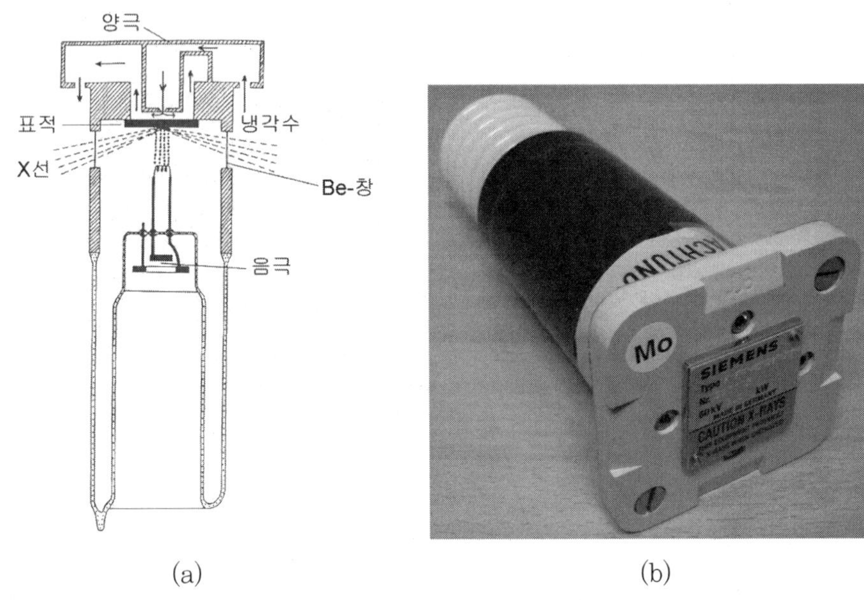

(a) (b)

그림 1.2.3 (a) X-선 관의 내부 구조, (b) Bruker사의 X-선 관

① 1960~70년대 X-선 회절 강도 측정 장치들과 컴퓨터 프로그램

① X-선 회절 강도 측정

그림 1.2.4 (a)는 Weissenberg 카메라로 결정 구조 해석에 가장 많이 사용되었다. Weissenberg 카메라의 반지름은 28.65 mm이다. 그림 1.2.4 (b)는 진동 사진으로 중앙선이 일직선이어서 결정이 잘 정렬되어 있다. 이제부터 층(layer) 사진을 촬영할 준비가 되어 있는 상태이다.

그림 1.2.4 (c)는 Weissenberg 0층 사진이고, 그림 1.2.4 (d)는 Weissenberg 1층 사진이다. 촬영해야 할 층(layer) 수는 축 길이에 의존하는데, 일반적으로 10층까지는 필요하다. 1개 층의 사진을 촬영하는 데 약 30시간이 소요되었다. 한 층 사진을 촬영할 때 그림 1.2.4 (d)에서 보인 크기의 필름 3장을 카메라에 넣는데, X-선의 강도를 감소시키기 위해서 그 필름들 사이에는 알루미늄박을 넣는다. X-선 사진 촬영이 끝나면 X-선 필름을 암실에서 현상하여 암실에서 그 강도를 눈으로 측정하고 표준 강도(standard intensity) 판도 직접 만들어 사용하였다. 당시에는 전기 사정이 좋지 않아 전기가 예고 없이 나가기도 했기 때문에 X-선 장치 옆을 장시간 떠날 수 없었다.

결정 구조를 밝히는 데 X-선 사진법을 사용하였던 것은 우리만이 아니다. 1977~1978년 당시 독일 Göttingen에 위치한 Max-Plank-Institut für experimentelle Medizin에서도 Weissenberg

카메라를 사용하였으며, 필름에 기록된 X-선 회절 강도를 눈으로 측정한 것이 아닌 특수한 장치를 사용하여 측정하기도 하였고, 한편으로는 그때 새로 개발된 신틸레이션(scintillation) 검출기로 측정하기도 하였다.

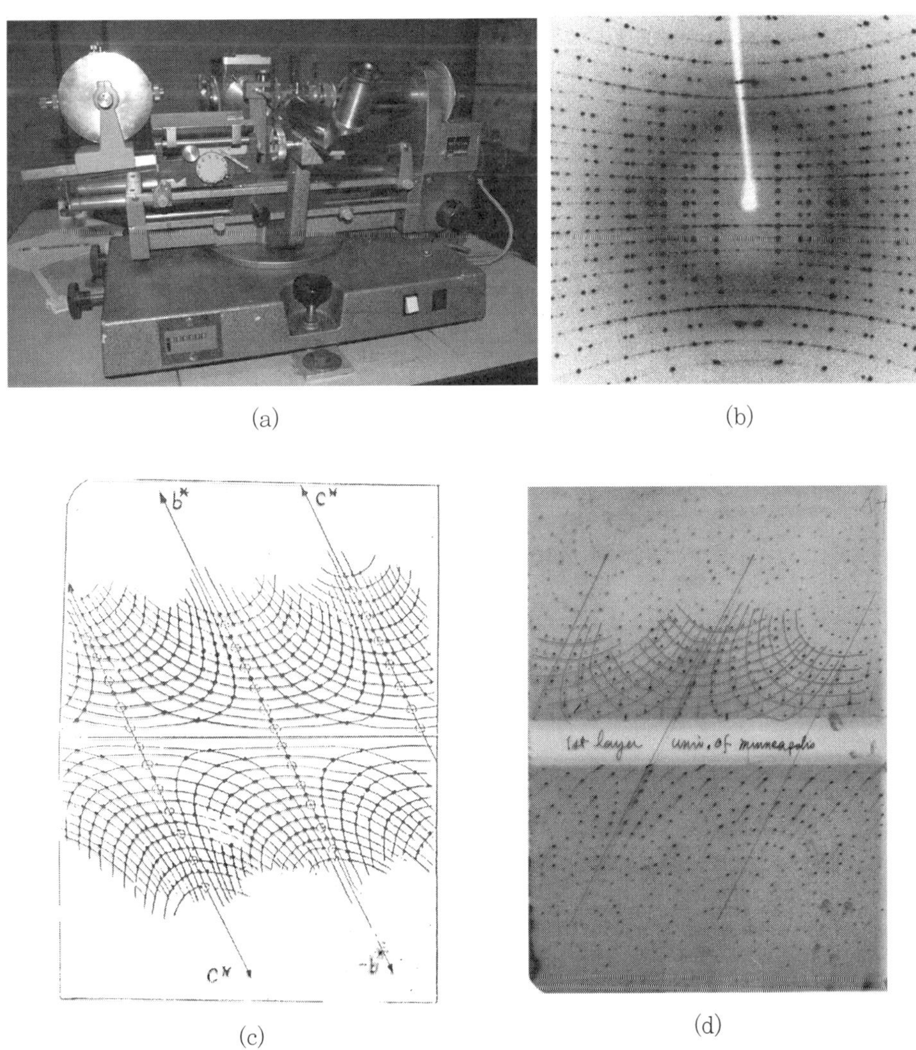

그림 1.2.4 (a) Weissenberg 카메라, (b) 진동 사진[3]
(c) Weissenberg 0층 사진, (d) Weissenberg 1층 사진

3) Oscillation photograph, Serrano-González, H., Harris, K. D. M. *J. Mol.* Struc. **2000**, *519*, 41

그림 1.2.5와 그림 1.2.6은 각각 De Jong–Bouman 카메라와 세차운동(Precession) 카메라이다. 이들 카메라들은 $a-$, $b-$, $c-$축들의 길이를 측정하는 데 사용된다.

그림 1.2.5 De Jong-Bouman 카메라 4)

그림 1.2.6 세차운동 카메라 5)

② 구조 해석을 위한 컴퓨터 프로그램

1970년 초에 미국 Pittsburgh 대학에서 개발한 다음의 컴퓨터 프로그램을 사용하였다.

Technical Report No. 49
Crystallographic Computing programs for
IBM 1130 System

R. Shiono

Department of Crystallography
University of Pittsburgh
Pittsburgh, Pa. 15213

August, 1971

이때는 회절 강도 자료 각각을 컴퓨터용 특수 용지에 펀치(punch)하여 컴퓨터에 읽혔다. 이 컴퓨터 프로그램으로 구조 정밀화 계산을 IBM 1130 컴퓨터에 입력하면 2시간이 소요되었다. 현재는 이 정도의 계산은 1~2분이면 끝낼 것이다. 그 당시에는 결정학을 위해 세계적으로 특별히 알려진 컴퓨터 프로그램이 없어 결정학자들이 각자 프로그램을 개발하여 사용하는 추세였다.

4) STOE사 제작
5) STOE사 제작

② 1990년대까지 널리 사용되던 장비

① Four-circle goniometer의 출현

그림 1.2.7의 4-원주각, 2θ, ω, χ, ϕ을 이용하는 goniometer가 개발되었고, 이 장치는 역격자점을 일일이 찾아다니면서 X-선 회절 강도를 측정하였다.

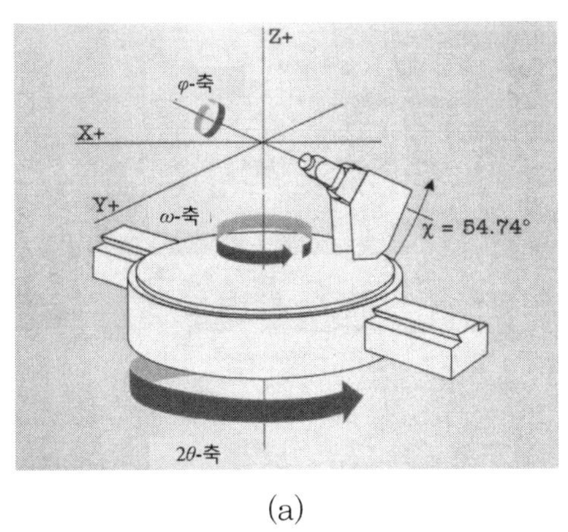

(a)

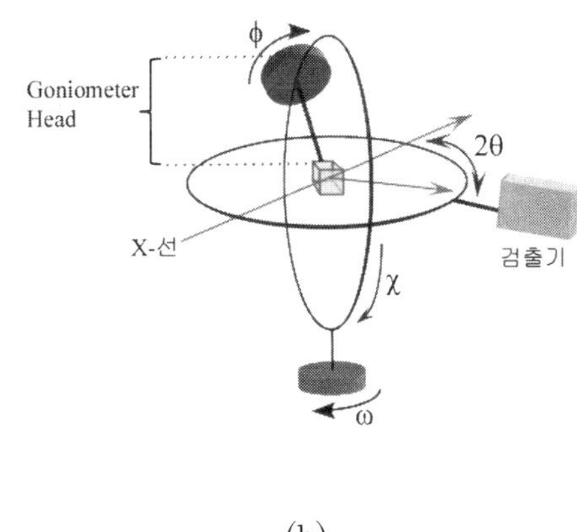

(b)

그림 1.2.7 (a) 4-회전 goniometer의 각 축에 대한 그림 | χ는 54.74°로 고정되어 있다.
(b) 회절계의 각도 체계 | 결정은 goniometer head에 고정되어 있고 4-회전 각도는 $2\theta, \omega, \chi, \phi$로 나타내었다.

② 신틸레이션(Scintillation) 검출기가 부착된 X-선 회절계

그림 1.2.8은 신틸레이션 검출기가 부착된 회절계인데, 이 검출기는 역격자점을 하나씩 측정해야 하는 단점이 있었다.

그림 1.2.8 Kappa축 goniometer | 모델: CAD4 SDP53Rd, X-선 발생 장치: 전력 3kW, 최대 전압 60 kV, 평면 그라파이트(graphite) 단색화장치, 신틸레이션 계측기

유사한 장비들을 그림 1.2.9와 그림 1.2.10에 나타내었다.

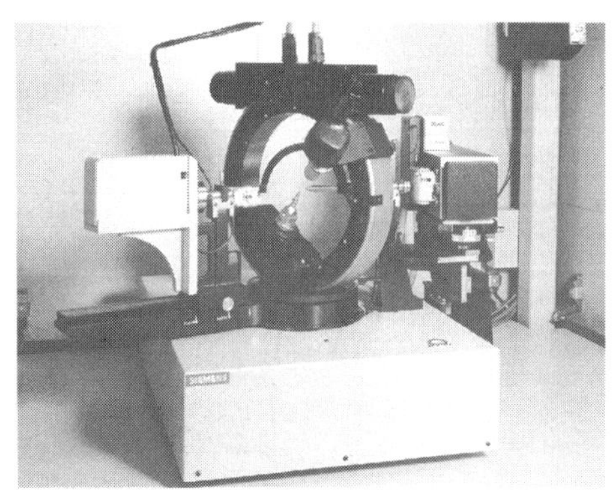

그림 1.2.9 P4 회절 분석기

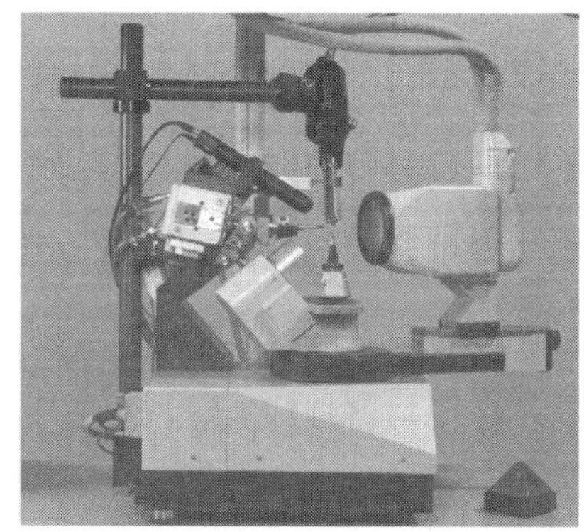

그림 1.2.10 저온 실험 장치가 부착된 Kappa CCD 시스템

③ 현재의 결정 구조에 사용되는 장비들

① Area detector 등장

그림 1.2.11은 전하－결합 소자(charge–coupled device, CCD)로, 이차원적인 금속－산화－규소(metal–oxide–silicon, MOS) 2극관의 조밀한 배열이다. CCD는 신틸레이션에서 광으로 변환된 회절상이 광섬유(fiber)를 통해 CCD에 보내져 기록하는 방식이다. 화소(pixel)의 크기는 한 변이 6~24μm, pixel 수는 한 변이 1,000~2,000개가 일반적이다. 전체 화소로부터의 전하를 읽는 데는 1~10초가 필요하다. 광이 입사하지 않아도 CCD에는 열에너지에 의하여 전하가 축적되어 그것이 검출기의 배경(background)이 되어 감도가 저하된다. 따라서 배경을 감소시키기 위하여 －30~－50°C로 냉각시켜 사용한다.

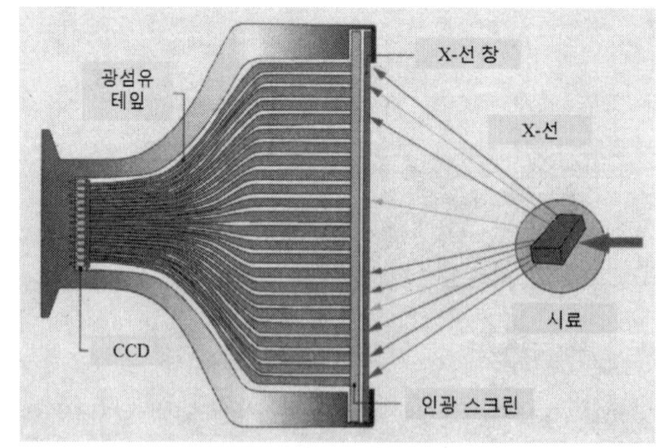

그림 1.2.11 X-선 회절에 사용하는 대표적인 CCD 검출기의 도표

② Area detector가 부착된 회절계

그림 1.2.12와 1.2.13은 CCD 검출기가 부착된 회절계들이다. 신틸레이션 검출기로는 1일이 소요되는 작업을 CCD는 1시간 내에 수행할 수 있다.

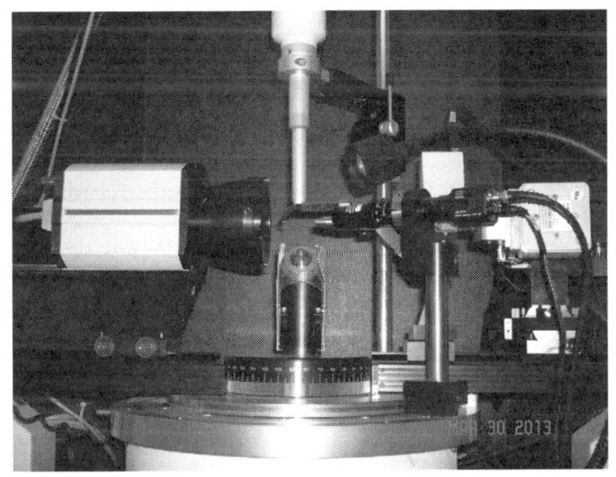

그림 1.2.12 저온 실험 장치가 부착된 CCD가 기본인 단결정 X-선 회절 검출기

그림 1.2.13 저온 실험 장치가 부착된 Bruker SMART 1000 CCD 검출기

④ CCD에서 얻은 X-선 회절 무늬

그림 1.2.14는 CCD를 이용하여 얻은 표준물질인 Ylid ($C_{11}H_{10}SO_2$)의 X-선 회절 무늬이다. 이 그림은 회절 자료 수집이 끝난 다음 $h=0$, $k=0$, $l=0$인 자료만을 따로 모아서 얻은 세차운동 그림(precession images)이다. Ylid의 구조는 그림 6.2.4에 나타내었다.

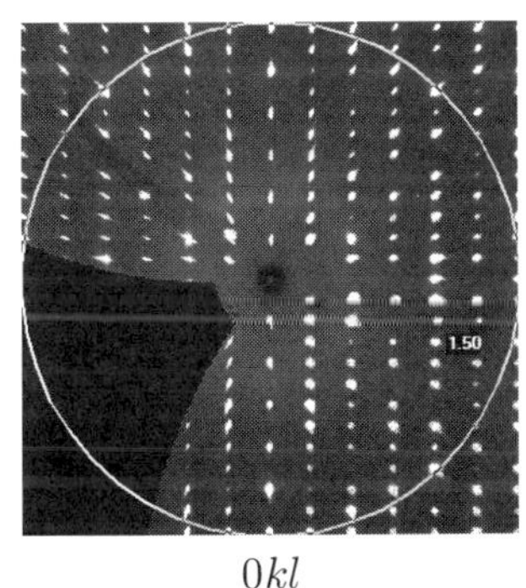

$0kl$

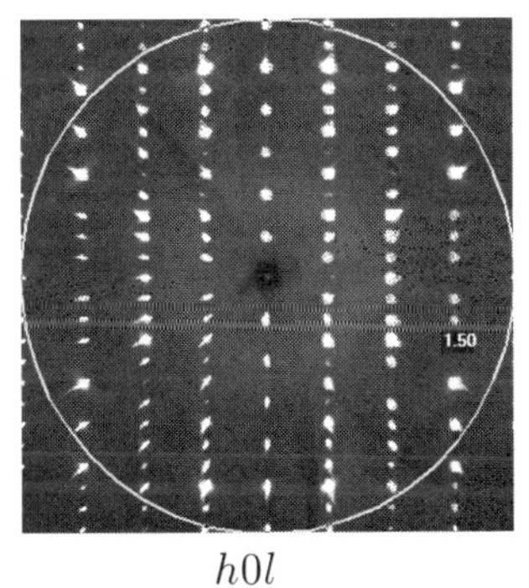

$h0l$

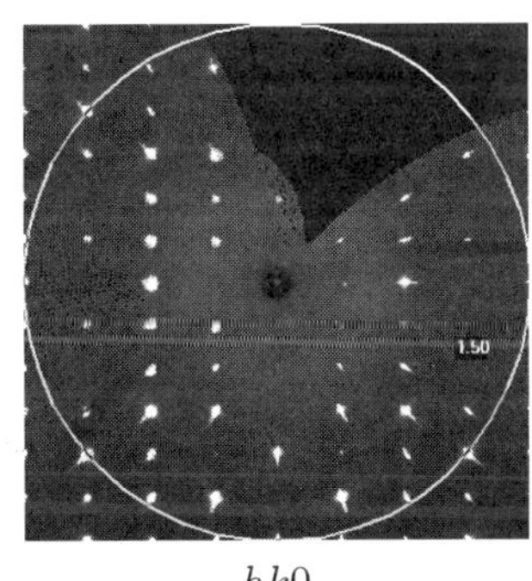

$hk0$

그림 1.2.14 CCD로 측정한 표준물질인 Ylid ($C_{11}H_{10}SO_2$)의 X-ray (MoKα) 회절 무늬(space group $P2_12_12_1$, a = 5.9612(5) Å, b = 9.0404(7) Å, c = 18.3944(16) Å; $\alpha=\beta=\gamma=90.000(0)°$)[6]

6) Bruker AXS Korea 제공

⑤ X-선 회절 자료의 수집과 자료 정리에 관한 대표적인 영문 기술

Collection and reduction of X-ray diffraction data

Suitable crystal of $C_6(C_6H_5)_6$ was mounted in air on a glass fiber tip onto goniometer head. Single crystal X-ray diffraction data were collected on a Bruker SMART diffractometer[7] with 1 K CCD area detector using graphite-monochromated MoKα radiation ($\lambda = 0.71072$ Å) at room temperature (295(2) K). Unit cell parameters were initially obtained from the reflections taken from 60 frames collected in three different ω regions and eventually refined against about 3311 reflections. A hemisphere of reciprocal space was scanned by 0.3° ω steps, collecting 1800 frames each at 10 s exposure. Intensity decay was monitored by recollecting the initial 50 frames at the end of data collection and analyzing the duplicate reflections. The collected frames were processed for integration; an empirical absorption correction was made on the basis of the symmetry-equivalent reflection intensities[8]. The reflection conditions $0kl : h+l = 2n$ and $h0l : h = 2n$ indicated this compound could belong to either space group $Pna2_1$ (33) or $Pnam$ (62).

⑥ 구조 해석과 정밀화에 대한 대표적인 영문 기술

Structure solution and refinement

The structure was solved by direct methods and subsequent Fourier synthesis with the space group $Pna2_1$; it was refined by full-matrix least-squares on F^2 using reflections with $I > 2\sigma(I)$.[9]

Scattering factors for neutral atoms and anomalous dispersion corrections were taken from the internal library of SHELXS 97. Weights were assigned to individual observations according to the formula $\omega = \dfrac{1}{[\sigma^2(F_o^2) + (ap)^2 + bp]}$, where $p = \dfrac{(F_o^2 + 2F_c^2)}{3}$; a and b were chosen to give a flat analysis of variance in terms of F_o^2. Anisotropic displacement parameters were assigned to all non-hydrogen atoms. Hydrogen atoms were placed in idealized position riding on their parent atom with an isotropic displacement parameter 1.2 times that of the pertinent carbon atoms. Final difference electron density map

7) Bruker, SMART (Version 5.0) and SAINT-PLUS (Version 6.0). Bruker AXS Inc., Madison Wisconsin, USA (1999).
8) Sheldrick, G. M., SADABS. University of Goettingen, Germany (1996).
9) Sheldrick, G. M., SHELXS97 and SHELXL97. University of Goettingen, Germany (1997).

showed no features of chemical significance, with the highest peak 0.19 eÅ^{-3} at 1.40 Å from C4 atom. The crystallographic data, final conventional agreement indexes and other structure refinement parameters are listed in Table 1. The absolute parameter 9(10) means that the absolute structure cannot be determined reliably because the molecule does not contain anomalous scatterer. Final atomic coordinates and the equivalent isotropic thermal parameters are given in Table 2. A full list of I_{obs} and I_{cal} is available from authors.

1.3 SHELX-97 컴퓨터 프로그램을 이용한 단결정 구조 해석

SHELX 프로그램의 제1판은 1960년대 말에 개발되었으며, 1976년에 비로소 배포되기 시작되었다. 직접법 이론이 진전됨에 따라 구조 해석(structure solution) 부분인 SHELXS-86이 갱신되었다. 그 이후로 개량된 SHELXL-93, SHELXTL, SHELX-96, 그리고 마지막으로 1997년에 마지막 판인 SHELX-97이 소개되었다. 1995년 말에는 세계의 모든 결정학자들의 61%가 이 프로그램을 사용하고 있었다. 이 프로그램에 대하여 알고 싶은 내용이 있다면 다음의 Prof. Sheldrick homepage를 이용하기 바란다.

홈페이지 주소: http://shelx.uni-ac.gwdg.de/SHELX/
저자: Professor Sheldrick, G. M.
저자의 e-mail: gsheldr@shelx.uni-ac.gwdg.de
저자의 주소: University of Goettingen, Germany

SHELX-97 Manual은 http://www.google.co.kr에서 무료로 내려 받을 수 있다. 이 책에서 사용한 프로그램은 SHELX-97이다.

1.3.1 공간군이 결정되었을 때 또는 공간군이 미정일 때의 구조 해석 절차

① 공간군이 결정되었을 때

대상 시료의 공간군이 확실히 결정되었고 회절강도의 측정 자료가 매우 좋으면 다음 과정을 통해 auto-start란 명령어를 사용하여 계산할 수 있다. 예를 들면 대상 시료의 폴더 k110809 안에 다음과 같은 2개의 *.ins와 *.hkl 파일이 있음을 확인한다.

k110809.ins							
TITL	k110809 in P -1						
CELL	0.71073	9.2608	14.3432	14.4552	95.245	98.596	105.117
ZERR	2	0.0011	0.0017	0.0017	0.002	0.002	0.002
LATT	1						
SFAC	C	H	B	N			
UNIT	76	68	40	4			
TEMP	20						
SIZE	0.3	0.3	0.3				
TREF	50						
HKLF	4						
END							

k110809.hkl				
1	0	0	30.21	0.85
1	0	0	27.79	0.83
1	0	0	29.06	0.88
1	0	0	29.86	0.82
2	0	0	435.85	11.43
2	0	0	453.28	11.28
......				
3	0	-19	-0.20	0.75
2	0	-19	0.05	0.79
1	0	-19	1.13	0.83
3	-1	-19	2.63	0.95
2	-1	-19	0.33	0.76
0	0	0	0.00	0.00

2개의 파일을 확인한 다음 아래에 나타낸 순서를 따라 진행한다.

WinGX v1.70.01의 메뉴 바에서 Model → Prelim → Auto start ↲ 하면 *.HKL을 확인하기를 묻는다. OK 하면 공간군 "P-1"을 확인해 준다. 다음에는 crystal data를 채우라는 창이 뜨고 해당되는 crystal data를 모두 채우고 OK 하고 SHELX-97을 이용하여 구조를 정밀화해가면 된다.

② 공간군이 미정일 때

앞서 언급한 ①에서와 같이 대상 시료의 폴더 내에 상기와 같은 2개의 *.ins와 *.hkl 파일이 있음을 확인한다. 그런 다음 아래 순서에 따라 진행하면 된다.

(ㄱ) WinGX v1.70.01의 메뉴 바에서 Model → Prelim → E-Statistics ↲ 하면 3가지 종류의 Wilson plot*가 제시되는데 이 통계의 목적은 대상 시료의 대칭 중심 여부를 결정하는 것이다.

* 정규화된 구조 인자와 Wilson 도면(Normalized structure factor and Wilson plot)

회절계에서 측정된 X-선 강도(intensity) $|I(hkl)|$은 구조 인자(structure factor) $|F(hkl)|^2$에 비례한다.

$$I(hkl) \propto |F(hkl)|^2$$

$$F(hkl) = \sum_{j=1}^{N} f_j \exp[2\pi i(hx_j + ky_j + lz_j)] \exp\left[-B_j \frac{\sin\theta^2(hkl)}{\lambda^2}\right]$$

구조 인자는 원자의 산란 인자 f_j, 원자의 좌표 x_j, y_j, z_j 그리고 마지막 항인 온도 인자 B_j의 함수이다. 우리가 찾는 것은 원자의 좌표 x_j, y_j, z_j 이므로 구조 인자 값 $F(hkl)$에서 이론적인 원자의 산란 인자와 온도 인자 부분을 제거하고 원자의 좌표만 남긴 구조 인자식 1.3.1을 정규화된 구조 인자 $E(hkl)$라고 한다.[10)]

$$|E(hkl)|^2 = \frac{\left| \sum_{j=1}^{N} f_j \exp 2\pi i(hx_j + ky_j + lz_j) \right|^2}{\left(\sum_{j=1}^{N} f_j^2\right)\epsilon} \qquad (1.3.1)$$

여기서 ε은 증강 인자(enhancement factor)이다.

$E(hkl)$ 값을 계산하는 과정에서 얻어지는 Wilson 도표(그림 1.3.1)에서 전체적인 온도 인자와 척도 인자(scale factor)가 얻어지며, 여러 가지 $E(hkl)$ 값들의 통계가 나와서 대상 화합물이 대칭 중심 구조인지 비대칭 중심 구조인지를 추측하게 된다. 더 중요한 것은 이 과정에서 계산된 $E(hkl)$ 값이 제 6장에서 논할 중원자법(heavy atom method)과 직접법(direct method)으로 초기 구조를 푸는 자료로 사용되는 것이다.

그림 1.3.1은 시료 $C_{11}H_{10}SO_2$에 대한 Wilson 도면을 작도한 것이다.

수직축은 $\ln k(s) = \ln \dfrac{< F_o(hkl)^2 >}{\sum_{j=1}^{N} f_j^2}$ 이며, 수평축은 $s^2 = (\dfrac{\sin\theta}{\lambda})^2$ 이다.

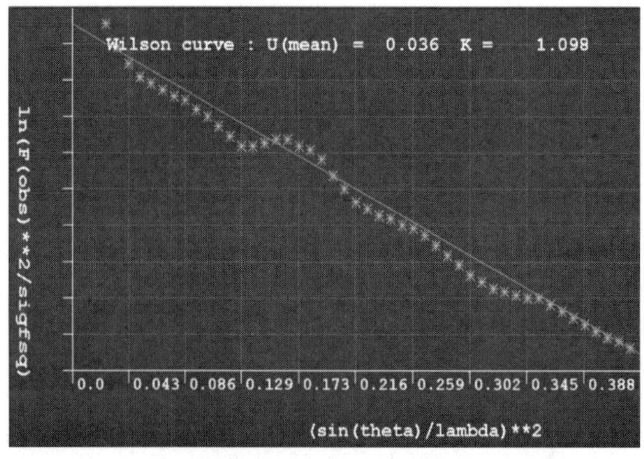

그림 1.3.1 화합물 $C_{11}H_{10}SO_2$의 Wilson 도면

10) 기초 X선 결정학, 강상욱, 서일환 공저, pp. 311-318, 2007, 고려대학교출판부

그림 1.3.1의 경사 $-2B$가 '전체적인 온도 인자 B'를 주며, $s^2=0$에서의 교점은 $\ln t^2$이고, 이 값으로부터 비례 인자 t가 얻어진다. 이 값을 이용하여 규격화된 구조 인자(normalized structure factor)의 평균값 $<E^2>$은 다음과 같이 된다.

$$<E^2> = 1$$

Wilson[11)]은 평균 $<E>$가 다음 값을 가짐을 보였다.

$$<E> = \sqrt{\frac{2}{\pi}} = 0.798 \qquad \text{대칭 중심 구조에 대해}$$

$$<E> = \frac{1}{2}\sqrt{\pi} = 0.886 \qquad \text{비대칭 중심 구조에 대해}$$

표 1.3.1에 주어진 이론값은 현재 밝히고 있는 구조가 중심 대칭(centrosymmetric)인지의 여부를 결정하는 데 사용될 수 있다. 회절 강도의 규격화와 관련된 모든 컴퓨터 프로그램은 대개 이 값을 계산하며, 이것은 사용자로 하여금 그 값을 이론값과 비교할 수 있게 한다. 비록 그 측정값이 이론과 완전히 맞지 않는다 하더라도(이론적인 평균은 무한수의 반사에 기초되고 있는 데 대하여 실험적 오차와 유한한 수의 반사들이 고려되었다는 사실 때문에) 그것은 대개 그들이 중심 대칭(centric)인지 비대칭 중심(acentric)인지를 결정하는 것이 가능하다. 만일 이 값이 중심 대칭 또는 비대칭 중심인 값과 매우 다르면 이것은 측정값에 심각한 오류가 있다는 것이 확실한 것이다.

표 1.3.1 규격화된 구조 인자의 분포에 관련된 이론적인 값

	중심 대칭	비대칭 중심
$<E^2>$	1.0	1.0
$<E>$	0.798	0.886
$<E^2-1>$	0.968	0.736
$\lvert E\rvert>1$를 갖는 양	31.7%	36.8%
$\lvert E\rvert>2$를 갖는 양	4.6%	1.8%
$\lvert E\rvert>2.5$를 갖는 양	1.2%	0.2%
$\lvert E\rvert>3$를 갖는 양	0.3%	0.01%

(ㄴ) WinGX의 메뉴 바에서 Model → Prelim → Assign Space Group ↵ 하면 7개 결정계 중 하나를 택하라는 지시가 나온다. 한 결정계를 택하고 OK 하면 그 결정계에 속한 모든 공간군을 보여 주는데 'Browse'를 ↵ 하여 원하는 공간군을 결정한 다음 OK 하면 공간군이 결정된다.

11) Acta Cryst. 2, 318(1949)

(ㄷ) WinGX의 메뉴 바에서 Model → Prelim → Initialise Files ↵ 하면 'The file k110809. ins already exists, overwrite?' 라고 묻는데 이때 'yes' 라고 답한다. 'crystal data' 를 넣으라는 명령이 나오면 그 data를 넣고 OK 하면 'New *.INS and *.INS and STRUCT.CIF files written' 이 나타나면 OK 한다. 폴더에서 *.ins를 열어 공간군이 바뀌어 들어간 것을 확인한다.

(ㄹ) WinGX 메뉴 바에 있는 Solve → SHELX-97 ↵ 하면 'Use current SHELXS instruction file?' 을 묻는데 이때 'No' 로 답해야 한다. 그러면 Direct | Patterson | Expand | 가 나타나는데 이 중에서 Direct를 선택하면 밑에 'Submitted SHELXS job: Ab initio direct methods' 라고 써진다. 이때 OK 하면 RE = xxx값을 보여 주며 종료된다.

(ㅁ) WinGX 메뉴 바에서 Model → SXGRAPH ↵ 하면 풀린 구조가 나타나고 다음부터는 SHELX-97을 이용하여 구조를 정밀화해가면 된다.

1.3.2 중원자법(Heavy atom method) 및 최소자승 정밀화

① 중원자법

중원자법(heavy atom method)은 분자가 많은 다른 원자에 비해 월등히 무거운 원자를 포함하고 있을 때만 이용되며, $\frac{\sum z_{heavy}^2}{\sum z_{light}^2} \simeq 1$ 일 때 올바른 구조를 보여줄 가능성이 높다. 예를 들면 분자 $C_{26}H_{24}B_{10}Cr_2O_6$의 값은 다음과 같다.

$$\frac{\sum z_{heavy}^2}{\sum z_{light}^2} = \frac{2\times({}_{24}\mathrm{Cr})^2}{26\times({}_6\mathrm{C})^2+24\times({}_1\mathrm{H})^2+10\times({}_5\mathrm{B})^2+6\times({}_8\mathrm{O})^2}$$

$$= \frac{2\times(24)^2}{26\times(6)^2+24\times(1)^2+10\times(5)^2+6\times(8)^2}$$

$$= \frac{1152}{936+24+250+384} = \frac{1152}{1594} = 0.724$$

Bruker SMART 1000 CCD 회절 검출기를 이용하여 X-선 회절 강도(X-ray diffraction intensity)를 측정한 후 Bruker AXS(Advanced X-ray Solutions) 프로그램으로 자료 보정(data reduction)을 수행하면 그 프로그램은 SHELXS-97을 사용하여 직접법이나 중원자법으로 구조 해석을 시작하는 데 필요한 2개의 파일인 $xxx.hkl$(회절 강도 자료)와 $xxx.ins$(명령) 파일을 자동적으로 제공해 준다. $xxx.ins$ 파일은 각자가 만들 수도 있다.

$^{51.996}_{24}Cr$(chromium)을 포함한 시료 $C_{26}H_{24}B_{10}Cr_2O_6$를 가지고 중원자법을 시작한다.

① Job 이름은 k120304로 한다. 이 폴더 안에 다음에 보인 2개의 k120304.ins와 k120304.hkl 파일이 있음을 확인한다.

k120304.ins (중원자법 용)

```
TITL   k120304  in  P21/c
CELL   0.71073   16.5310   11.2765   15.7701   90.000   94.878   90.000
ZERR   4.00      0.0030    0.0020    0.0029    0.000    0.003    0.000
LATT   1
SYMM   -X, 1/2+Y, 1/2-Z
SFAC   C     H     B     CR    O
UNIT   104   96    40    8     24
HKLF   4
END
```

다음은 k120304.hkl 파일로 회절 강도 자료이다. 마지막 줄의 0 0 0 0.00 0.00은 자료의 마지막임을 알리는 기호이다.

k120304.hkl 파일로 회절 강도 자료이다.

```
  0    0   -1     0.05    0.01
  0    0   -1     0.10    0.01
  0    0   -1     0.06    0.01
  0    0   -2     0.52    0.04
..............................................
  4    4   -2   209.26    5.05
 -4   -4    2   204.38    4.93
  4    4   -2   205.36    5.01
..............................................
-21    4   -1     0.22    0.25
-22    0    2     0.00    0.24
 22    0   -2     0.34    0.23
 22    0   -1     0.28    0.21
  0    0    0     0.00    0.00
```

② WinGX VI.70.01의 메뉴 바에서 다음 순서로 진행한다.

Solve → SHELX-97 → Direct | Patterson | Expand 가 나타나는데 이들 중에서 Patterson 을 선택하면 'Default PATT settings will be used'가 써진다. OK 를 클릭하면 화면에 다음과 같이 끝났다는 message가 나타나면서 계산이 끝난다.

③ 이 단계에서 메뉴 바에 있는 Model → SXGRAPH 를 클릭하면 이 프로그램이 찾은 원자를 화면에 보여 준다. 본 화합물의 경우 그림 1.3.2와 같이 3개의 원자들을 찾는다. 각 원자를 클릭하면 그 좌표를 볼 수 있다.

그림 1.3.2는 k120304.res 파일을 사용하여 그린 ORTEP 그림이다.

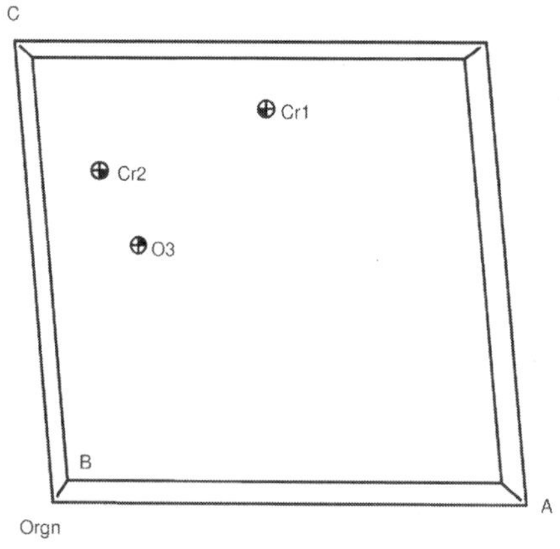

그림 1.3.2 k120304.res의 ORTEP 그림 | 3개의 무거운 원자의 위치가 나타나 있다.

④ File → Open 를 클릭하면 k120304 폴더 안에는 다음과 같이 추가적인 파일 2개가 생성된다.

④-1. shelxs.ins(SHELXS 프로그램이 중원자를 찾으라는 명령)

shelxs.ins (중원자법 용)							
TITL	k120304 in $P2_1/c$						
CELL	0.71073	16.5310	11.2765	15.7701	90.000	94.878	90.000
ZERR	4.00	0.0030	0.0020	0.0029	0.000	0.003	0.000
LATT	1						
SYMM	−X, 1/2+Y, 1/2−Z						
SFAC	C	H	B	CR	O		
UNIT	104	96	40	8	24		
OMIT	4.00	180.00					
ESEL	1.200	5.000	0.005	0.700	0		
PATT							
HKLF	4						
END							

④ - 2. k120304.res(계산 결과에서 얻은 원자 3개의 좌표가 들어 있다. 이 파일은 다음 계산에 이용된다.)

k120304.res 파일						
TITL	k120304 in *P*21/*c*						
CELL	0.71073	16.5310	11.2765	15.7701	90.000	94.878	90.000
ZERR	4.00	0.0030	0.0020	0.0029	0.000	0.003	0.000
LATT	1						
SYMM	−X, 1/2+Y, 1/2−Z						
SFAC	C	H	B	CR	O		
UNIT	104	96	40	8	24		
OMIT	4.00	180.00					
L.S.	4						
BOND							
FMAP	2						
PLAN	20						
CR1	4	0.52912	0.76850	0.87452	11.00000	0.04	
CR2	4	0.13451	0.90634	0.73265	11.00000	0.04	
O3	3	0.20773	1.04001	0.55693	11.00000	0.04	
HKLF	4						
END							

② 최소자승 정밀화

⑤ 다음은 k120304.res를 k120304.ins(첫 번째 정밀화용)로 고친 파일이다. 2개의 $_{24}$Cr 원자들만을 넣었다. L.S. 4는 4회 순환계산을 하라는 것이고, FMAP 2는 difference Fourier method를 수행하라는 것이며, PLAN 20은 20개 원자를 찾으라는 명령이다.

k120304.ins (첫 번째 정밀화용)							
TITL	k120304 in *P*21/*c*						
CELL	0.71073	16.5310	11.2765	15.7701	90.000	94.878	90.000
ZERR	4.00	0.0030	0.0020	0.0029	0.000	0.003	0.000
LATT	1						
SYMM	−X, 1/2+Y, 1/2−Z						
SFAC	C	H	B	CR	O		
UNIT	104	96	40	8	24		
L.S.	4						
BOND							
FMAP	2						
PLAN	20						
CR1	4	0.52912	0.76850	0.87452	11.00000	0.04	
CR2	4	0.13451	0.90634	0.73265	11.00000	0.04	
HKLF	4						
END							

⑥ File → Open 하여 k120304.ins(첫 번째 정밀화용) 파일을 확인한 다음, 메뉴 바에서 Refine → SHELX-97 하여 이 프로그램으로 첫 번째 difference Fourier method를 수행한다. 계산 결과는 바탕화면에 나타나는데 아래에 나타낸 것과 같이 R_1과 wR_2 값이 매우 높다. R 값은 낮을수록 좋은 것이다.

$R_1 = 0.4465$ for 5858 $F_o > 4\sigma(F_o)$ and 0.4906 for all 7259 data
$wR_2 = 0.8333$, Goo$F$ = S = 10.682, Restrained Goo$F$ = 10.682 for all data

⑦ 메뉴 바에 있는 Model → SXGRAPH 를 클릭하여 바탕화면에 나타나는 그림에서 앞서 넣은 Cr1과 Cr2 외에 부분적으로 분자 구조를 만족하는 원자가 있으면 성공이지만 없으면 실패이다. 본 시료에서는 11개의 새로운 원자를 찾을 수 있었다. 이들 11개 원자를 마우스로 클릭하여 전부 탄소 원자라고 명명하여 저장한 파일이 다음에 보인 k120304.ins(두 번째 정밀화용) 파일이다.

k120304.ins (두 번째 정밀화용)							
TITL	k120304 in $P21/c$						
CELL	0.71073	16.5310	11.2765	15.7701	90.000	94.878	90.000
ZERR	4.00	0.0030	0.0020	0.0029	0.000	0.003	0.000
LATT	1						
SYMM	−X, 1/2+Y, 1/2−Z						
SFAC	C H	B	CR	O			
UNIT	104 96	40	8	24			
MERG	2						
L.S.	4						
BOND							
WGHT	0.20000						
FVAR	0.08384						
CR1	4	0.52912	0.76850	0.87452	11.00000	0.04	
CR2	4	0.13451	0.90634	0.73265	11.00000	0.04	
C1	1	0.506100	0.606400	0.798700	11.00000	0.05000	
C2	1	0.560800	0.580600	0.866700	11.00000	0.05000	
C3	1	0.633400	0.640300	0.879900	11.00000	0.05000	
......							
C9	1	0.097100	1.060500	0.658600	11.00000	0.05000	
C10	1	0.171900	1.044900	0.644700	11.00000	0.05000	
C11	1	0.232700	1.029100	0.720900	11.00000	0.05000	
HKLF	4						
END							

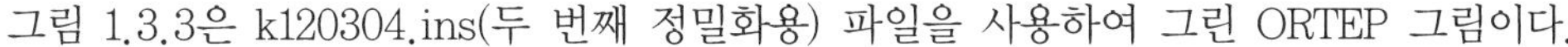

그림 1.3.3은 k120304.ins(두 번째 정밀화용) 파일을 사용하여 그린 ORTEP 그림이다.

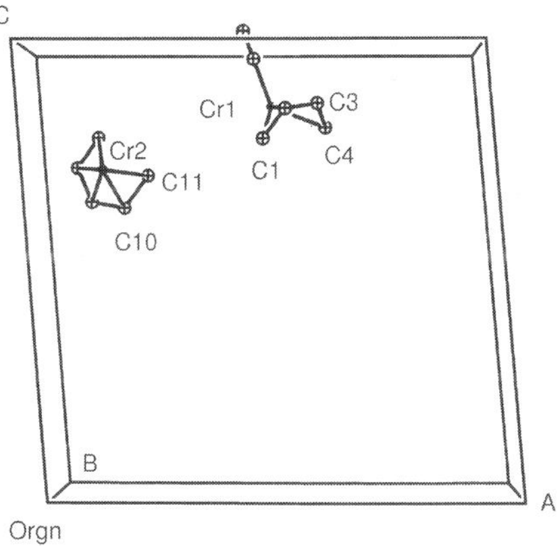

그림 1.3.3 k120304.ins로 그린 ORTEP 그림 | 두 개의 Cr 원자를 포함하여 13개의 원자가 들어 있다.

⑧ k120304.ins(두 번째 정밀화용) 파일을 사용하여 Refine → SHELX-97 의 순서로 2차 정밀화 과정을 수행한 결과는 shelxl.lst 파일에 다음의 결과를 나타내었다. R_1값이 0.4465로부터 0.3829로 감소되어 개량된 값이다.

R_1 = 0.3829 for 5858 $F_o > 4\sigma(F_o)$ and 0.4270 for all 7259 data
wR_2 = 0.8136, Goo$F$ = S = 5.740, Restrained Goo$F$ = 5.740 for all data

⑨ 메뉴 바에 있는 Model → SXGRAPH 를 클릭하여 바탕화면에 나타나는 그림에서 앞서 넣은 13개 원자 외에 10개의 원자가 추가되어 만든 k120304.ins(세 번째 정밀화용) 파일로 그린 것이 그림 1.3.4이다.

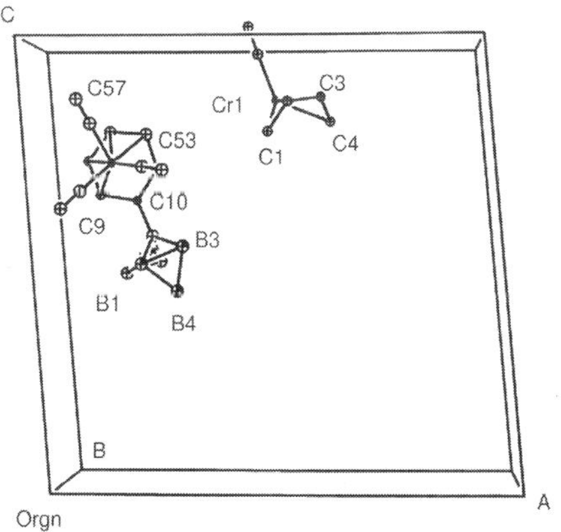

그림 1.3.4 k120304.ins(세 번째 정밀화용) 파일로 그린 ORTEP 그림

그림 1.3.3보다 그림 1.3.4가 개량되었음을 알 수 있다. 이와 같은 과정을 여러 번 반복하여 얻은 완전한 분자 구조가 그림 1.3.5에 나타나 있다.

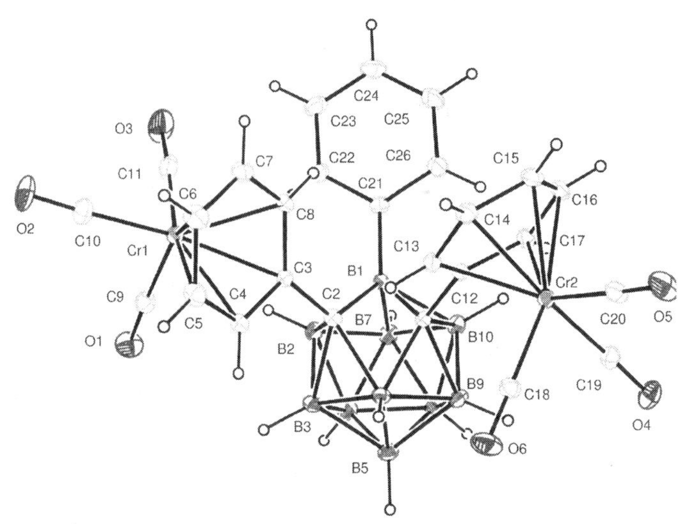

그림 1.3.5 완전한 $C_{26}H_{24}B_{10}Cr_2O_6$의 ORTEP 그림, $R_1 = 4.23\%$

1.3.3 직접법(direct method) 및 최소자승 정밀화

직접법은 대상 분자가 많은 다른 원자보다 월등히 무거운 원자를 포함하고 있는 경우는 물론이고 가벼운 원자만을 포함하고 있을 때도 원자의 위치를 찾는 데 응용할 수 있다. 1.3.2절의 중원자법과 동일하게 Bruker 회절계(diffractometer)를 이용하여 X-선 회절 강도를 측정하여 자료 보정 프로그램을 수행하면 그 프로그램은 SHELX-97을 사용하여 직접법이나 중원자법으로 구조 해석을 시작하는 데 필요한 2개의 *xxx.hkl*(회절 강도 자료)와 *xxx.ins*(명령) 파일을 자동적으로 제공해 준다. *xxx.ins*(명령) 파일은 수동으로 만드는 것도 가능하다. 이들은 1.3.2절의 중원자법과 동일하다.

① 직접법

➡ 시료 $C_{26}H_{24}B_{10}Cr_2O_6$를 가지고 직접법을 시작한다.

① 작업명 k120304를 갖는 폴더 안에 다음에 보인 k120304.ins와 k120304.hkl 파일이 있음을 확인한다. 이 두 개의 파일은 1.3.2절의 ① 중원자법과 동일하다. 다음에 보인 것은 'k120304' 구조 해석 절차이다.

k120304.ins (중원자법과 동일)							
TITL	k120304 in *P*21/*c*						
CELL	0.71073	16.5310	11.2765	15.7701	90.000	94.878	90.000
ZERR	4.00	0.0030	0.0020	0.0029	0.000	0.003	0.000
LATT	1						
SYMM	−X, 1/2+Y, 1/2−Z						
SFAC	C	H	B	CR	O		
UNIT	104	96	40	8	24		
HKLF	4						
END							

여기서 HKLF 4는 k120304.hkl 파일을 읽으라는 명령인데 k120304.hkl 파일의 내용은 다음과 같다. 마지막 줄의 0 0 0 0.00 0.00은 자료의 마지막 줄임을 알리는 기호이다.

k120304.hkl 파일로 회절 강도 자료이다.				
0	0	−1	0.05	0.01
0	0	−1	0.10	0.01
0	0	−1	0.06	0.01
0	0	−2	0.52	0.04
.....				
4	4	−2	209.26	5.05
−4	−4	2	204.38	4.93
4	4	−2	205.36	5.01
.....				
−21	4	−1	0.22	0.25
−22	0	2	0.00	0.24
22	0	−2	0.34	0.23
22	0	−1	0.28	0.21
0	0	0	0.00	0.00

② WinGX VI.70.01의 메뉴 바에서 다음 순서로 진행한다.

Solve → SHELXS-97 → Direct Patterson Expand 가 나타나는데 Direct 을 택하면 'Default TREF settings will be used'가 써진다. OK 를 클릭하면 화면에 다음이 나타나면서 바로 끝난다.

Fourier and Peak search
R_E = 0.131 for 43 atoms and 2158 E-values
Fourier and Peak search
R_E = 0.122 for 44 atoms and 2158 E-values

R_E = 0.131은 정규화된 구조 인자로 계산한 신뢰도(reliability index)로 대단히 좋은 값이다.

③ 이 단계에서 메뉴 바에 있는 Model → SXGRAPH 를 클릭하면 이 프로그램이 찾은 원자를 화면에 보여 준다. 본 화합물인 경우 거의 대부분의 원자가 나타나 있다. 신뢰가 되는 원자 각각을 마우스로 클릭하여 원자 이름을 부여하고 저장하면 k120304.ins 파일에 전부 저장된다.

④ File → Open 을 클릭하여 k120304 폴더 안에 있는 k120304.ins 파일을 확인한다. k120304.ins 파일의 내용은 다음과 같다.

```
k120304.ins

TITL    k120304 in P21/c
CELL    0.71073   16.5310   11.2765   15.7701   90.000   94.878   90.000
ZERR    4.00      0.0030    0.0020    0.0029    0.000    0.003    0.000
LATT    1
SYMM    −X, 1/2+Y, 1/2−Z
SFAC    C     H     B     CR    O
UNIT    104   96    40    8     24
L.S.    4
BOND
FMAP    2
PLAN    20

MOLE    1
CR1     4   0.1331    0.0946    0.2315   11.000000   0.05
CR2     4   0.4700   -0.2681    0.1249   11.000000   0.05
B1      1   0.3031   -0.0973    0.0410   11.000000   0.05   96.18
B2      1   0.2060   -0.0389    0.0582   11.000000   0.05   92.89
.....................................................................
C23     1   0.1933   -0.3740   -0.0198   11.000000   0.05   27.73
C24     1   0.5950   -0.0614    0.2294   11.000000   0.05   27.38
C25     1   0.2387    0.0691   -0.0174   11.000000   0.05   25.52
HKLF    4
END
```

이 k120304.ins 파일을 사용하여 그린 ORTEP 그림을 그림 1.3.6에 나타내었다.

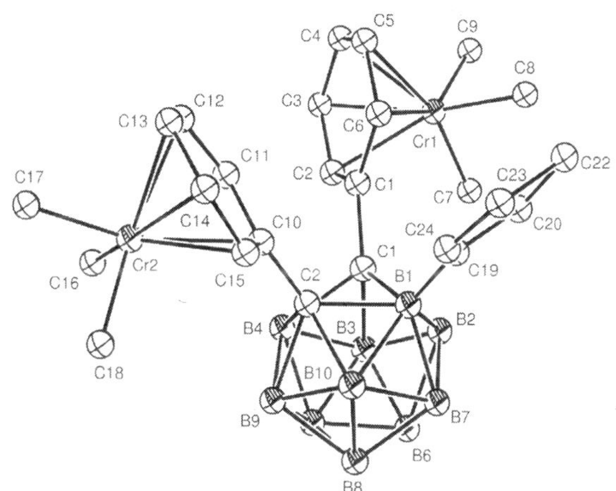

그림 1.3.6 k120304.ins의 ORTEP 그림 | 한 분자에 속한 원자가 거의 다 나타나 있다.

② 최소자승 정밀화

다음 단계부터는 1.3.2절의 중원자법과 동일하게 이 k120304.ins(첫 번째 정밀화용) 파일을 사용하여 Refine → SHELX-97 의 순서로 1차 정밀화를 끝낸 후, 메뉴 바에 있는 Model → SXGRAPH 를 클릭하여 새로운 원자를 추가하는 것을 되풀이하여 수소 원자들을 포함하여 모든 원자를 찾을 때까지 반복한다.

1.3.4 신뢰 지수(reliability index)의 최소화

결정된 구조적 모델은 수학적으로 몇 개의 변수로 나타낼 수 있다. 이들은 각 원자의 위치 좌표(positional coordinates)와 온도 인자, 그리고 한 개 이상의 척도 인자인데 이들은 예비적인 것이므로, 최소자승 정밀화법(least-squares refinement)에 의하여 그 모델을 개선시키는 방법이 필요하다. 그러나 먼저 현재 모델의 정확도를 조사할 수 있는 표준을 정의해야 하는데 이는 소위 '신뢰 지수[roliability(residual) 또는 agreement index]' 계산에 의하여 이루어진다. 이 양은 보통 대문자 R로 표시되기 때문에 $R-$값이라고 불린다. 이 $R-$값은 계산된 구조 인자의 진폭의 크기 $|F_c|$와 측정된 구조 인자 $|F_o|$ 사이의 상대적인 평균치의 차이(relative average difference)로 다음과 같이 나타낼 수 있다.

$$R = \frac{\sum_{hkl} ||F_o(hkl)| - |F_c(hkl)||}{\sum_{hkl} |F_o(hkl)|}$$

$|F_o|$는 실험에서 직접 얻고 $|F_c|$는 구조적 모델에서 계산된 것이므로 그 R-값은 그 모델이 실제 구조에 얼마나 잘 맞는지의 척도로 간주될 수 있다. 크기 조정은 $|F_o|$의 합이 $|F_c|$의 합과 같도록 하므로 그 모델이 완전히 틀리더라도 그 R-값은 언제나 1.0보다 작다.

Wilson은 단위 세포 내에 임의로 놓인 구조의 R-값이 이론적으로 계산될 수 있음을 보였다.[12] 그 결과 값은 공간군(space group)이 대칭 중심(centric)인가 또는 비대칭 중심(acentric)인가에 따라 다른데 그 값은 다음과 같다.

$$R(centric) = 2(\sqrt{2} - 1) = 0.828$$
$$R(acentric) = 2 - \sqrt{2} = 0.586 \qquad (1.3.2)$$

그래서 구조가 최소한 부분적으로라도 올바르면 실제 구조(actual structure)나 부분적 구조(structural fragment)를 넣고 계산한 R-값이 식 (1.3.2)에 주어진 값보다 현저하게 작아야 한다는 것이 명백하다.

1.3.5 SHELX-97 프로그램의 유용한 명령(commands)

The SHELX-97 안내서는 http://www.google.co.kr에서 무료로 받아볼 수 있다. 여기서는 본 안내서를 숙독하기 전에 초보자에게 도움이 되고자 본 프로그램에 필요한 입력 자료에 대하여 언급하였다. 먼저 'ins' 파일에 대한 설명이다.

① ABC.ins

SHELXL 프로그램을 수행하기 위한 대표적인 abc.ins 파일은 다음과 같다.

대표적인 'ins' 파일이다.							
TITL	k070509 in P2(1)/c(14),		block(morphology),		colorless(color)		
CELL	0.71073	14.5324	13.2543	8.9589	90.000	91.092	90.000
ZERR	4.00	0.0012	0.0011	0.0007	0.000	0.002	0.000
LATT	1						
SYMM	−x, 1/2+y, 1/2−z						
SFAC	C	H	Si	Br			
UNIT	56	48	4	16			
MERG	2						
ACTA							
CONF							
FMAP	2						

12) Wilson, A. J. C., Acta Cryst. 3, 397 (1950)

```
PLAN    20
BOND    $H
SIZE    0.238      0.212      0.104
TEMP    20
L.S.    8
WGHT    0.054500              3.934100
EXTI    0.003021
FVAR    0.34587
MOLE    1
BR2     4    0.114745    0.490558    0.168050    11.00000    0.05276    0.07614 =
             0.06430     0.00074     0.01475     -0.00192
SI1     3   -0.255722    0.577014    0.301437    11.00000    0.04470    0.04590 =
             0.04001    -0.00163    -0.00313      0.00453
C4      1   -0.147266    0.418491    0.434138    11.00000    0.04269    0.04621 =
             0.03376     0.00083    -0.00073     -0.00576
AFIX    43
H4      2   -0.199215    0.402572    0.488414    11.00000   -1.20000
AFIX    0

C2      1   -0.223060    0.711385    0.295586    11.00000    0.07512    0.04887 =
             0.09378    -0.00856    -0.01993      0.00799
AFIX    137
H2A     2   -0.277455    0.752070    0.285154    11.00000   -1.50000
H2B     2   -0.183919    0.722978    0.212187    11.00000   -1.50000
H2C     2   -0.190801    0.729056    0.386371    11.00000   -1.50000
HKLF    4
END
```

다음은 'ins' 파일 내에 있는 각 항에 대한 설명이다.

(1.1) TITL: 작업 이름, 공간군(번호), 결정의 형태(block, plate, rod, needle 등), 결정의 색(colorless, red, yellow 등)을 기입한다.

(1.2) CELL: 파장(wave length), a, b, c, α, β, γ 등 7개

(1.3) ZERR: Z (단위 세포당 분자의 수), esd(a), esd(b), esd(c), esd(α),esd(β), esd(γ) 등 7개 (esd = estimated standard deviation = 예상 표준편차)

(1.4) LATT: 격자 형태(lattice type), 1 = P (primitive), 2 = I (body–centered), 3 = R (rhombohedral obverse on hexagonal axes), 4 = F (face–centered), 5 = A (A–centered), 6 = B (B–centered), 7 = C (C–centered). Non–centrosymmetric일 때는 '–'를 붙여야 한다.

(1.5) SYMM: International Tables에 있는 대칭 작용(symmetry operators)

예) $0.5-x$, $0.5+y$, $-z$ 또는 $y-x$, $-x$, $z+1/6$.

x, y, z는 이미 컴퓨터 프로그램에 포함되어 있으므로 기입하지 않는다.

(1.6) SFAC: 대상 분자에 포함된 원소 기호(예: C, H, N, O, S, BR 등), SHELX-97은 주기율표의 처음 94개 원소들을 인지하고 있다.

(1.7) UNIT: SFAC에 나열된 원소의 순서대로 단위 세포 내에 있는 각 원자의 수

✎ (1.1)부터 (1.7)까지는 반드시 있어야 하며 그 순서를 지키는 것이 바람직하다.

SIZE: 0.2 0.18 0.15(결정의 크기, 단위는 mm)

TEMP: 20 (20°C) (시료의 온도) (액체 질소를 사용할 때는 −100°C)

ACTA: CIF 파일이 생성된다.

MERG n[2]

n=2이면 반사가 순서대로 나열되고, 구조가 대칭 중심(centric)이면 Friedel 반대 값의 평균치를 계산하지만, 구조가 비대칭 중심(non-centrosymmetric)이면 Friedel 반대 값의 평균치를 계산하지 않는다.

FMAP code [2] axis[#] n1[53]

code = 2: 상수$(F_o - F_c)$와 상 ϕ(calc)에 대한 차이 전자 밀도 합성(difference electron density syntheses)

PLAN npeaks [20]

npeak는 차이 Fourier 지도(difference Fourier map)에서 찾은 높은 봉우리의 수로 임의로 택할 수 있다.

npeak = +20이면 20개의 봉우리들이 ABC.res 파일에만 기록된다.

npeak = −20이면 20개의 봉우리들이 shelxl.lst 파일에 원자와 봉우리 사이의 거리 및 각도가 계산되어 기록되며, ABC.res 파일에 높은 봉우리 순서로 기록된다.

L.S.: nls[0]

nls는 최소자승 정밀화법을 수행하는 횟수이다. nls = 0이면 최소자승 정밀화법을 수행하지는 않지만 ABC.ins 파일에 주어진 명령은 모두 수행한다. 물론 esd(estimated standard deviation)는 계산하지 못한다.

BOND: 모든 원자들의 공유 결합에 대한 길이 및 각도 정보가 출력된다.

CONF: 비틀림 각도(torsion angles)에 대한 정보가 출력된다. 이 명령어를 사용해야 CIF 파일에 비틀림 각도에 대한 정보가 포함된다.

EXTI: x[0]

소멸변수 x는 정밀화되어 있다. F_c는 아래 식에 의해 증폭된다.

$k[1 + 0.001 \times F_c^2 \lambda^3 / \sin(2\theta)]^{-1/4}$, k는 전체에 대한 척도 인자(scale factor)

WGHT: a[0.1] b[0] c[0] d[0] e [0] f[.33333]

가중 설계(weighting scheme)는 아래와 같이 정의된다.

$W = q/[\sigma^2(F_o^2) + (a \times P)^2 + b \times P + e \times \sin(\theta)]$,

$P = [f \times$ 최댓값 $(0$ or $F_o^2) + (1-f) \times F_c^2]$일 때

▶ 비등방성 온도 인자로 최소자승 정밀화를 수행한 후에는 새로 나온 WGHT로 바꾼 후 새로운 최소자승 정밀화를 계속 수행해야 한다.

FVAR: osf[1] 자유 변수

osf = (overall scale factor) = 전체적인 척도 인자

MOLE n: PLAN의 출력물에는 분자 n의 원자들 사이의 결합들로 한정한다.

HKLF n[4]

n = 4: h k l F_o^2 $\sigma(F_o^2)$ BN [1]는 기본적인 반사 자료 파일이다.

END: 포함된 모든 파일의 작업이 종료되었음을 나타낸다.

② Other Useful Instructions

▶ CIF에 hydrogen들의 좌표, 원자와의 거리의 입력 명령

```
BOND $H
```

▶ DFIX 고정하고자 하는 원자 사이의 거리를 제한한다.

```
DFIX 0.90[target value], 0.03[esd] O1 H1 O2 H2 O3 H3
```

O1에서 H1까지, O2에서 H2까지, O3에서 H3까지를 0.90(3) Å 으로 고정하라는 명령이다.

▶ Disorder된 원자들의 취급

FVAR에서 첫째 숫자는 척도 인자(scale factor, SF), 두 번째부터는 온도 인자의 변화(free variable value)를 나타낸다.

① 1개의 원자 C5가 C35A와 C35B로 비정렬되었을 때(disordered)

```
FVAR    0.28113  0.5
PART    1
C35A    1        0.4725   0.4541   −0.2542    21    0.05
PART    2
C35B    1        0.4620   0.4368   −0.2686   −21    0.05
PART    0
```

말단 메틸 치환기에 있는 세 개의 탄소 원자 C5, C6, C7이 두 부분으로 비정렬되어 있다. 각각의 원자가 차지하고 있는 영역에 대해서는 비등방성 치환 변수의 합이 1과 같다는 전

제 아래 각각의 영역에 대한 값을 결정할 수 있다.

```
FVAR    osf  0.5  0.5       2개의 원자 그룹이 비정렬되어 0.5가 2개이다.
PART    1
C5      1  x  y  z     21   (free variable number 2의 값이 0.5를 뜻함)  0.05
C6      1  x  y  z     21   0.05
C7      1  x  y  z     21   0.05
PART    2
C5′     1  x  y  z    −21   (free variable number 2의 값이 1 - 0.5 = 0.5를 뜻함)  0.05
C6′     1  x  y  z    −21   0.05
C7′     1  x  y  z    −21   0.05
PART    0
PART    3
C20     1  x  y  z     31   (free variable number 3의 값이 0.5를 뜻함)  0.05
PART    4
C16     1  x  y  z    −31   (free variable number 3의 값이 1 - 0.5 = 0.5를 뜻함)  0.05
PART    0
```

▶ 혹은 C15–C18, C15′–C18′ 의 그룹과 C20, C20′ 그룹이 완전히 별개라면,

```
FVAR    osf    0.5     0.5 (2개의 원자가 비정렬되어 0.5가 2개이다.)

PART    1
C15     1    x    y    z     21    0.05
C16     1    x    y    z     21    0.05
C17     1    x    y    z     21    0.05
C18     1    x    y    z     21    0.05
PART    2
C15′    1    x    y    z    −21    0.05
C16′    1    x    y    z    −21    0.05
C17′    1    x    y    z    −21    0.05
C18′    1    x    y    z    −21    0.05
PART    0
.......................................................................
PART    1
C20     1    x    y    z     31    0.05
PART    2
C16     1    x    y    z    −31    0.05
PART    0
```

▶ EADP(equal anisotropic displacement parameters): 동등한 비등방성 변위 변수

EADP F11 F14: F11의 비등방성 온도 인자를 F14가 그대로 사용하라.

EADP F12 F15: F12의 비등방성 온도 인자를 F15가 그대로 사용하라.

▶ EQIV $1 x, 2–y, –1/2+z : 멀리 있는 원자 간의 거리와 각도 계산 시 사용된다. 예는 RTAB 항을 보라.

▶ 주어진 원자를 공통 평면에 놓이게 한다.

FLAT s[0.1](= 표준편차), 네 개 또는 그 이상의 원자

▶ 아래의 명령어를 사용하면 특정화된 'BOND'로 간주되어 목록에서 삭제된다.

FREE atom1 atom2

▶ HFIX: 수소 원자의 위치(Location of hydrogen atoms)

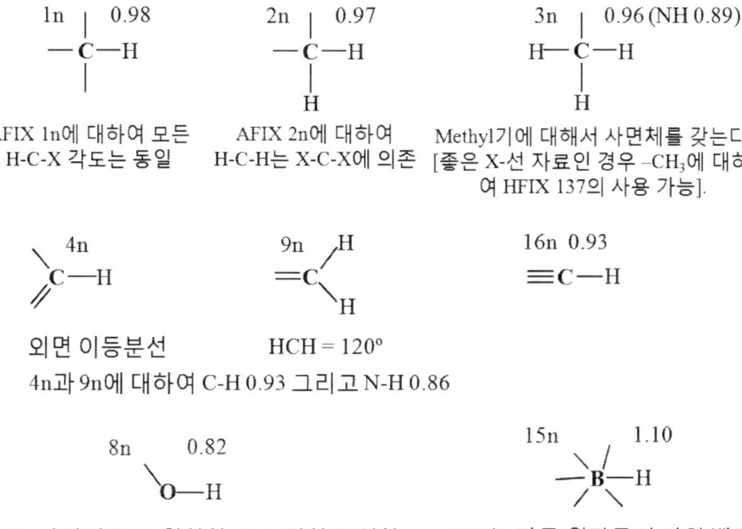

수소 원자의 위치 계산은 다음을 참조하여 HFIX라는 명령어를 사용하여 계산한다.

경우에 따라서 다음과 같은 명령어를 사용할 수도 있다.

HFIX 43 C2 > C7

HFIX 43 C2 C3 C4 C5 C6 C7

HFIX 23 C12 > C14 C8 C10

▶ HTAB: 수소 결합을 찾고자 할 때 사용하는 명령어이다. 그 구조에 존재하는 모든 극성 수소(즉 전기음성적 원소에 결합된 수소)에 대하여 조사한다.

HTAB dh[2.0]

▶ HTAB: 다음 명령어를 이용하면 표준편차를 포함한 수소 결합 길이를 CIF 파일에 나타낼 수 있다.

```
HTAB 주개-원자  받개-원자
```

▶ ABC.ins에 있는 모든 원자의 좌표를 반전시킬 때

```
MOVE 1 1 1 -1
```

▶ MPLA: 두 개의 최소자승 면 사이의 각도 또는 최소자승 면과 원자와의 거리를 계산할 수 있다. 아래에 예를 들어 나타내었다.

```
MPLA  6  C5   C6   C7   C8   C9   C10
MPLA  6  C13  C14  C15  C16  C17  C18  N1
```

결과

-4.2981(0.0031) x + 1.4020(0.0103) y + 8.9465(0.0084) z = 4.7161(0.0089)

```
*   -0.0057 (0.0013) C5
*    0.0080 (0.0013) C6
*   -0.0026 (0.0014) C7
*   -0.0052 (0.0014) C8
*    0.0077 (0.0013) C9
*   -0.0021 (0.0013) C10
```

Rms deviation* of fitted atoms = 0.0057

*Rms deviation: root mean square deviation: 평균평방근편차

-2.7830(0.0044) x - 9.6843(0.0078) y + 4.9912(0.0108) z = 0.5539(0.0066)

Angle to previous plane (with approximate esd) = 55.73(0.07)

```
*    0.0039 (0.0013)  C13
*   -0.0070 (0.0014)  C14
*    0.0043 (0.0015)  C15
*    0.0015 (0.0015)  C16
*   -0.0045 (0.0014)  C17
*    0.0018 (0.0014)  C18
*    0.0322 (0.0027)  N1
```

Rms deviation of fitted atoms = 0.0042

두 개 면 사이의 양면각은 55.73(0.07)°이다.

▶ C1 C1_$1 간의 거리 계산

```
EQIV $1 -x, -1-y, 1-z
```

```
RTAB D   C1 C1_$1
```

▶ C1과 C2 원자 간 거리 및 C1, C2, C3에서 C2를 중심한 각도 계산

```
RTAB D    C1 C2
RTAB A    C1 C2 C3
.........
```

▶ 표시된 원자 사이의 거리를 유효한 표준편차를 포함하여 계산된 값을 얻을 수 있다.

```
SADI  S[0.02](= 표준편차), atom pairs
```

1.4 구조의 정확성 확인

1.4.1 공간군(space group)의 확인을 위한 PLATON의 사용법

구조를 푸는 과정에서 SHELX-97 컴퓨터 프로그램이 표 1.4.1에 나타낸 것과 같이 230개 공간군 중의 한 공간군을 정해 주는데 이것이 항상 맞는 것이 아니므로, 구조를 완전히 해석한 후에 PLATON 프로그램을 사용하여 다음의 순서에 따라 그 공간군을 확인해야 한다.

(1) 바탕화면에 있는 "pwt.exe의 바로가기" ↵
(2) 메뉴 바의 좌측에서 2번째 버튼(search new data file) ↵
call new data (ex. k100105.ins)
(3) 메뉴 바의 좌측에서 3번째 버튼(PLATON graphical menu) ↵ P L A T O N
(4) a Multipurpose Crystallogaphic Tool이 뜨면 여러 개 중에서 중간의 Symmetry 밑에 있는 ADDsym ↵
(5) 우측 하단에 있는 ADDsym-SHX ↵ 하면 본 구조 작업 폴더 내 xxx.res 파일에 새로운 공간군과 함께 변환된 좌표가 기록되어 있다.

표 1.4.1 32개 점군들 각각에 속한 표준 방향으로 나타낸 230 공간군들

계	점군	공간군					
Triclinic	1	$P1$					
	$\bar{1}$	$P\bar{1}$					
Monoclinic	2	$P2$	$P2_1$	$C2$			
	m	Pm	Pc	Cm	Cc		
	$2/m$	$P2/m$	$P2_1/m$	$C2/m$	$P2/c$	$P2_1/c$	$C2/c$
Orthorhombic	222	$P222$	$P222_1$	$P2_12_12$	$P2_12_12_1$	$C222_1$	$C222$
		$F222$	$I222$	$I2_12_12_1$			
	$mm2$	$Pmm2$	$Pmc2_1$	$Pcc2$	$Pma2$	$Pca2_1$	$Pnc2$
		$Pmn2_1$	$Pba2$	$Pna2_1$	$Pnn2$	$Cmm2$	$Cmc2_1$
		$Ccc2$	$Amm2$	$Abm2$	$Ama2$	$Aba2$	$Fmm2$
		$Fdd2$	$Imm2$	$Iba2$	$Ima2$		
	mmm	$Pmmm$	$Pnnn$	$Pccm$	$Pban$	$Pmma$	$Pnna$
		$Pmna$	$Pcca$	$Pbam$	$Pccn$	$Pbcm$	$Pnnm$
		$Pmmn$	$Pbcn$	$Pbca$	$Pnma$	$Cmcm$	$Cmca$
		$Cmmm$	$Cccm$	$Cmma$	$Ccca$	$Fmmm$	$Fddd$
		$Immm$	$Ibam$	$Ibca$	$Imma$		

계	점군	공간군					
	4	$P4$	$P4_1$	$P4_2$	$P4_3$	$I4$	$I4_1$
	$\bar{4}$	$P\bar{4}$	$I\bar{4}$				
	$4/m$	$P4/m$	$P4_2/m$	$P4/n$	$P4_2/n$	$I4/m$	$I4_1/a$
	422	$P422$	$P42_12$	$P4_122$	$P4_12_12$	$P4_222$	$P4_22_12$
		$P4_322$	$P4_32_12$	$I422$	$I4_122$		
	$4mm$	$P4mm$	$P4bm$	$P4_2cm$	$P4_2nm$	$P4cc$	$P4nc$
Tetragonal		$P4_2mc$	$P4_2bc$	$I4mm$	$I4cm$	$I4_1md$	$I4_1cd$
	$\bar{4}2m$	$P\bar{4}2m$	$P\bar{4}2c$	$P\bar{4}2_1m$	$P\bar{4}2_1c$	$P\bar{4}m2$	$P\bar{4}c2$
		$P\bar{4}b2$	$P\bar{4}n2$	$I\bar{4}m2$	$I\bar{4}c2$	$I\bar{4}2m$	$I\bar{4}2d$
	$4/mmm$	$P4/mmm$	$P4/mcc$	$P4/nbm$	$P4/nnc$	$P4/mbm$	$P4/mnc$
		$P4/nmm$	$P4/ncc$	$P4_2/mcc$	$P4_2/mcm$	$P4_2/nbc$	$P4_2/nnm$
		$P4_2/mbc$	$P4_2/mnm$	$P4_2/nmc$	$P4_2/ncm$	$I4/mmm$	$I4/mcm$
		$I4_1/amd$	$I4_1/acd$				
	3	$P3$	$P3_1$	$P3_2$	$R3$		
	$\bar{3}$	$P\bar{3}$	$R\bar{3}$				
Trigonal/ Rhombohedral	32	$P312$	$P321$	$P3_112$	$P3_121$	$P3_212$	$P3_221$
		$R32$					
	$3m$	$P3m1$	$P31m$	$P3c1$	$P31c$	$R3m$	$R3c$
	$\bar{3}m$	$P\bar{3}1m$	$P\bar{3}1c$	$P\bar{3}m1$	$P\bar{3}c1$	$R\bar{3}m$	$R\bar{3}c$
	6	$P6$	$P6_1$	$P6_5$	$P6_2$	$P6_4$	$P6_3$
	$\bar{6}$	$P\bar{6}$					
	$6/m$	$P6/m$	$P6_3/m$				
Hexagonal	622	$P622$	$P6_122$	$P6_522$	$P6_222$	$P6_422$	$P6_322$
	$6mm$	$P6mm$	$P6cc$	$P6_3cm$	$P6_3mc$		
	$\bar{6}m\bar{2}$	$P\bar{6}m2$	$P\bar{6}c2$	$P\bar{6}2m$	$P\bar{6}2c$		
	$6/mmm$	$P6/mmm$	$P6/mcc$	$P6_3/mcm$	$P6_3/mmc$		
	23	$P23$	$F23$	$I23$	$P2_13$	$I2_13$	
	$m3$	$Pm3$	$Pn3$	$Fm3$	$Fd3$	$Im3$	$Pa3$
		$Ia3$					
Cubic	432	$P432$	$P4_232$	$F432$	$F4_132$	$I432$	$P4_332$
		$P4_132$	$I4_132$				
	$\bar{4}3m$	$P\bar{4}3m$	$F\bar{4}3m$	$I\bar{4}3m$	$P\bar{4}3n$	$F\bar{4}3c$	$I\bar{4}3d$
	$m3m$	$Pm3m$	$Pn3n$	$Pm3n$	$Pn3m$	$Fm3m$	$Fm3c$
		$Fd3m$	$Fd3c$	$Im3m$	$Ia3d$		

1.4.2 수소 결합(Hydrogen bond)을 찾는 PLATON의 사용법

(1) 바탕화면에 있는 "pwt.exe의 바로가기" ↲
(2) 메뉴 바의 좌측에서 2번째 버튼(select new data file) ↲
call new data (ex. k100105.ins)
(3) 메뉴 바의 좌측에서 3번째 버튼(PLATON graphical menu) ↲
P L A T O N
(4) a Multipurpose Crystallographic Tool이 뜨는데 여러 개 중에서 왼쪽에서 두 번째 Geom-Calc의 밑에 있는 Calc 및 H-bond(수소 결합)를 클릭하면 수소 결합들이 나온다.

1.4.3 알 수 없는 용매와 유령 피크를 제거하기 위한 PLATON의 사용법[13)]

(1) 바탕화면에 있는 "pwt.exe의 바로가기" ↲
(2) 메뉴 바의 좌측에서 2번째 버튼(select new data file) ↲
call new data (ex. k100105.ins)
(3) 메뉴 바의 좌측에서 3번째 버튼(PLATON graphical menu) ↲
P L A T O N
(4) a Multipurpose Crystallographic Tool이 뜨는데 여러 개 중에서 좌측에서 3번째 Voids Flip의 밑에 있는 SQUEEZE를 두 번 클릭한다. 약 30초간의 계산 후 다음message가 나온다: >>Hit Return to continue → 여기서 return하면 다음 지시사항이 나온다.
PLATON/SQUEEZE 과정을 진행한 다음 아래 과정을 진행한다:
- *.hkp 파일은 용매 분자가 없는 반사 자료를 포함하고 있다.
- *.hkp 파일을 확장자가 *.hkl로 바뀐 파일로 새로 저장한다.
- 새로운 *.hkl 파일과 용매 분자 자료가 제거된 *.ins 파일을 가지고 SHELX-97로 최종까지 정밀화 과정을 진행한다.
이어서 *.hkl과 *.res 파일을 이용하여 다시 PLATON을 수행한다.
(5) 메뉴 바의 좌측에서 2번째 버튼(select new data file) ↲
call new data (ex. k100105.ins)
(6) 메뉴 바의 좌측에서 3번째 버튼(PLATON graphical menu) ↲
Voids Flip 밑에 있는 'CALC-FCF'를 click하면 다시 새로운 *.hkp 파일이 생성된다.
이 *.hkp 파일의 확장자명을 *.fcf로 바꾼다.
(7) PLATON 프로그램에 의해 생성된 *.sqf (squeeze 결과를 상술한 파일)을 SHELX-97에 의하여 생성된 *.cif 파일의 끝에 첨부한다.

---

13) Spek, A. L., J. Appl. Cryst., 36, 3-17 (2003); Youngmee Kim., Korean J. Crystallography, Vol. 16, No. 2, pp. 107-127. 2005].

1.4.4 CIF(Crystal Information File) 기재사항

CIF 파일을 작성할 때 다음 세 가지 사항들을 각자가 써 넣어 주어야 한다.

① CIF 안에 있는 reflns_used, theta_min, theta_max의 3개 값을 채워야 한다.

```
_cell_measurement_reflns_used
_cell_measurement_theta_min
_cell_measurement_theta_max
```

이들 3개 값은 회절계가 회절 강도를 측정한 후 자료 정리(data reduction)를 할 때 회절계 안에 있는 프로그램이 제공하는 다음에 나타낸 (*M.LS) 파일의 아래 부분에 있는 내용이다.

Reflection Summary:
'RLV.Excl' are reflections excluded after cycle 1 because RLV error exceeded 0.0250:

Component	Input	RLV.Excl	Used	WorstRes	BestRes	Min.2Th	Max.2Th
1	5428	0	5428	9.0199	0.8871	4.516	47.232

이 값들로부터 다음과 같이 CIF 안에 있는 reflns_used, theta_min, theta_max를 채운다:

⇓

```
_cell_measurement_reflns_used     5428
_cell_measurement_theta_min       2.258
_cell_measurement_theta_max       23.616
```

② CIF 안에 있는 _diffrn_standards_decay_%의 값을 채워야 한다.

```
_diffrn_standards_decay_%
```

이 자료는 회절계가 회절 강도를 측정한 후 자료 정리를 할 때 회절계 안에 있는 프로그램이 제공하는 다음에 나타낸 (*T.LS) 파일의 앞부분에 있는 내용이다.

TIME DECAY RESULTS: Decay rate vs (ST/L)**2

Decay	StdDev	Slope	StdDev	#Points	Correl	Status
0.0017	0.5022	0.0073	5.8983	289	0.3771	0

이 값들로부터 다음과 같이 CIF의 decay_%를 채운다:

```
_diffrn_standards_decay_%          0.17
```

③ *.ins 파일에 ACTA라는 명령을 넣고 분자 구조를 정밀화하면 CIF 파일이 생성되는데 CIF 파일 안에는 항상 ' _refine_ls_hydrogen_treatment mixed'라고 기재된다. 여기서 'mixed'라는 의미는 H의 위치를 찾을 때, 일부는 계산하여 찾고 일부는 constraint를 가하여 찾았을 경우인 것이다. 따라서 수소의 위치를 모두 constraint를 가하여 찾았을 경우에는 'mixed' 대신에 'constr'라고 기재해야 한다.

▶ 대표적인 CIF 파일은 다음과 같다. 이 파일은 (IUCr)checkCIF-PLATON을 통과한 자료이다.

```
data_meso-Kiraphos

_audit_creation_method             SHELXL-97
_chemical_name_systematic
;
?
;
_chemical_name_common              ?
_chemical_melting_point            ?
_chemical_formula_moiety           'C30 H31 Cl3 Cr N P2, C2 H3 N'
_chemical_formula_sum              'C32 H34 Cl3 Cr N2 P2'
_chemical_formula_weight           666.90

loop_
 _atom_type_symbol
 _atom_type_description
 _atom_type_scat_dispersion_real
 _atom_type_scat_dispersion_imag
 _atom_type_scat_source
 'C'  'C'  0.0033  0.0016
 'International Tables Vol C Tables 4.2.6.8 and 6.1.1.4'
 'H'  'H'  0.0000  0.0000
```

```
 'International Tables Vol C Tables 4.2.6.8 and 6.1.1.4'
 'P'  'P'   0.1023   0.0942
 'International Tables Vol C Tables 4.2.6.8 and 6.1.1.4'
 'Cl'  'Cl'   0.1484   0.1585
 'International Tables Vol C Tables 4.2.6.8 and 6.1.1.4'
 'Cr'  'Cr'   0.3209   0.6236
 'International Tables Vol C Tables 4.2.6.8 and 6.1.1.4'
 'N'  'N'   0.0061   0.0033
 'International Tables Vol C Tables 4.2.6.8 and 6.1.1.4'

_symmetry_cell_setting              monoclinic
_symmetry_space_group_name_H-M      Cc
_symmetry_space_group_name_Hall     'C -2yc'

loop_
 _symmetry_equiv_pos_as_xyz
 'x, y, z'
 'x, -y, z+1/2'
 'x+1/2, y+1/2, z'
 'x+1/2, -y+1/2, z+1/2'

_cell_length_a                      28.347(9)
_cell_length_b                      8.071(3)
_cell_length_c                      16.468(5)
 cell angle_alpha                   90.00
_cell_angle_beta                    122.164(6)
_cell_angle_gamma                   90.00
_cell_volume                        3189.3(18)
_cell_formula_units_Z               4
_cell_measurement_temperature       233(2)
_cell_measurement_reflns_used       2540
_cell_measurement_theta_min         2.663
```

```
_cell_measurement_theta_max           23.071

_exptl_crystal_description            rod
_exptl_crystal_colour                 blue
_exptl_crystal_size_max               0.22
_exptl_crystal_size_mid               0.10
_exptl_crystal_size_min               0.09
_exptl_crystal_density_meas           ?
_exptl_crystal_density_diffrn         1.389
_exptl_crystal_density_method         'not measured'
_exptl_crystal_F_000                  1380
_exptl_absorpt_coefficient_mu         0.735
_exptl_absorpt_correction_type        multi-scan
_exptl_absorpt_correction_T_min       0.8567
_exptl_absorpt_correction_T_max       0.9388
_exptl_absorpt_process_details        'SADABS (Sheldrick, 1996)'

_exptl_special_details
;
 ?
;
_diffrn_ambient_temperature           233(2)
_diffrn_radiation_wavelength          0.71073
_diffrn_radiation_type                MoK\a
_diffrn_radiation_source              'fine-focus sealed tube'
_diffrn_radiation_monochromator       graphite
_diffrn_measurement_device_type       'Bruker SMART 1000 CCD diffractometer'
_diffrn_measurement_method            \w-scans
_diffrn_detector_area_resol_mean      ?
_diffrn_standards_number              ?
_diffrn_standards_interval_count      ?
_diffrn_standards_interval_time       ?
```

_diffrn_standards_decay_%	0.0033
_diffrn_reflns_number	15827
_diffrn_reflns_av_R_equivalents	0.0512
_diffrn_reflns_av_sigmaI/netI	0.0885
_diffrn_reflns_limit_h_min	−37
_diffrn_reflns_limit_h_max	37
_diffrn_reflns_limit_k_min	−10
_diffrn_reflns_limit_k_max	10
_diffrn_reflns_limit_l_min	−21
_diffrn_reflns_limit_l_max	21
_diffrn_reflns_theta_min	1.70
_diffrn_reflns_theta_max	28.37
_reflns_number_total	7748
_reflns_number_gt	5397
_reflns_threshold_expression	>2sigma(I)

_computing_data_collection	'SMART (Bruker, 1999)'
_computing_cell_refinement	'SMART (Bruker, 1999)'
_computing_data_reduction	'SAINT−Plus (Bruker, 1999)'
_computing_structure_solution	'SHELXS−97 (Sheldrick, 2008)'
_computing_structure_refinement	'SHELXL−97 (Sheldrick, 2008)'
_computing_molecular_graphics	'Ortep−3 for Windows (Farrugia, 1997)'
_computing_publication_material	'SHELXL−97 (Sheldrick, 2008)'

_refine_special_details

;

Refinement of F^2 against ALL reflections. The weighted R−factor wR and goodness of fit S are based on F^2, conventional R−factors R are based on F, with F set to zero for negative F^2. The threshold expression of $F^2 > 2\sigma(F^2)$ is used only for calculating R−factors(gt) etc. and is not relevant to the choice of reflections for refinement. R−factors based on F^2 are statistically about twice as large as those based on F, and R−factors based on ALL data will be even larger.

```
;
_refine_ls_structure_factor_coef Fsqd
_refine_ls_matrix_type                    full
_refine_ls_weighting_scheme               calc
_refine_ls_weighting_details
 'calc w = 1/[\s^2^(Fo^2^) + (0.0388P)^2^ + 0.6983P] where P = (Fo^2^+2Fc^2^)/3'
_atom_sites_solution_primary              direct
_atom_sites_solution_secondary            difmap
_atom_sites_solution_hydrogens            geom
_refine_ls_hydrogen_treatment             constr
_refine_ls_extinction_method              none
_refine_ls_extinction_coef                ?
_refine_ls_abs_structure_details
 'Flack H D (1983), Acta Cryst. A39, 876-881'
_refine_ls_abs_structure_Flack             0.00
_refine_ls_number_reflns                  7748
_refine_ls_number_parameters              365
_refine_ls_number_restraints              2
_refine_ls_R_factor_all                   0.0908
_refine_ls_R_factor_gt                    0.0467
_refine_ls_wR_factor_ref                  0.1033
_refine_ls_wR_factor_gt                   0.0864
_refine_ls_goodness_of_fit_ref            1.013
_refine_ls_restrained_S_all               1.013
_refine_ls_shift/su_max                   0.000
_refine_ls_shift/su_mean                  0.000

loop_
_atom_site_label
_atom_site_type_symbol
_atom_site_fract_x
_atom_site_fract_y
```

```
_atom_site_fract_z
_atom_site_U_iso_or_equiv
_atom_site_adp_type
_atom_site_occupancy
_atom_site_symmetry_multiplicity
_atom_site_calc_flag
_atom_site_refinement_flags
_atom_site_disorder_assembly
_atom_site_disorder_group
Cr1 Cr 0.45183(3) 0.65023(7) 0.03120(4) 0.02249(15) Uani 1 1 d . . .
Cl1 Cl 0.45759(4) 0.88987(12) 0.11040(7) 0.0328(3) Uani 1 1 d . . .
Cl3 Cl 0.51166(5) 0.74549(13) -0.01257(7) 0.0320(2) Uani 1 1 d . . .
.....................................................................
H10C H 0.7520 0.8292 0.2493 0.179 Uiso 1 1 calc R . .
C102 C 0.7045(5) 0.7540(11) 0.1155(9) 0.108(3) Uani 1 1 d . . .
loop_
 _atom_site_aniso_label
 _atom_site_aniso_U_11
 _atom_site_aniso_U_22
 _atom_site_aniso_U_33
 _atom_site_aniso_U_23
 _atom_site_aniso_U_13
 _atom_site_aniso_U_12
Cr1 0.0265(3) 0.0219(3) 0.0208(3) -0.0004(3) 0.0138(3) 0.0005(3)
Cl1 0.0342(6) 0.0259(5) 0.0376(6) -0.0070(5) 0.0187(5) 0.0006(5)
.....................................................................
C101 0.087(6) 0.127(8) 0.100(7) 0.003(6) 0.020(5) -0.007(5)
C102 0.141(9) 0.063(5) 0.145(10) -0.014(6) 0.093(9) -0.002(5)

_geom_special_details
;
All esds (except the esd in the dihedral angle between two l.s. planes) are estimated
using the full covariance matrix. The cell esds are taken into account individually in
```

```
the estimation of esds in distances, angles and torsion angles; correlations between
esds in cell parameters are only used when they are defined by crystal symmetry. An
approximate (isotropic) treatment of cell esds is used for estimating esds involving
l.s. planes.
;

loop_
_geom_bond_atom_site_label_1
_geom_bond_atom_site_label_2
_geom_bond_distance
_geom_bond_site_symmetry_2
_geom_bond_publ_flag
Cr1 N1 2.069(3) .                  ?
Cr1 Cl1 2.2894(13) .               ?
.........................................
C101 H10B 0.9700 .                 ?
C101 H10C 0.9700 .                 ?

loop_
 _geom_angle_atom_site_label_1
 _geom_angle_atom_site_label_2
 _geom_angle_atom_site_label_3
 _geom_angle
 _geom_angle_site_symmetry_1
 _geom_angle_site_symmetry_3
 _geom_angle_publ_flag
N1 Cr1 Cl1 175.01(9) . .           ?
.........................................
H10B C101 H10C 109.5 . .           ?
N2 C102 C101 178.6(14) . .         ?

loop_
```

```
_geom_torsion_atom_site_label_1
_geom_torsion_atom_site_label_2
_geom_torsion_atom_site_label_3
_geom_torsion_atom_site_label_4
_geom_torsion
_geom_torsion_site_symmetry_1
_geom_torsion_site_symmetry_2
_geom_torsion_site_symmetry_3
_geom_torsion_site_symmetry_4
_geom_torsion_publ_flag
N1 Cr1 P1 C11 29.72(17) . . . .            ?
...........................................
P2 C23 C28 C27 -176.2(4) . . . .           ?
Cr1 N1 C29 C30 98(26) . . . .              ?

_diffrn_measured_fraction_theta_max        0.998
_diffrn_reflns_theta_full                  28.37
_diffrn_measured_fraction_theta_full       0.998
_refine_diff_density_max                   0.478
_refine_diff_density_min                   -0.335
_refine_diff_density_rms                   0.085
(END)
```

1.5 논의(Discussion)

구조를 밝힐 때는 다음 사항을 참고해야 한다.

1.5.1 분자 내 원자 간 결합 길이 및 결합 각도를 계산한다.

한 분자 내 결합 길이 및 각도를 계산하여 단일 결합, 이중 결합, 삼중 결합, $sp-$, sp^2-, sp^3- 혼성결합 길이를 확인한다. 유기 화합물의 대표적인 원자 사이의 거리 값은 "International Tables for Crystallography, Vol. C, Edited by A.J.C. Wilson, Kluwer Academic Publishers, Table 9.5.1.1. Average lengths (Å) for bonds involving the elements H, B, C, N, O, F, Si, P, Cl, As, Se, Br, Te, and I, pp 691–706, (1995)."를 참조하라.

Csp^3-Csp^3: 1.510 Å, Csp^3-Csp^2: 1.503 Å, Csp^3-Csp^1: 1.466 Å
Csp^2-Csp^2: 1.455, Csp^2-Csp^1: 1.431 Å, Csp^1-Csp^1 : 1.377 Å, $C_{ar}-C_{ar}$: 1.487 Å
$C-C$: 1.510 Å, $C=C$: 1.318 Å, $C\equiv C$: 1.188 Å, $C=O$: 1.210 Å, $C_{ar}\simeq C_{ar}$: 1.384 Å

sp 혼성 오비탈이 이루는 각도: 180° (아세틸렌)
sp^2 혼성 오비탈이 이루는 각도: 120° (에틸렌, 벤젠)
sp^3 혼성 오비탈이 이루는 각도: 109°28′27″ ≈ 109.5°[14)]

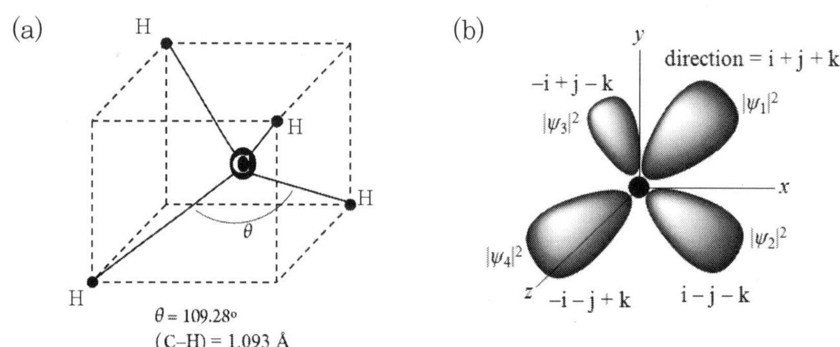

그림 1.5.1 (a) 메테인(CH_4) 분자에 있는 탄소와 4개의 수소의 상대적 방위(orientations)
(b) 탄소로부터 확장되어 4개의 전자들을 둘러싸는 전자구름 모양 | 각 전자구름은 전자 2개를 공유한다.

14) I. H. Suh, et al., Korean J. Crystallography, Vol. 8, No. 1 pp. 59–63, 1997

보 충 내 용 >>>

혼성결합(hybridization bond)

탄소의 전자 배열은 원래 C : $1s^2\,2s^2\,2p_x^1\,2p_y^1$ 인데 수소가 가까이 오면 $2s^2$의 전자 2개 중 1개의 전자가 $2p_z$로 이동하여 C: $1s^2\,2s^1\,2p_x^1\,2p_y^1\,2p_z^1$ 와 같이 되어 다음과 같이 3개의 p-orbital을 만든다.

C: $1s^2$ $2s^2$ $2p_x^1$ $2p_y^1$ $2p_z$
  ↑↓ ↑↓ ↑ ↑

수소가 가까이 오면 한 개의 $2s^1$ 전자가 $2p_z^1$의 위치로 가서 다음과 같이 된다.

C: $1s^2$ $2s^1$ $2p_x^1$ $2p_y^1$ $2p_z^1$
  ↑↓ ↑ ↑ ↑ ↑

1개의 결합은 2개의 전자로 형성된다.

(1) sp 혼성

(1-1) C_2H_2(acetylene)

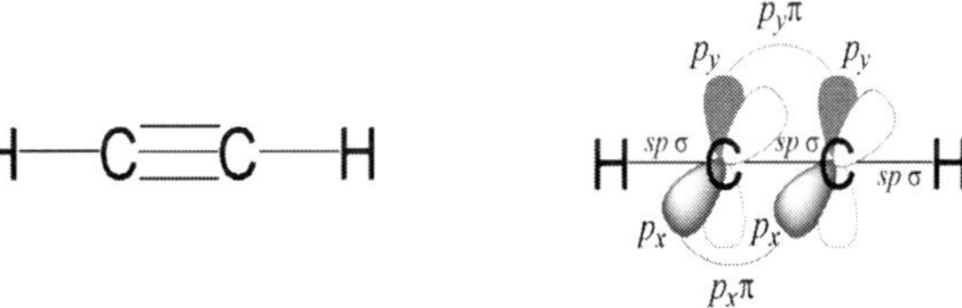

그림 1.5.2 Acetylene(C_2H_2)

C: $1s^2\,2s^1\,2p_x^1\,2p_y^1\,2p_z^1$		
	C(1)	C(2)
삼중 결합	$2p_x^1 + 2p_x^1 = p_x(\uparrow\downarrow)\ \pi^2$ $2p_y^1 + 2p_y^1 = p_y(\uparrow\downarrow)\ \pi^2$ $(2s^{1/2}+2p_z^{1/2} = sp\,\sigma^1)+(2s^{1/2}+2p_z^{1/2} = sp\,\sigma^1) = sp\sigma^2$	
$(2s^{1/2}+2p_z^{1/2} = sp\,\sigma^1)+1s^1$ of H $= sp\sigma^2$		$(2s^{1/2}+2p_z^{1/2} = sp\,\sigma^1)+1s^1$ of H $= sp\sigma^2$

① 그림 1.5.2와 같이 두 탄소 각각에 있는 $2p_x^1$과 $2p_y^1$ 전자는 두 탄소 사이의 $p_x(\uparrow\downarrow)\ \pi^2$, $p_y(\uparrow\downarrow)\ \pi^2$ 오비탈을 만든다.

② 각 탄소에 있는 $2s^1$과 $2p_z^1$ 전자는 각각 $\frac{1}{2}$씩 기여하여 $(2s^{1/2}+2p_z^{1/2}) = sp\sigma^1$ 오비탈(s 전자 1개와 p 전자 1개가 참여함) 2개를 만드는데 이 중 하나의 $sp\sigma^1$ 오비탈이 다른 탄소의 $sp\sigma^1$ 오비탈과 결합하여 $sp\sigma^2$ 오비탈을 만든다. 따라서 $p_x(\uparrow\downarrow)\ \pi^2$, $p_y(\uparrow\downarrow)\ \pi^2$, $sp\sigma^2$가 탄소-탄소 사이에 삼중 결합을 이룬다.

③ 각 원자에 남아 있는 $sp\sigma^1$ 오비탈은 외부에서 온 수소의 $1s^1$ 전자 한 개와 결합하여 $sp\sigma^2$ 결합을 이룬다.

(2) sp^2 혼성

(2-1) C_2H_4 (ethylene)

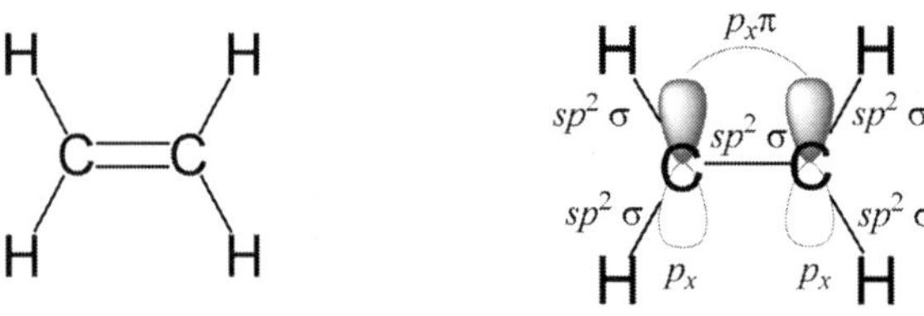

그림 1.5.3 Ethylene (C_2H_4)

<table>
<tr><th colspan="3">C: $1s^2\ 2s^1\ 2p_x^1\ 2p_y^1\ 2p_z^1$</th></tr>
<tr><th colspan="2">C(1)</th><th>C(2)</th></tr>
<tr><td>이중 결합</td><td colspan="2">$2p_x^1 + 2p_x^1 = p_x^2(\uparrow\downarrow)\pi^2$
$(2s^{1/3} + 2p_y^{1/3} + 2p_z^{1/3} = sp^2\sigma^1) + (2s^{1/3} + 2p_y^{1/3} + 2p_z^{1/3} = sp^2\,\sigma^1) = sp^2\sigma^2$</td></tr>
<tr><td colspan="2">$(2s^{1/3} + 2p_y^{1/3} + 2p_z^{1/3} = sp^2\,\sigma^1) + 1s^1$ of H $= sp^2\sigma^2$</td><td>$(2s^{1/3} + 2p_y^{1/3} + 2p_z^{1/3} = sp^2\,\sigma^1) + 1s^1$ of H $= sp^2\sigma^2$</td></tr>
<tr><td colspan="2">$(2s^{1/3} + 2p_y^{1/3} + 2p_z^{1/3} = sp^2\,\sigma^1) + 1s^1$ of H $= sp^2\sigma^2$</td><td>$(2s^{1/3} + 2p_y^{1/3} + 2p_z^{1/3} = sp^2\,\sigma^1) + 1s^1$ of H $= sp^2\,\sigma^2$</td></tr>
</table>

① 그림 1.5.3과 같이 두 탄소 각각에 있는 $2p_x^1$은 두 탄소 사이의 $p_x^2(\uparrow\downarrow)\pi^2$ 오비탈을 만든다.

② 각 탄소에 있는 $2s^1$, $2p_y^1$, $2p_z^1$ 오비탈이 각각 $\frac{1}{3}$씩 기여하여 $(2s^{1/3} + 2p_y^{1/3} + 2p_z^{1/3}) = sp^2\sigma^1$ 오비탈(s 전자 1개와 p 전자 2개가 참여함) 3개를 만드는데 이 중 하나의 $sp^2\sigma^1$ 오비탈이 다른 탄소의 $sp^2\sigma^1$ 오비탈과 합쳐져서 $sp^2\sigma^2$ 오비탈을 만든다. 따라서 $p_x^2(\uparrow\downarrow)\ \pi^2$과 $sp\sigma^2$가 탄소와 탄소 사이의 이중 결합을 형성한다.

③ 각 원자에 남아 있는 2개의 $sp^2\sigma^1$ 오비탈은 외부에서 온 수소의 $1s^1$ 전자와 결합하여 $sp^2\sigma^2$ 결합을 형성한다.

(2-2) C_6H_6 (benzene)

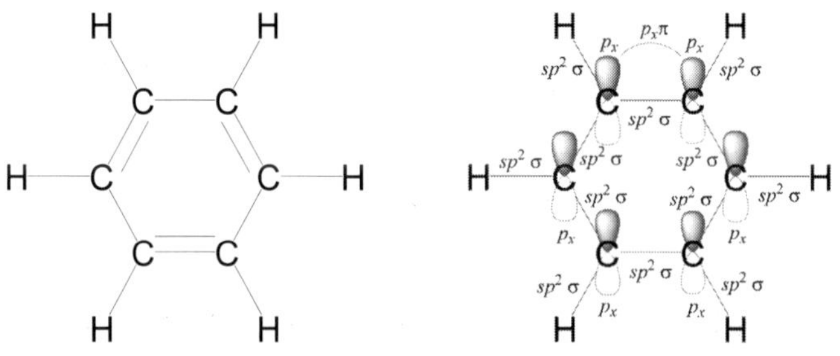

그림 1.5.4 Benzene (C_6H_6)

C: $1s^2\ 2s^1\ 2p_x^1\ 2p_y^1\ 2p_z^1$			
C(1)	C(2)	C(3)	C(4)
$2p_x^1 + 2p_x^1 = p_x^2(\uparrow\downarrow)\ \pi^2$			$2p_x^1 + 2p_x^1 = p_x^2(\uparrow\downarrow)\ \pi^2$
$(2s^{1/3} + 2p_y^{1/3} + 2p_z^{1/3} = sp^2\sigma^1)$ $+ (2s^{1/3} + 2p_y^{1/3} + 2p_z^{1/3} = sp^2\ \sigma^1)$ $= sp^2\sigma^2$	$(2s^{1/3} + 2p_y^{1/3} + 2p_z^{1/3} = sp^2\sigma^1)$ $+ (2s^{1/3} + 2p_y^{1/3} + 2p_z^{1/3} = sp^2\ \sigma^1)$ $= sp^2\sigma^2$		$(2s^{1/3} + 2p_y^{1/3} + 2p_z^{1/3} = sp^2\sigma^1)$ $+ (2s^{1/3} + 2p_y^{1/3} + 2p_z^{1/3} = sp^2\ \sigma^1)$ $= sp^2\sigma^2$
이중 결합	단일 결합		이중 결합
$(2s^{1/3} + 2p_y^{1/3} + 2p_z^{1/3} = sp^2\ \sigma^1) + 1s^1$ of H $= sp^2\sigma^2$			

① 그림 1.5.4에서와 같이 C(1)의 p_x^1 전자 한 개는 C(2)의 p_x^1의 전자 한 개와 $p_x^2(\uparrow\downarrow)\ \pi^2$ 오비탈을 형성하고, C(3)의 p_x^1 전자 한 개는 C(4)의 p_x^1의 전자 한 개와 결합하여 $p_x^2(\uparrow\downarrow)\ \pi^2$ 오비탈을 형성한다. 이와 같이 C(2)와 C(3)에 있던 p_x^1 전자가 모두 소비되어 C(2)–C(3) 간에는 $p_x^2(\uparrow\downarrow)\ \pi^2$이 없다. 따라서 벤젠 고리에서 $p_x^2(\uparrow\downarrow)\ \pi^2$ 오비탈이 있는 곳은 3개뿐이다.

② C(1)–C(2), C(2)–C(3), C(3)–C(4) 사이에는 각 원자가 $sp^2\ \sigma^1\ (2s^{1/3} + 2p_y^{1/3} + 2p_z^{1/3})$의 전자를 제공하여 각각 $sp^2\sigma^2$를 만들어 C(1)–C(2)와 C(3)–C(4) 사이에는 ①의 $p_x^2(\uparrow\downarrow)\ \pi^2$와 합하여 이중 결합을 형성하지만 C(2)–C(3)는 $sp^2\sigma^2$ 한 개뿐인 단일 결합을 형성한다. 이 과정에서 각 원자는 2개의 $sp^2\sigma^1$ 전자를 소비한다.

③ 각 탄소 원자에 남아 있는 $sp^2\sigma^1$ 전자는 수소와 결합을 형성한다.

④ 벤젠 고리에서 3개의 $p_x^2(\uparrow\downarrow)\ \pi^2$ 오비탈이 전자들의 연속전자확률 분포를 이루어 전자는 비편재화되어 있어 탄소와 탄소 사이에는 1.5 결합을 하고 있다.

(3) sp^3 혼성

(3-1) CH_4 (methane)

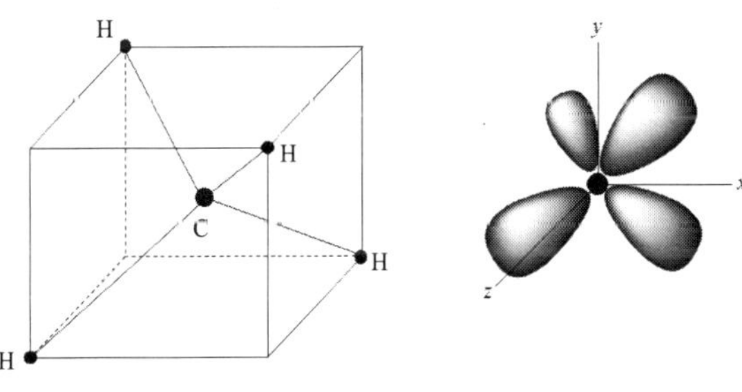

그림 1.5.5 Methane (CH_4)

C: $1s^2\,2s^1\,2p_x^1\,2p_y^1\,2p_z^1$	
단일 결합	$(2s^{1/4}+2p_x^{1/4}+2p_y^{1/4}+2p_z^{1/4}=)sp^3$ 혼성 오비탈$+H_1$ $(2s^{1/4}+2p_x^{1/4}+2p_y^{1/4}+2p_z^{1/4}=)sp^3$ 혼성 오비탈$+H_2$ $(2s^{1/4}+2p_x^{1/4}+2p_y^{1/4}+2p_z^{1/4}=)sp^3$ 혼성 오비탈$+H_3$ $(2s^{1/4}+2p_x^{1/4}+2p_y^{1/4}+2p_z^{1/4}=)sp^3$ 혼성 오비탈$+H_4$

탄소의 $2s^1$ 오비탈의 $\frac{1}{4}$과 $2p_x^1$, $2p_y^1$, $2p_z^1$ 전자 3개 각각의 $\frac{1}{4}$씩의 합 $\frac{3}{4}$ 전자가 1개의 sp^3 혼성 오비탈(s 전자 1개와 p 전자 3개가 참여함)을 형성하며, 이 한 개의 sp^3 전자는 외부의 수소 1개의 전자와 합하여 1개의 sp^3 혼성 결합을 이룬다. 따라서 그림 1.5.5와 같이 메테인에는 4개의 sp^3 혼성 결합이 있다. 4개의 혼성 오비탈을 만드는 데 각 오비탈에 $\frac{1}{4}s$와 $\frac{3}{4}p$가 기여한다.

◆ 탄소의 전자 배열은 원래 C: $1s^2\,2s^2\,2p_x^1\,2p_y^1$ 이므로 $:CH_2$(carbene)로 형성되어야 한다.

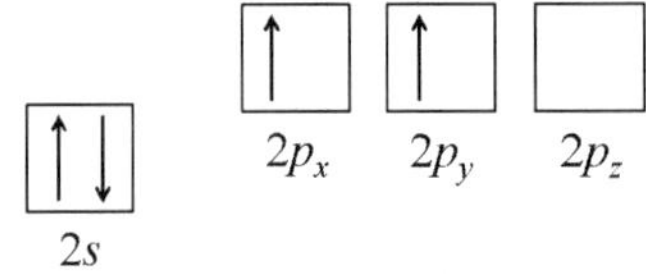

그러나 $2s^2$의 전자 2개를 가져 탄소가 H와 2개의 결합을 하는 것보다 $2s^2$의 전자 2개 중 1개가 $2p_z$로 이동하여 4개의 결합을 가짐으로써 약 2배 정도 에너지가 안정화된다. 따라서 탄소는 C: $1s^2\,2s^1\,2p_x^1\,2p_y^1\,2p_z^1$ 와 같이 4개의 오비탈을 형성하게 되어 CH_4로 된다.

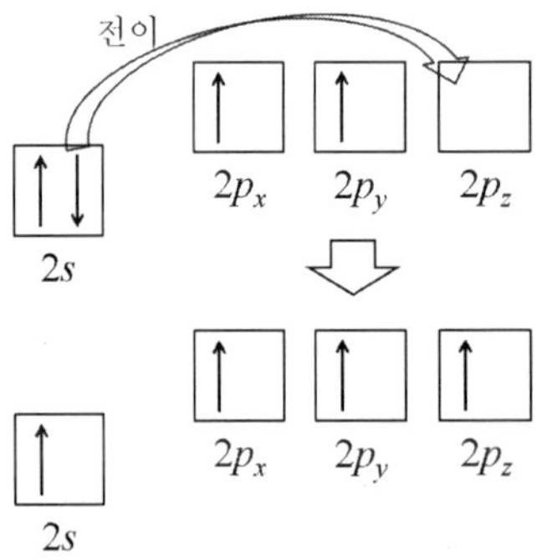

1.5.2 분자 내 및 분자 간 $\pi-\pi$ 상호작용 확인

2개 고리의 질량중심 A1과 A2를 계산한 후 SHELX-97 프로그램의 명령, RTAB D A1 A2를 이용하여 A1과 A2 간의 거리를 계산할 수 있다.

1.5.3 분자 내 및 분자 간 수소 결합 또는 기타 상호작용 확인

- 쌍극자(electric dipole): 크기가 같고 부호가 반대인 한 쌍의 전하가 관측하는 거리에 비해 짧은 거리만큼 떨어져 있는 두 개의 다른 전하를 전기 쌍극자라고 한다.
- 수소 결합(hydrogen bond): 원자 사이의 전자의 공유(covalence)와 같은 어떤 원인에 의해 형성된 쌍극자가 수소(H) 원자를 양극(positive pole)으로 취할 때 형성된 결합을 수소 결합이라고 한다(예: HF, H_2O). 플루오린화수소(HF) 분자에서 수소는 자기 전자를 플루오린(F) 원자에게 준다. 따라서 플루오린 원자는 음이온이 되고 수소 원자는 양이온이 되어 분자는 전체적으로 쌍극자 같이 행동한다. 플루오린 원자는 그 쌍극자의 음극에 해당하고 수소 원자는 양극에 해당한다. 이와 같은 형태를 갖는 몇몇 쌍극자가 반대로 하전된 극 사이의 정전기적 인력을 통하여 형성된 결합이 수소 결합이다. 수소 결합은 DNA(deoxyribonucleic acid) 분자 2개의 꼬임줄(strand) 사이의 짝지음(pairing)을 지배하고 있다. 표 1.5.1에 수소 결합의 예가 나타나 있다.

표 1.5.1 N-H⋯X와 O-H⋯X 수소 결합의 평균 길이와 그 범위[15)]

결합	값(Å)	범위(Å)	결합	값(Å)	범위(Å)
N-H⋯N	3.10	2.88−3.38	O-H⋯O		
N-H⋯O			oximes, inorg. acids	2.58	2.44−2.84
ammonia	2.88	2.68−3.24	carboxylic acids	2.63	2.45−2.75
amides	2.93	2.55−3.04	H_2O in org.-inorg.	2.71	2.49−3.07
amines	3.04	2.57−3.22	alcohols	2.74	2.55−2.96
			H_2O in inorg.	2.75	2.49−3.15
N-H⋯F	2.78	2.62−3.01	H_2O in org.	2.80	2.65−2.93
N-H⋯Cl	3.21	2.91−3.52	hydroxides	2.82	2.36−3.36
N-H⋯Br	3.37	3.28−3.44	O-H⋯Cl	3.07	2.86−3.21
O-H⋯N	2.80	2.62−2.93	O-H⋯Br	3.30	3.17−3.38

SHELX-97 프로그램에서 다음 명령으로 수소 결합을 찾을 수도 있다.

```
HTAB    dh[2.0]
```

15) X-ray Structure Determination, George H. Stout and Lyle H. Jensen, p. 303, The Macmillan Company, 1968

```
HTAB   주개-원자   받개-원자
```

또한 다음 명령으로 분자 사이의 최소 거리를 계산하여 분자가 van der Waals(네덜란드 물리학자, 1837~1923) 힘으로 결합되었는지 여부를 판단한다.

- 전자기장과 같은 어떤 원인에 의하여 형성된 쌍극자가 약하고 순간적일 때, 그것에서 생긴 결합을 van der Waals 결합이라고 한다. 아래에 몇 가지 원소의 van der Waals 반지름을 나타내었다.

(단위: Å)

원소	H	N	O	F	P	S	Cl	As	Se	Br	Sb	Te	I
반지름	1.2	1.5	1.40	1.35	1.9	1.85	1.80	2.0	2.00	1.95	2.2	2.20	2.15

```
EQIV $1  -X, -1-Y,  1-Z
```

```
RTAB D  C1   C2_$1
RTAB A  C1   C2    C3
```

1.5.4 분자의 광학 특이성

단위 세포 내에 L-형과 D-형이 함께 있으면 절대 배열은 확인할 수 없다.

단위 세포 내에 L-형과 D-형 중 한 가지 화합물이 있으면 (1) Flack 변수(Flack parameter)를 보고 그것의 절대 배열을 판단할 수 있고 (2) 비틀림 각을 계산하여 D-형과 L-형의 차이를 알 수 있다.

※ 거울상이성질체의 절대 배열

230개 공간군 중에서 165개는 반사(거울 또는 활강 거울) 또는 반전 대칭 요소(대칭 중심점, 반사면, 또는 반사-반전축)를 갖는다. 이러한 대칭 요소는 한 카이랄(chiral) 분자를 그의 거울상으로 전환한다. 따라서 카이랄 분자가 반전성 공간군으로 결정화되었다면, 라세미 혼합물(racemic mixture)이라 불리는 두 거울상이 1:1 혼합물로 존재하여 구조를 정밀화할 때 이들 쌍의 좌표를 반전시켰는지의 여부와 무관하게 구조 인자 값이 동일하여 절대 배열을 알 수 없다.

절대 배열이 확인되려면, 광학 활성을 갖는 카이랄 화합물이 라세미 혼합물이 아닌 1개의 분자로 구성되어 있어야 하며, 그 화합물은 표 5.4.1에서 보인 65개 카이랄 공간군 중 하나로 결정되어야 한다. 여기서 카이랄은 손(hand)을 의미하는 그리스어에서 유래되었다.

▶ 거울상 분자는 비대칭 탄소를 포함한다.

거울상 관계를 유지하고 있는 분자를 광학 이성질체(optical isomers) 또는 거울상이성질체(enantiomers)라고 부른다. 두 가지의 광학 이성질체 분자는 삼차원에서 서로 포개질 수 없다는 특징을 제외하고는 물리적, 화학적으로 구별할 방법이 거의 없다. 그들 분자는 원자의 종류와 개수는 물론 배열 형태도 모두 같으며, 분자량, 녹는점, 끓는점과 같은 물리적, 화학적 특성이 동일하다. 그러나 광학 이성질체 분자 중에서 어느 한 종류만 녹인 용액에 평면 편광(plane-polarized light)을 비추면 둘의 차이가 난다. 용액을 통과한 편광은 본래의 편광과 비교할 때 편광면(평면 편광 빛의 전기장과 빛의 진행 방향을 모두 포함하는 면)이 왼쪽이나 오른쪽으로 회진을 하고, 그 회전 각도의 크기는 같다. 그러나 거울상이성질체 분자 각각을 같은 양만큼씩 녹인 용액을 통과한 편광은 회전하지 않는다. 즉, 2개의 광학 이성질체는 편광에 대해 서로 반대방향으로 작용하는 것이다. 광학 활성을 지닌 유기 화합물 분자는 공통적으로 분자 내 비대칭 탄소(asymmetric carbon)를 포함하고 있다. 결합이 4개까지 가능한 탄소 원자에 원자, 분자, 혹은 작용기가 결합될 때 4개 모두 종류가 다른 것이 결합되어 있는 특별한 탄소를 비대칭 탄소라고 부른다. 그러므로 유기 화합물 한 분자에는 한 개 이상의 비대칭 탄소를 포함하고 있는 것이 많이 존재한다.

▶ 복잡한 광학 이성질체의 이름

광학 이성질체 분자에 이름을 붙이는 것이 조금은 복잡하고 전문적이다. 그러나 일반적으로 광학 이성질체가 편광면을 오른쪽으로 회전시키면 (+), 왼쪽으로 회전시키면 (−)를 화합물 앞에 붙인다. (+), (−) 기호 외에도 동시에 D(dextrorotatory, 오른쪽 회전성), L(levorotatory, 왼쪽 회전성) 혹은 R(오른쪽을 의미하는 라틴어 rectus의 첫 글자), S(왼쪽을 의미하는 sinister의 첫 글자)를 붙인다.

▶ 거울상이성질체

한 분자와 그것의 거울상이 회전이나 병진변위(translation)로 서로 중첩되지 않으면, 두 화합물은 거울상이성질체 또는 광학 이성질체라고 한다. 만일 라세미 혼합물(racemic compound)이 아니면, 이것은 광학 활성을 띠게 되며 카이랄성 분자(chiral molecule)라고도 일컫는다. 예를 들면, 사면체 구조의 각 꼭짓점에 4개의 서로 다른 작용기가 붙어 있는 아미노산(amino acids = $NH_2CHRCOOH$)은 반사 혹은 반전 대칭성을 가지고 있지 않아서, 서로 중첩되지 않는 두 거울상으로 존재할 수 있다. 이들은 왼손을 거울에 비추어서 얻어지는 오른손과 같은 관계를 가진다. 모든 분자는 거울상을 가질 수 있으나, 카이랄성과 비카이랄성 분자의 차이는 카이랄 분자의 쌍만 서로 포개지지 않는다는 것이다. 카이랄성 화합물인 아미노산에서 L-형과 D-형을 정하는 규칙은 다음과 같다(그림 1.5.6 참조).

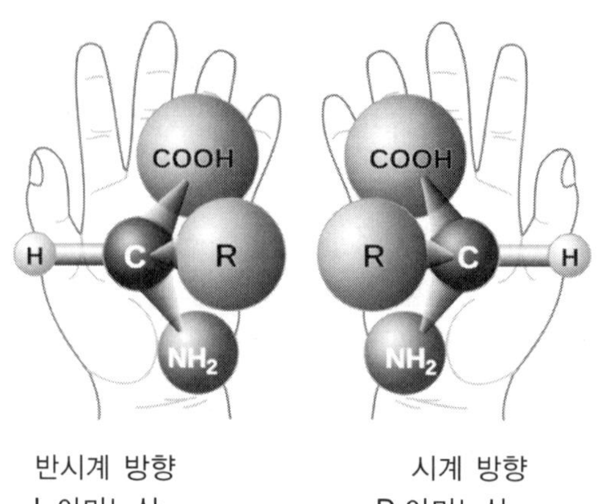

반시계 방향	시계 방향
L-아미노산	D-아미노산
(-)-아미노산	(+)-아미노산
(S)-amino acid	(R)-아미노산

그림 1.5.6 L-아미노산과 D-아미노산 | 카이랄 탄소에 결합된 4개의 원자를 원자 번호가 큰 순서로 우선순위의 서열을 정한다. 아미노산에서 원자 번호가 가장 낮은 원자(수소)가 뒤로 가도록 분자를 놓았을 때, 그 우선순위가 시계방향(clockwise)이면 D-form이고, 반시계 방향(counter-clockwise)이면 L-form이다. 따라서 D-구조와 L-구조는 서로 거울상이다.

우리 몸을 이루는 단백질은 많은 종류의 아미노산이 결합하여 만들어진 것이다. 아미노산 중에서도 글라이신(glycine)을 제외한 모든 아미노산은 비대칭 탄소를 포함하고 있어서 광학 활성을 가진다. 흥미로운 사실은 우리 몸에 필요한 아미노산은 모두 L-형의 광학 이성질체라는 것이다. 글라이신의 경우는 탄소에 수소 원자 두 개가 동시에 결합되어 있어서 비대칭 탄소 요건을 갖추지 못한다. 비타민 C도 광학 이성질체의 특성을 지니고 있다. 자연에서 발견되는 탄소 화합물은 대부분은 D-형 광학 이성질체로 존재한다.

역사적으로 많은 카이랄성 의약품 중에서 두 거울상이성질체가 반반씩 혼합된 상태로 판매하였다가 인체에 독성을 유발하여 판매가 금지된 의약품이 있다. 대표적인 경우로 thalidomide의 (R)-이성질체는 진정제 혹은 수면제로 좋은 약리활성을 나타내지만, (S)-이성질체는 임산부가 복용하였을 경우 태아의 기형을 유발시키는 부작용으로 1950년대 말 유럽에서 판매되다가 심각한 비극을 초래한 바 있다. 이뿐만 아니라, 의약품의 두 이성질체가 생체 내에서 다른 생리활성을 나타내는 예는 무수히 많다. 예를 들면, D-글루코스는 단맛을 내지만, L-글루코스는 단맛이 없다.

Chapter 02

X-선
(X-ray)

결정 구조 해석에는 특성 X-선이 이용되며 결정에서 회절되어 나오는 X-선은 결정 구조에 대한 정보를 포함하고 있다.

2.1 X-선의 발생(Generation of X-rays)

1895년에 Wilhelm Conrad Roentgen이 처음 발견한 X-선은 0.1 < l < 100 Å (1 Å = 10^{-10} m) 영역 내에 있는 파장 λ를 갖는 전자 복사선이다. 고전이론에 따르면 전자 복사선은 파동이지만 양자론에 따르면 양자(quantum) 또는 광자(photon)라는 입자(particle)의 흐름으로 생각할 수 있다. X-선은 빠른 속력의 전자들이 표적물질과 충돌하여 갑자기 감속될 때 그 전자들의 운동 에너지 $E = \frac{1}{2}mv^2$이 X-선으로 변환되는 것인데 그 입사 에너지가 한번 충돌할 때 완전히 흡수되는 것이 아니므로 X-선의 양자 에너지 $E = h\nu = \frac{hc}{\lambda}$ (Planck의 복사선 공식)는 큰 영역으로 분포되며 연속 스펙트럼을 갖는 소위 백색 복사선의 X-선이 형성된다.

2.1.1 백색광(white radiation)

그림 2.1.1은 여러 가지 전압(voltage) V를 가했을 때 생긴 백색 복사선(white radiation)의 파장 λ(Å) 대 강도(intensity) I (count/sec)의 분포를 보인 것으로 각 전압에 대한 가장 짧은 파장 λ_{min}을 보여 준다. 이 λ_{min}은 Planck 복사선 공식 $E = \frac{hc}{\lambda}$에 따라 입사 전자의 운동 에너지 $E = \frac{1}{2}m_e v^2 = eV$ ($m_e = 9.11 \times 10^{-31}$ kg)가 전부 Planck 복사선 에너지로 변환될 때 얻어지는 파장으로 다음과 같이 얻어진다.

$$\lambda_{min} = \frac{hc}{eV}\ (\text{Å})$$

Planck 상수 $h = 6.625 \times 10^{-34}$ J·sec, 광속 $c = 2.998 \times 10^8$ m·sec^{-1}, 전자의 전하량 $e = 1.602 \times 10^{-19}$ C을 대입하면 주어진 전압 V에서 얻을 수 있는 백색 복사선의 최소 파장은 식 2.1.1과 같다.

$$\lambda_{min} = \frac{12.4}{V\,[KV]}\ (\text{Å}) \qquad (2.1.1)$$

그림 2.1.1로부터 알 수 있는 또 다른 특성은 전압을 증가시킴으로써 최대 강도의 위치가 짧은 파장 쪽으로 옮겨간다는 것이다. 이 최대 강도는 고정된 전압에 대하여 λ_{min}의 약 1.5배의 λ 값에 있다.

전압 V, 전류 i, 표적 물질의 원자 번호 Z로 표시한 백색 복사선의 강도 I_w는 대략 다음과 같다.

$$I_w = cV^2iZ \text{ (}c\text{는 상수이다.)}$$

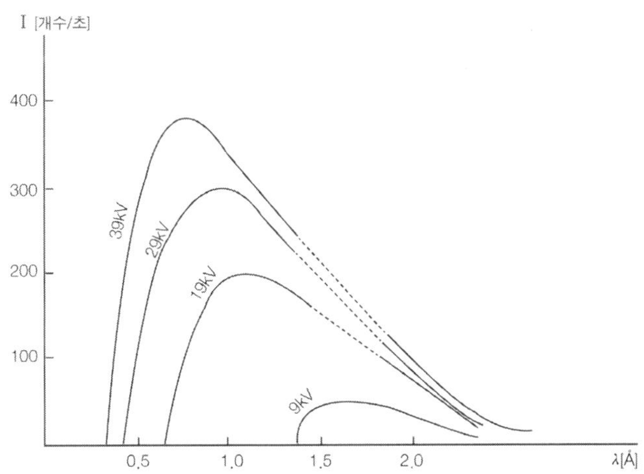

그림 2.1.1 다양한 전압에 대해 실험적으로 측정된 파장 λ에 대한 백색 복사선의 강도 *I* 의 분포 | 표적(target) 물질은 구리(Cu)이다. 점선으로 그려진 부분은 특성 복사선에 의하여 중첩되어 있다.

2.1.2 특성 X-선(Characteristic radiation)

① 특성 복사선의 발생

백색 복사선과 달리, 충분한 에너지를 가지고 있는 입사 전자가 표적 원자(target atom)에 충돌하여 표적 원자의 내부 궤도(inner orbital)로부터 전자를 떼어내면 그 에너지를 받은 여기된(excited) 원자는 매우 불안정하므로 그 원자는 외부 껍질(outer shell)의 전자로 내부 껍질(inner shell)을 채우게 되는데 외부 껍질로부터 내부 껍질(outer shell)로의 전자 전이(transition)에서 얻어지는 에너지 차 ΔE가 그에 대응하는 불연속한 파장 λ를 갖는 높은 강도의 X-선으로 변환되어 특성 복사선이 생성된다. 여기서 $\Delta E = \dfrac{hc}{\lambda}$가 성립한다.

단결정 회절 실험에서는 일정한 λ가 사용되므로 연속 복사선보다 특성 복사선(characteristic radiation)의 단색 선들이 더 흥미가 있다. 그러면 어떤 종류의 선들이 있는지 이해하기 위해서는 불연속한 원자 에너지 준위(level)의 양자역학적 모델을 생각해야 한다. 배타 원리(Exclusion principle)*에 의하면 한 원자 내에 있는 전자들은 같은 양자수(quantum number)들을 가질 수 없고 표 2.1.1과 같은 양자수를 갖는다.

*** Wolfgang Pauli's(Austria, 1900~1958) Exclusion Principle(배타 원리)**

바닥 상태 원자의 전자 상태는 주양자수(principle quantum number, n), 궤도 양자수(orbital quantum number, l), 자기 양자수(magnetic quantum number, m_l), 그리고 스핀 양자수(spin quantum number, m_s)와 같이 4개의 양자수로 나타낼 수 있다. 배타 원리는 한 원자 내에 있는 어떤 두 전자도 같은 양자 상태(quantum state)를 가질 수 없다는 것이다. 주어진 주양자수 n에 대하여 l은 $0, 1, 2, ..., (n-1)$개의 값을 가질 수 있고, m_l은 $-l, ...\ 0, ... +l$과 같이 $2l+1$개의 값을 가질 수 있으며, m_s는 $+\frac{1}{2}$, $-\frac{1}{2}$과 같이 두 개의 값을 가질 수 있어 각각의 주양자수 n에 속하는 전자의 수는 표 2.1.1에 나타낸 것과 같다. 주양자수 $n=1, 2, 3$일 때를 각각 K–, L–, M–껍질이라 하며 $l=0, 1, 2, 3, 4, 5, ...$일 때를 각각 $s, p, d, f, g, h, ...$라고 한다. 원자 구조를 나타낼 때 n은 l을 나타내는 문자 앞에 쓰고, 같은 n과 l을 갖는 전자 수는 l을 나타내는 문자의 위 첨자로 쓴다(예, $2s^2$).

표 2.1.1 주어진 군(group) 안에 있을 수 있는 전자의 수

n		l	m_l	m_s	하위군의 전자 수	완전군의 전자 수
K	1	0	0	1/2	2	2
	1	0	0	−1/2		
L	2	0	0	1/2	2	8
	2	0	0	−1/2		
	2	1	−1	1/2	6	
	2	1	−1	−1/2		
	2	1	0	1/2		
	2	1	0	−1/2		
	2	1	1	1/2		
	2	1	1	−1/2		
M	3	0	0	1/2	2	18
	3	0	0	−1/2		
	3	1	−1	1/2	6	
	3	1	−1	−1/2		
	3	1	0	1/2		
	3	1	0	−1/2		
	3	1	1	1/2		
	3	1	1	−1/2		
	3	2	−2	1/2	10	
	3	2	−2	−1/2		
	3	2	−1	1/2		
	3	2	−1	−1/2		
	3	2	0	1/2		
	3	2	0	−1/2		
	3	2	1	1/2		
	3	2	1	−1/2		
	3	2	2	1/2		
	3	2	2	−1/2		

그림 2.1.2에 주양자수(principal quantum number) $n=1,2,3$에 대응하는 K, L, M이라는 3개의 내부 전자 껍질이 나타나 있다. 각 껍질은 3개의 또 다른 양자수 l, m_l, m_s에 대해 $2n-1$개의 불연속한 에너지 준위(discrete energy level)로 분리된다. 그래서 K-껍질 내에는 1개의 에너지 준위가 있고 L-껍질에는 3개, M-껍질에는 5개의 에너지 준위가 있다. 전자가 외부 껍질에서 내부 껍질로 전이할 때 이 특성 복사가 생성된다. 그러나 전이는 궤도 양자수 l과 자기양자수 m_l이 $\Delta l=\pm 1$, $\Delta m_l=0, \pm 1$과 같이 변할 때만 일어난다는 선택법칙(selection rule) 때문에 특정 전이는 일어나지 않는다. 예를 들면, 내부 L-껍질에서 K-껍질로의 전이는 불가능하다.

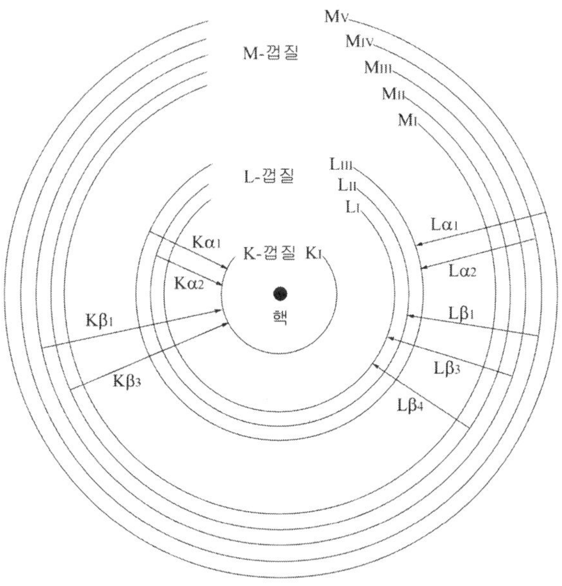

그림 2.1.2 에너지 준위와 특성 X-선을 일으키는 전이

② 특성 X-선들의 명명법(Nomenclature of characteristic lines)

특성 X-선(characteristic line)의 명명법(naming)은 다음 방법으로 정의된다. 복사선 타입(radiation type)은 전자를 받는 껍질의 대문자로 정의된다. 만일 주개 껍질(donor shell)이 이웃 껍질이면 그 복사선은 α선이라 말하고 만일 그것이 다음 껍질이면(역사적인 이유 때문에 예외가 있지만) β선이라고 불린다. X-선 회절에 사용되는 가장 중요한 복사선의 모양은 $K\alpha_1$, $K\alpha_2$, $K\beta$선이다. $K\alpha_1$과 $K\alpha_2$ 파장은 L_{III}- 및 L_{II}-준위에서 K-껍질로의 두 개의 가능한 전이에 의해 관찰된다. 두 개의 L-준위 사이의 에너지 차는 작기 때문에 $K\alpha_1$과 $K\alpha_2$-선의 파장은 차이가 별로 없다. 그러므로 특정한 실험 조건하에서는 이 두 선은 분리되지 않고 1개의 $K\alpha$선

으로 다룬다. Kβ선에 대해서도 같은 내용이 적용된다. $M_{III} \rightarrow K$과 $M_{II} \rightarrow K$ 전이 때문에 β_1과 β_3선의 이중선이 있으나 실제로 이것은 분리되지 않아 항상 Kβ 복사선으로 사용된다. 그 외에 많은 선들이 있지만 그들은 강도가 약하기 때문에 결정 구조 연구에서는 그리 중요하지 않다. K–껍질로의 전자 전이는 M–껍질에서보다 L–껍질에서 더 잘 일어나므로 그 Kα 선이 가장 강한 강도를 가지고 있다.

2.1.3 특성 X-선의 파장과 에너지(Wave length and energy of characteristic lines)

식 (2.1.1)로부터 λ_k를 얻는 데 필요한 최소 전압은 다음이다.

$$V_k = \frac{12.4}{\lambda_k}\mathrm{kV}$$

이 전압 V_k는 K–계열의 여기 전압(excitation potential)이라고 불린다.

$$V_{\mathrm{MoK}\alpha} = \frac{12.4}{\lambda_{\mathrm{MoK}\alpha}} = \frac{12.4}{0.71073} = 17.45\,\mathrm{kV}$$

$$E_{\mathrm{MoK}\alpha} = \mathrm{e}V_{\mathrm{MoK}\alpha} = 17.45\,\mathrm{keV}$$

$$E_{\mathrm{CuK}\alpha} = 8.04\,\mathrm{keV}$$

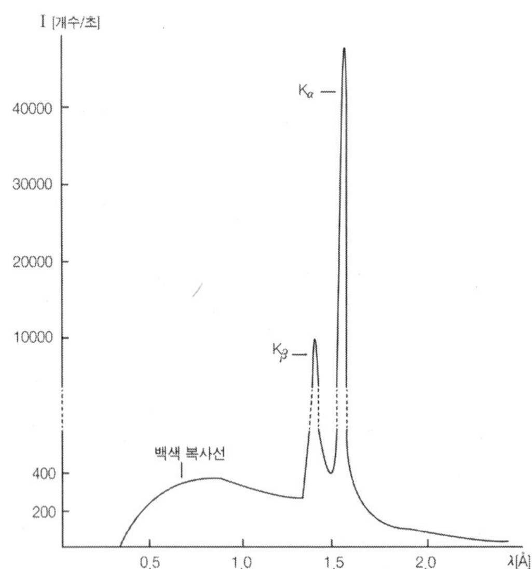

그림 2.1.3 39 kV에서 실험적으로 취한 구리(Cu) X-선 관으로부터 나온 백색 및 특성 복사선의 완전한 스펙트럼

$K\alpha_1$과 $K\alpha_2$의 이중선(doublet)의 강도 비는 대략 다음과 같고

$$\frac{I(K_{\alpha_1})}{I(K_{\alpha_2})} = 2$$

$K\alpha$-복사선과 $K\beta$-복사선의 비는 대략 다음과 같이 나타낼 수 있다.

$$\frac{I(K_{\alpha})}{I(K_{\beta})} = 5$$

그림 2.1.3에서는 연속(continuous) 복사선과 특성 $K\alpha$ 및 $K\beta$-복사선의 강도를 보이고 있다. 우리는 단색(monochromatic) 복사선을 사용하므로 $K\alpha$-복사선 외의 다른 선들은 감소시키거나 모두 없애면 좋다.

2.2 흡수(Absorption)

2.2.1 선형 흡수 계수(Linear absorption coefficient)

X-선은 물질을 통과하면 그 강도가 약해지는데, 그 이유는 복사선의 광-전 흡수(photo-electrical absorption)와 산란(scattering) 두 가지 효과 때문이다. 만일 처음 강도 I_o인 X-선이 두께 x의 균일한 물질의 시료를 통과하면 식 (2.2.1)과 같이 I_X로 감소한다.

$$I_\chi = I_o^{-\mu\chi} \qquad (2.2.1)$$

길이의 역 차원을 갖는 인자 $\mu(\mathrm{cm}^{-1})$는 선형 흡수 계수라고 한다. 선형 흡수 계수에 부가하여, 선형 흡수 계수 μ와 물질의 밀도 ρ의 비를 질량 흡수 계수(mass absorption coefficient) μ_m이라 하여 다음과 같이 나타낸다.

$$\mu_m = \frac{\mu}{\rho}\left(\frac{\mathrm{cm}^{-1}}{\mathrm{g/cm}^3} = \frac{\mathrm{cm}^2}{\mathrm{g}}\right)$$

V_c가 한 단결정(single crystal)의 단위 세포의 부피이고 n이 그 단위 세포 안에 있는 분자 수라면 선형 흡수 계수 μ와 원자 흡수 계수 $\mu_a(\mathrm{cm}^2)$ 사이에는 다음과 같은 관계가 있다.

$$\mu = \frac{n}{V_c}\sum_i n_i\,\mu_{a_i}(\mathrm{cm}^{-1})$$

여기서 합산은 한 분자의 원자 n_i에 대하여 취해진다. 양 μ/ρ와 μ_a는 흡수체에만 의존하며, 자주 사용되는 파장과 거의 모든 원소에 대한 μ/ρ와 μ_a의 값은 'International Tables for X-Ray Crystallography(1978), Vol. III, pp. 157-192, Table 3.2.2A, B & E, Birmingham : Kynoch Press'에 표로 작성되어 있다. 결정 구조를 밝히려는 화합물의 선형 흡수 계수 μ 값은 1.4.4절에서 논한 CIF의 한 기재사항이다.

2.2.2 필터와 단색화장치(Filter and monochromator)

① 필터(Filter)

주어진 원소(element)에 대하여 μ/ρ는 물론 μ_a도 파장 λ에 의존한다. 그림 2.2.1은 λ 대 μ/ρ의 분포를 보인다. 예리한 불연속이 λ의 특별한 값에서 일어난다. 이들 불연속은 흡수 가장자리(absorption edges)라 불리며 K-계열에서 한번, L-계열에서 세 번 발견된다. 장파장 쪽에서 흡수 가장자리에 도달할 때 μ_a가 갑자기 증가하는 이유는 2.1.2절에서 논한 대로 K, L, M 껍질에 $2n-1$개의 불연속 에너지 준위(discrete energy level)들이 있기 때문이다. 흡수 가장자리는 모든 껍질에 존재하며, K-껍질에 1개의 흡수 모서리, L-껍질에 3개, 그 밖의 껍질에 5개 또는 그 이상이 있다.

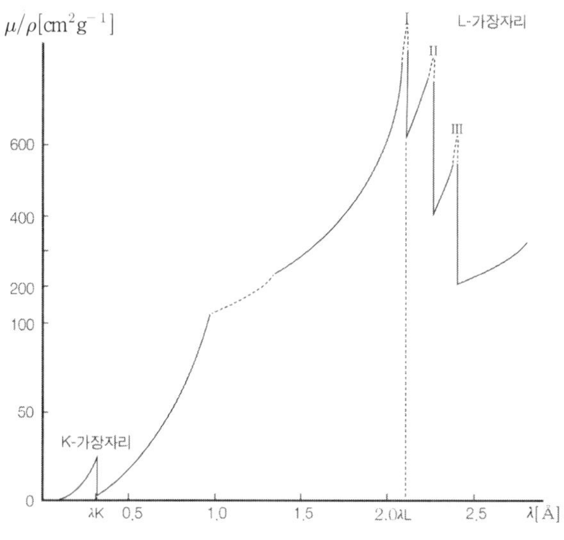

그림 2.2.1 λ대 μ/ρ를 나타낸 그림

K-흡수 가장자리 근처에서 흡수가 크게 변하는 성질을 이용하면 Kβ-선을 보다 쉽게 제거할 수 있다. 그림 2.2.2는 니켈(Ni, Z = 28)의 질량 흡수 계수와 함께 구리(Cu, Z = 29) 복사선의 강도 분포의 λ-의존성을 보인다.

니켈의 흡수 가장자리는 CuKα 선과 CuKβ 선 사이에 놓여 있어 Kα보다 Kβ 선을 훨씬 많이 감쇄시킨다. 실험에 의하면 0.015 mm 두께의 니켈 필터를 사용하면 $I(\mathrm{K}\alpha) : I(\mathrm{K}\beta)$의 비를 다음 값으로 변화시킨다는 것을 알 수 있다.

$$\frac{I(\mathrm{K}\alpha)}{I(\mathrm{K}\beta)} \approx 100$$

이렇게 개량하는 데는 Kα 복사선의 거의 50%의 손실이 수반되는 것이다.

필터로는 표적 원소(target element)의 원소 번호보다 하나 또는 둘 낮은 원소를 사용하는 것이 보통인데 이는 필터의 흡수 가장자리가 표적 원소의 Kα와 Kβ선 사이에 놓여 있기 때문이다.

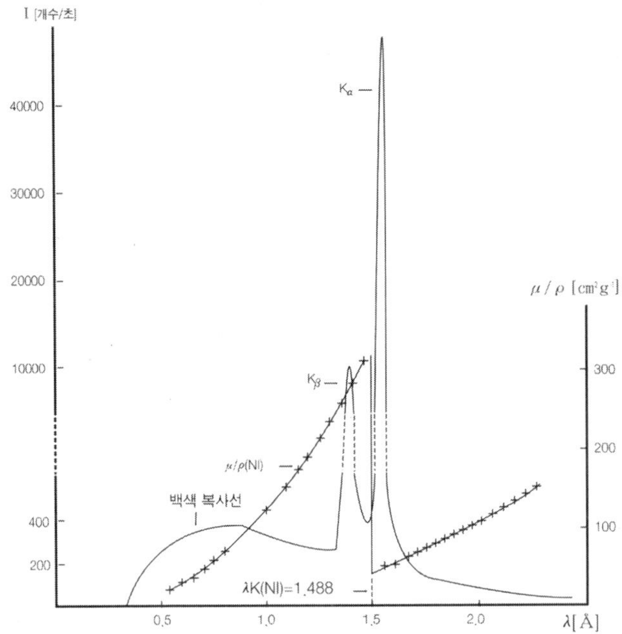

그림 2.2.2 Cu 복사선의 강도와 Ni의 질량 흡수 계수가 파장 λ에 대하여 그려져 있다.

가장 많이 사용되는 복사선과 그 필터가 표 2.2.1에 주어져 있다.[16)]

표 2.2.1 일반적으로 사용되는 X-선 표적 원소에 대한 K 파장과 β-필터

표적 원소	β-필터	파장 (Å)			
		$K\alpha_1$	$K\alpha_2$	$K\alpha$*	$K\beta_1$
Cr	V	2.28962	2.29351	2.29092	2.08480
Fe	Mn	1.93597	1.93991	1.93728	1.75653
Co	Fe	1.78892	1.79278	1.79021	1.62075
Cu	Ni	1.54051	1.54433	1.54178	1.39217
Mo	Zr	0.70926	0.71354	0.71069	0.63225
Ag	Pd	0.55936	0.56378	0.56083	0.49701

* 평균적으로 $K\alpha_1$의 강도는 $K\alpha_2$의 2배이므로 다음과 같이 $K\alpha_1$ 파장의 가중치는 $K\alpha_2$의 2배이다. 이들 값은 2개의 α_1과 α_2선들이 분리되지 않을 때 사용된다.

$$\lambda(CuK\alpha) = \frac{2K\alpha_1 + K\alpha_2}{3} = \frac{2\times1.54051 + 1.54433}{3} = 1.5418\,Å$$

$$\lambda(MoK\alpha) = \frac{2K\alpha_1 + K\alpha_2}{3} = \frac{2\times0.70926 + 0.713543}{3} = 0.7107\,Å$$

이들 값은 $K\alpha_1$과 $K\alpha_2$의 두 파장이 분리되지 않았을 때 사용된다.

16) International Tables for X-Ray Crystallography(1978), Vol. Ⅲ, pp. 66-79, Birmingham : The Kynoch Press

② 단색화장치(Monochromator)

X-선을 단색화하기 위하여 결정 단색화장치(crystal monochromator)를 사용하기도 한다. 즉 백색 X-선을 면간 거리 $d(hkl)$를 갖는 단결정에 Bragg 각 $\theta(hkl)$로 입사시켜 Bragg 식을 만족하는 λ만을 선택할 수 있다. 예를 들면, 그라파이트(graphite) (hexagonal, $a = 2.46$ Å, $c = 6.7$ Å, $\gamma = 120°$)의 (002)면을 단색화장치로 택하여 $\lambda_{MoK\alpha} = 0.71073$ Å, $\lambda_{CuK\alpha} = 1.5418$ Å을 얻으려면 Bragg 법칙에 의하여 그라파이트의 (002)면에 각각 6.09°, 13.304°로 입사시키면 된다. 위에 언급한 두 방법에는 공통적으로 $K\alpha$-복사선에 약간의 β-복사선과 일정량의 백색 복사선이 포함된다. 이중 결정 단색화장치(double crystal monochromator)를 사용하면 거의 완전히 $K\alpha_1$ 또는 $K\alpha_2$로만 구성된 복사선을 얻을 수 있으나 강도의 손실이 크다는 단점이 있다.

2.3 X-선의 원천(Sources of X-ray)

2.3.1 봉인된 X-선 관(Sealed X-ray tubes)

그림 2.3.1에 X-선 튜브에 관한 일반적인 설명이 되어 있다. 가열된 음극(cathode)으로부터 나온 전자들이 양극(anode) 쪽으로 높은 전압에 의해서 가속된다. 양극 표적(anode target)으로부터 방출된 X-선들은 보통은 베릴륨(beryllium)으로 된 창을 통해 나온다. X-선의 가장 강한 강도는 대략 10°의 각도로 기울어져 진행하므로 창은 표적으로부터 이러한 거리에 위치하고 있다. 전자 빔(electron beam)의 입사 에너지의 X-선으로의 전환은 매우 비효율적이어서 1%보다 적은 양이 X-선으로 변환되고 나머지 에너지는 X-선 관을 식히는 물에 의해 소실된다.

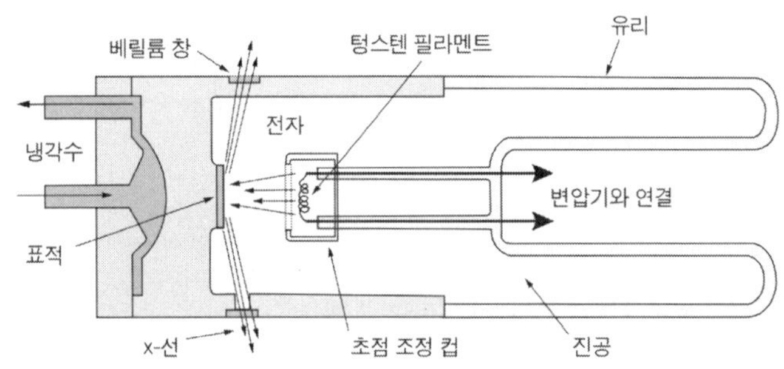

그림 2.3.1 상업적인 X-선 관의 도식적 표현

어떤 종류의 X-선 관을 사용할 것인가를 결정할 때 결정학자는 세 가지 특징을 알아야만 한다. 첫 번째는 표적 물질과 X-선 필터의 선택이다. 상업적으로 얻을 수 있는 것은 Cr, Fe, Cu, Mo, Ag 표적으로 된 관인데, 단결정 회절 실험을 위해서는 Cu와 Mo 관이 모든 문제의 99%를 해결해 준다. CuKα에 대한 Ewald 구(sphere)의 반경인 $1/\lambda_{\mathrm{CuK}\alpha} = 1/1.5418$ Å $= 0.6489$ Å^{-1}보다 MoKα에 대한 Ewald 구의 반경인 $1/\lambda_{\mathrm{MoK}\alpha} = 1/0.71073$ Å $= 1.4071$ Å^{-1}이 크므로 제한구(limiting sphere)가 더 커서 더 많은 (hkl)의 역격자 점들에 대한 정보를 얻을 수 있다(4.2.2절 참조).

X-선 관의 두 번째 중요한 성질은 X-선 강도에 영향을 주는 변수인 초점(focal point)이다. 그림 2.3.2에 보인 그 표적의 모양은 대개 a : b = 6 : 1의 크기를 갖는 직사각형 모양으로 10°의 출발각에서 표적의 긴 쪽으로 평행한 방향으로 b × b 크기의 정사각형 초점(square focus)을 얻으며, 수직 방향으로는 6b × b/6 크기의 선형 초점(line focus)을 얻는다. 그러므로 각 X-선 관에는 2개의 선형 초점과 2개의 정사각형 초점이 있어 X-선 관에는 총 4개의 창이 있는 것이다.

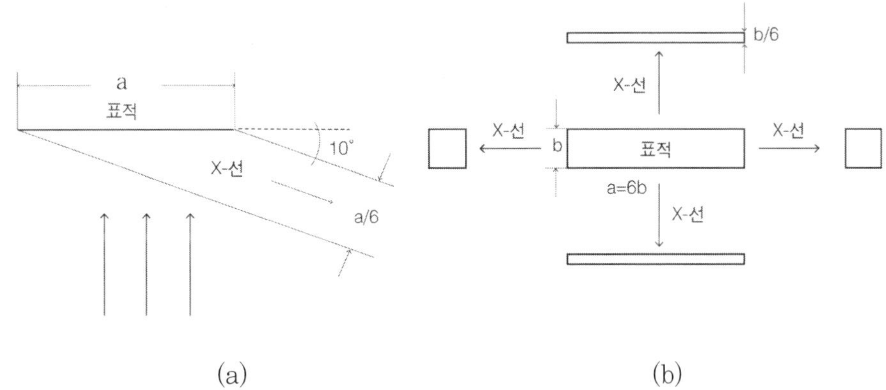

그림 2.3.2 (a) $\sin 10^\circ \approx \frac{1}{6}$ 이므로 10°의 출발각에서 X-선 빔의 직경은 1/6로 감소한다.
(b) 표적의 크기와 초점 크기

단결정 회절(single crystal diffraction)을 위해서는 정사각형 초점만이 사용되므로 한 개의 X-선 관에는 두 개의 단결정 회절장치(single crystal diffraction instrument)가 설치될 수 있음을 의미한다. 두 개의 선형 초점은 분말 회절 실험(powder diffraction experiment)을 위해 사용될 수 있다. 입사선을 제한하기 위해 원형 시준기(circular collimator)가 사용되므로 결정에는 b보다 작은 직경을 갖는 원형 X-선(circular X-ray beam)이 조사되는 것이다.

Collimator(시준기)는 점광원에서 나오는 발산광을 평행광으로 바꾸는 장치이다.

회절된 X-선 강도는 결정의 체적(crystal volume)에 의존하는데, 그 결정의 가장 큰 크기는 그 결정에 닿는 입사 빔의 지름보다 작아야 한다. 입사 빔의 가장자리는 중심보다는 덜 균일하므로 사실상 그 결정의 크기는 X-선 빔의 직경보다 현저하게 작아야 한다. X-선 관의 세 번째 중요한 성질은 사용하는 관의 일률(power)의 크기이다. 현대의 X-선 관은 안정적인 양극(stationary anode)을 갖고 있으며 일률은 1 kW로부터 3 kW까지 변한다. 그러나 안전을 위하여 $V = 50\text{kV}$ 그리고 $I = 30\text{mA}$로 맞추어 1.5 kW의 일률을 가해 주는 것이 가장 바람직하다. 한 X-선 관으로부터 얻어지는 강도는 초점 크기는 물론 일률에도 의존한다는 것을 주목하라. 주어진 결정 크기에 대하여 2배의 일률을 갖는 관으로 바꾸고 동시에 초점 크기가 2배로 커진다면 그 회절 실험에서 더 강한 강도를 얻지 못한다는 것이 명백하다. 일률에 대한 초점 크기의 비율을 개선함으로써 더 높은 강도가 얻어질 수 있는 것이다.

2.3.2 양극이 회전하는 X-선 관(Rotating anode X-ray tube)

그림 2.3.3과 같이 만일 양극인 표적이 고정된 금속관이 아니고 원형으로 되어 있고 회전한다면 전자 빔이 훨씬 넓은 면적을 조사할 수 있어서 이때 발생하는 열이 매우 쉽게 분산될 수 있다. 따라서 양극(anode)이 회전하면 높은 출력을 낼 수 있다. X-선 관은 펌프로 진공 상태를 만든다.

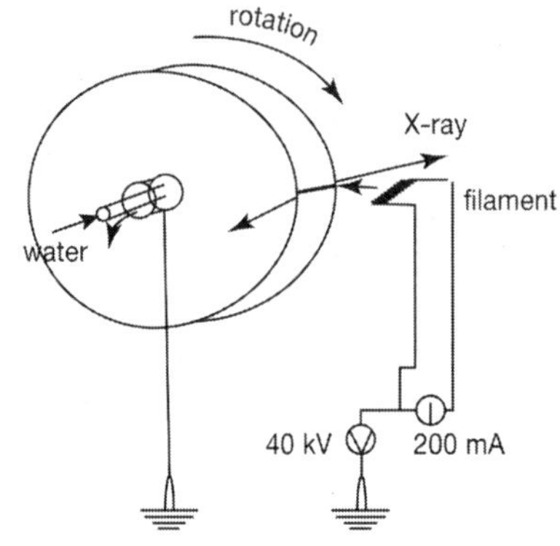

그림 2.3.3 회전하는 X-선 원

현재로는 일반적으로 단백질 결정 회절 실험에 이 회전 양극형 X-선 발생 장치가 이용된다. 회전하는 양극(rotating anode)의 X-선 강도는 봉인된 X-선 관(sealed X-ray tube)의 것보다 약 4배나 강하다.

2.3.3 싱크로트론 복사선(synchrotron radiation)

싱크로트론(synchrotron)은 전자(electron), 양성자(proton), 양전자(positron) 등의 하전 입자(charged particle)를 높은 에너지로 가속하는 장치인데, 거의 원형에 가깝게 구성된 초고진공 용기(ultrahigh vacuum chamber) 내에서 하전 입자를 회전시키면서, 고주파가속공동의 전계에서 가속시켜 에너지 상승과 더불어 동시에 입자의 궤도가 바깥쪽으로 커지면서, 편향전자석의 자장을 에너지 상승에 합쳐 보다 더 강력하게 일정한 궤도를 유지하게 된다. 싱크로트론은 높은 에너지 입자의 충돌 실험에서처럼 물리학의 실험에 이용되었고 최근에는 전자가 편향전자석에서 굽어 돌 때 발생하는 방사광(synchrotron radiation, SR)을 이용할 수 있다는 점이 주목받고 있다. 다시 말해서, SR은 지향성이 우수하고, 고휘도, 진공자외선부터 X-선 영역까지의 폭넓은 스펙트럼을 가지고 있으므로, 결정의 단백질 구조 해석, 분광분석 또는 미세 가공이나 의료 등의 분야에서 이용이 기대되어지고 있다.

방사광 가속기는 이미 전 세계 20여 개가 건설되어 다양한 학문 분야에서 활용되고 있다. 1세대 방사광 가속기는 실험용 싱크로트론이면서 방사광 광원으로 겸용되고, 2세대 방사광 가속기는 방사광의 질과 방출 지속 시간을 향상시켜 방사광 생산 전용 가속기이며, 3세대 방사광 가속기는 사용자의 요구에 맞게 방사광의 질을 변경·가공할 수 있게 설계·건설된 방사광 생산 전용 가속기이다. 1970년대부터 방사광 가속기를 사용해 온 선진국에서는 현재 기초과학뿐만 아니라 신소재 개발, 유전공학, 화학공업, 신의약 개발 등과 같은 응용과학에 이르기까지 다양한 분야에서 방사광을 활용하고 있다. 우리나라에서도 1994년에 1,500억 원을 투자하여 포항공대 부설 포항가속기 연구소에 25억 eV의 3세대 방사광 가속기가 건설되었고 이로써 세계에서 다섯 번째로 방사광 가속기 보유국이 되었다. 이 3세대 방사광 가속기는 3,500여 편이 넘는 국제학술논문인용색인(SCI)급 논문에 인용되었으며 2005년에 DNA 회전 방향을 규명한 네이처(Nature) 표지 논문이 대표적이다. 현재 우리나라에서는 정부와 포스텍(POSTECH)이 2011년 민관 합작으로 4,000억 원을 들여 착공한 4세대 방사광 가속기는 길이 710 m의 선형 가속기를 포함하여 총 길이가 1.1 km에 달하며 2014년에 완공할 예정이다.

아래 그림 2.3.4 (a)에 나타낸 것과 같이 포항공과대학에 설치된 방사광 가속기는 전자총, 선형 가속기, 저장링, 빔라인으로 구성되어 있다.

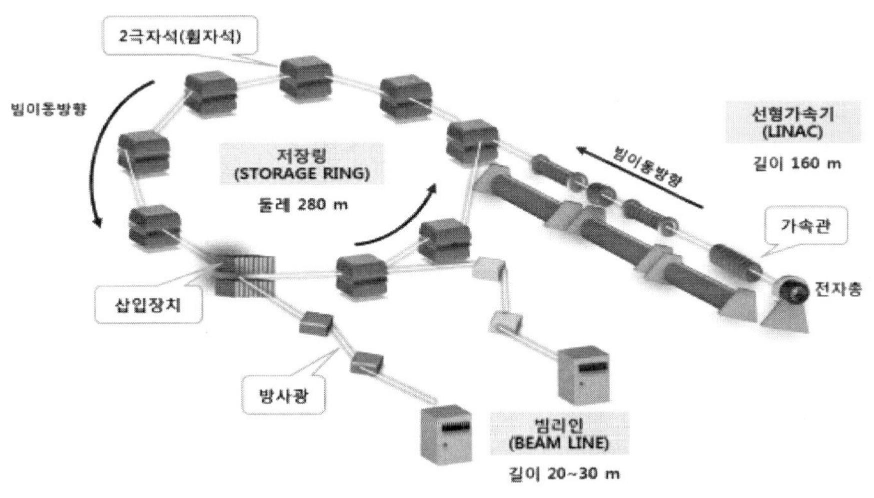

그림 2.3.4 (a) 방사광 가속기의 구조

그림 2.3.4 (b)는 방사광 가속기를 구성하고 있는 선형 가속기로 그 길이가 160 m에 달한다.

그림 2.3.4 (b) 방사광 가속기의 일부분인 선형 가속기

그림 2.3.5는 현재 포항공과대학 방사광 가속기의 저장링의 빔라인 상황(beamline status)이다.

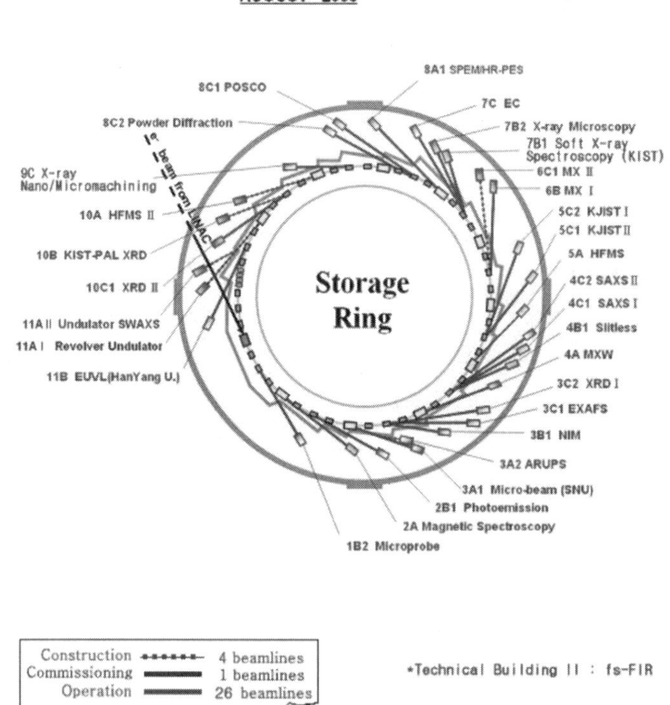

그림 2.3.5 이용 가능한 포항광원의 종류

가속된 입자가 회전 방향을 바꿀 때 그 입자의 궤적(trajectory)의 접선 방향으로 전자파가 발생된다. 싱크로트론은 백색 복사선을 만드는데, 각자의 실험에 맞는 파장은 단색화장치를 사용하여 선택할 수 있다. 싱크로트론에서 나오는 복사선을 사용할 때의 이점은 다음과 같다.

① 강한 강도(Strong intensity)

싱크로트론 복사선의 강도는 재래의 X-선 관의 것보다 최소 100배 정도 강하다. 거의 모든 경우 싱크로트론 복사선을 사용하여 측정한 자료는 재래의 회전하는 양극 원(rotating anode source)을 사용하여 측정한 자료보다 높은 분해능까지 확장할 수 있다. 강도가 강하므로 재래식 X-선 원을 사용하여 해석하기에는 결정이 너무 작거나 너무 약하게 회절하는 결정들도 해석을 가능하게 한다. 싱크로트론 복사선에 의한 단백질 결정의 복사선 손상은 재래식 X-선에 의한 것보다 덜하다. 왜냐하면 대부분의 결정은 복사선 손상의 경우 조사 시간에 의존하는 경향성을 보이는데 약한 X-선 조사량으로 장시간 동안 측정하는 것보다 강한 X-선 조사량으로 짧은 시간에 측정하는 것이 낫다. 강한 강도의 싱크로트론 빔을 가지고는 재래식 X-선보다 빠른 시간 안에 회절 강도를 측정할 수 있다.

② 파장 선택 가능성(possibility of tuneable X-ray wavelength)

재래식 X-선 원에서 만들어지는 X-선의 파장은 고정되어 있는데 대하여 싱크로트론은 우리가 필요로 하는 파장을 선택할 수 있는 백색 X-선을 방출한다. 이러한 특성은 무거운 원자를 포함하는 단결정으로부터 직접 위상을 결정하는 다파장 비정상 산란(multiple wavelength anomalous dispersion: MAD) 기법을 사용 가능하게 한다. 싱크로트론 복사선은 분산이 안되어 예리한 피크를 만들며 회절 자료의 높은 신호 대 잡음 비율을 만들 뿐만 아니라 매우 큰 단위 세포를 갖는 결정들의 회절 강도를 측정할 수 있다.

Chapter 03

230 공간군

(Space groups)

단결정을 이룬 원자 또는 분자는 단위 세포를 이루며, 각 단위 세포는 10개의 기본 대칭, 7개의 결정계, 14개의 Bravais 격자, 32개 점군, 230개의 공간군 중의 하나에 속한다. 따라서 결정의 구조를 밝히기 위해서는 이들에 대한 지식이 필요하다.

3.1 단결정에 존재하는 14개의 Bravais 격자(lattices)

3.1.1 결정 격자 내에 있는 10가지 기본 대칭과 7개의 결정계(crystal systems)

단결정(single crystals)은 원자가 삼차원적이고 주기적이며 규칙적으로 배열되어 있어 장거리 질서(long-range order)가 있는 고체이다. 결정 내 임의의 가상적인 점의 규칙적인 공간 배열을 결정 격자(crystal lattice)라고 하며 각 점을 격자점(lattice point)이라고 한다. 결정 격자점(crystal lattice point)의 중요한 성질은 '격자점은 동일한 주위 환경을 갖는다.'라는 것이다. 결정 격자에서 가장 간단한 격자를 단위 격자(unit lattice) 또는 단위 세포(unit cell)라고 한다. 그림 3.1.1과 같이 단위 세포는 격자 상수(lattice constants 또는 lattice parameters)인 a, b, c, α, β, γ로서 기술되는데 α는 b−와 c−축이 만드는 각, β는 a−와 c−축이 만드는 각, γ는 a−와 b−축이 만드는 각이다.

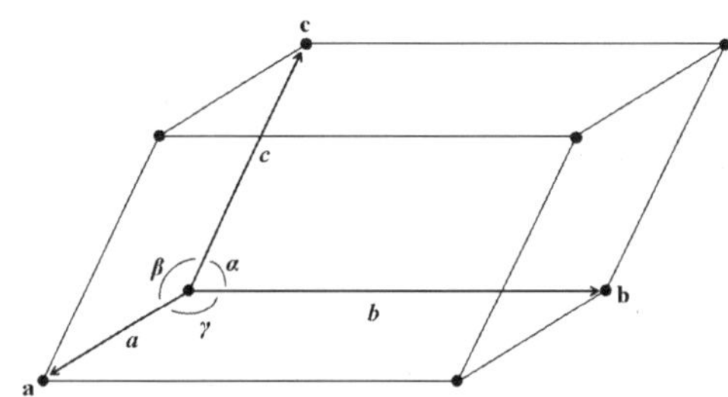

그림 3.1.1 단위 세포 | 한 단위 세포는 6개 변수 a, b, c, α, β, γ로 기술된다.

$\vec{a}$, $\vec{b}$, $\vec{c}$의 방향은 항상 오른손 법칙(right−hand rule)을 따라야 하며, a−,b−, c−축의 끝에 있는 면은 각각 A, B, C 면(face)이라고 한다. 단위 세포를 선택하는 기준은 ① 최소의 체적이 되도록 그리고 ② 최대의 대칭을 갖도록 택하여야 하며, 각 축의 명명(naming)은 축의 대칭에 맞도록 해야 한다. [17]

문제 3.1.1 단위 격자에는 A−, B−, C−면(face)이 각각 몇 개씩 있는가?

문제 3.1.2 단위 격자에는 A−, B−, C−면이 각각 2개씩 있는데 왜 그들이 같은 면(face)인가?

17) International Tables for Crystallography, Vol. A, Edited by Theo Hahn, 4th revised edition, Kluwer Academic Publishers, Dordrecht/Boston/London, 1995

① 결정 격자 내에 있는 10가지 기본 대칭

대칭이란 무엇인가? 물체에, 회전(rotation), 병진변위(translation), 회전 후 병진변위의 조작(operation)을 하여 얻은 물체가 처음 물체와 겹쳐져서 구별할 수 없는 상태, 즉 자기일치(self-consistence)가 되면 이 물체는 대칭을 갖는다고 한다. 물체에서 임의의 한 축에 대하여 $2\pi/n$ 각도씩 n-회 회전을 시킬 때마다 처음 물체와 자기일치 또는 합동(congruence)이 되면 그 축을 n-회 회전축이라고 한다. 결정에는 1-, 2-, 3-, 4-, 6-회 회전 대칭만이 존재한다. 결정 격자에 5-회 회전 및 7-회 회전 대칭이 없는 이유는 그림 3.1.2 및 그림 3.1.3에서와 같이 정 5각형으로는 평면 공간(planar space)을 채울 수 없으며, 정 7각형으로는 평면 공간에서 중복되는 곳이 생기기 때문이다.[18)]

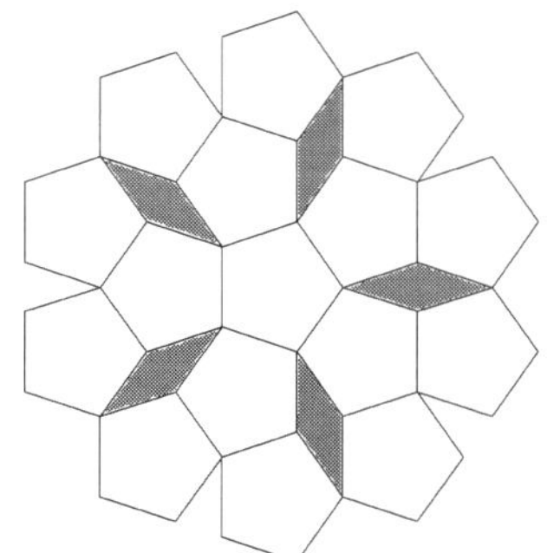

그림 3.1.2 정 5각형을 평면 공간에 배열하면 검게 색칠한 부분을 채울 수 없다.

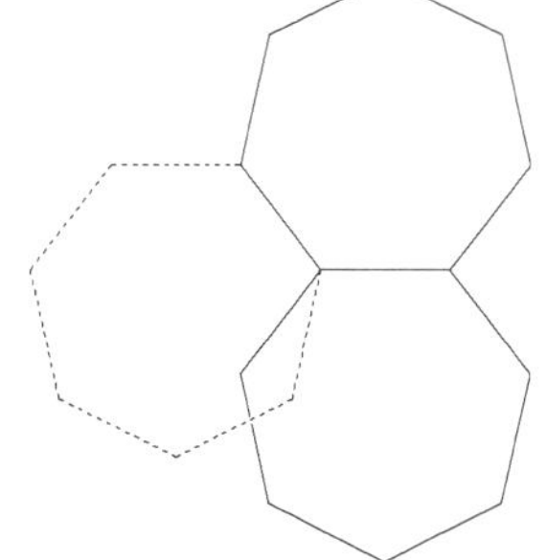

그림 3.1.3 정 7각형을 평면 공간에 배열하면 점선으로 보인 부분이 중복된다.

결정 격자에 존재하는 5가지 회전 대칭을 그 회전축의 방향에서 본 각각의 기호와 함께 표시하면 1-(없음), 2-(⬮), 3-(▲), 4-(◆), 6-회 회전 대칭(⬢)인데, 이들을 고유 회전축(proper rotation axes)이라고 부른다. 고유 회전축은 한 중심축에 대한 순수한 회전이며, 좌우상(handedness, 오른손과 왼손 모양) 간의 상호 전환의 대칭성이 없다. 따라서 L-구조나 D-구조 중 하나만 있을 수 있다. 결정의 격자점은 삼차원적으로 배열되어 있으므로 n-회 회전축을 갖는 격자는 또한 $\bar{n}$-회 회전축도 갖는다. 따라서 상기한 대칭에 ⊥ 축 상에 있는 중심점을 통한 반전(inversion) 조작을 덧붙인 또 다른 5개의 회반 대칭축(rotoinversion axis 또는 rotatory inversion axis)을 $\bar{1}$, $\bar{2}=m$, $\bar{3}$, $\bar{4}$, $\bar{6}=\dfrac{3}{m}$으로 나타내며 특이 회전축(improper rotation axes)이라고 한다. 여기서 $\bar{1}$(one bar 또는 bar one으로 읽음)는 대칭 중심(center of symmetry) 또는 반전 중심(inversion center)이라고 한다.

18) Introduction to solid State Physics by Charles Kittel, 3rd ed, p. 13, 1968, John Wiley & Sons, Inc.

이 특이 회전축은 좌우상 내의 변화를 포함하므로 L-구조와 D-구조가 함께 존재한다. 상기한 10개 대칭은 결정질 고체에 존재하는 기본 대칭으로 그림 3.1.4와 그림 3.1.5에 나타내었다.

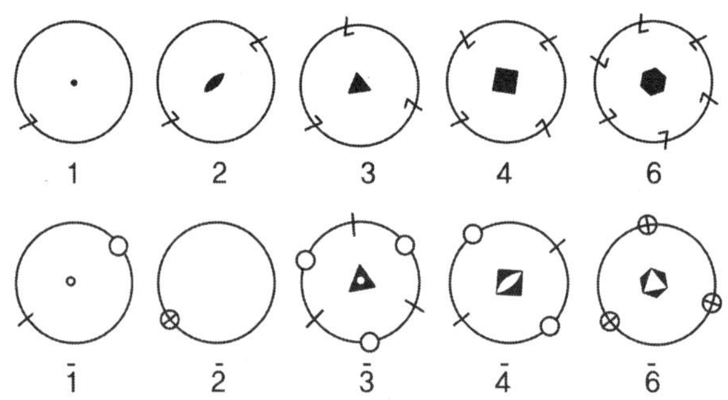

그림 3.1.4 고유 회전축과 특이 회전축

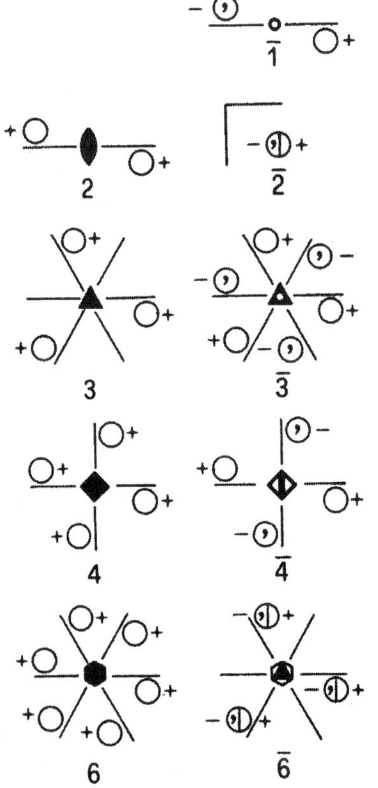

그림 3.1.5 고유 및 특이 회전 대칭이 다른 방법으로 표시되어 있다. + 또는 − 부호는 지면의 위와 아래에 놓여 있음을 가리킨다. 한 물체는 한 개의 원으로 나타내었으며, 원 안에 쉼표가 있는 것은 그 물체의 거울상이다.

예제 3.1.1 다음은 페로신[$(C_5H_5)_2Fe$] 분자의 구조이다. 이것은 어떤 대칭을 갖는가?

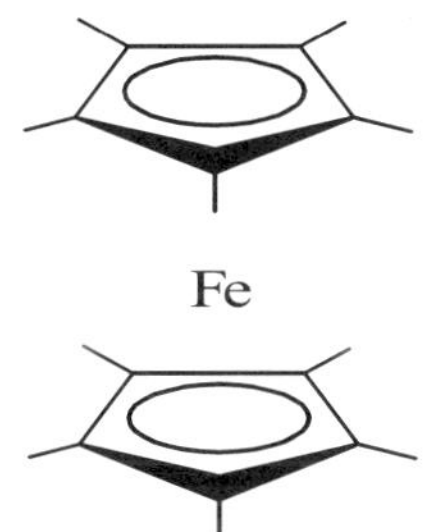

해답 페로신 같이 개개 분자는 5-회 회전 대칭을 가질 수 있으나 결정 격자에는 5-회 회전 대칭이 존재할 수 없다.

예제 3.1.2 벤젠(C_6H_6) 고리에는 어떤 대칭들이 있는가?

해답 $6/mmm(D_{6h})$

예제 3.1.3 Orthorhombic에 존재하는 3개의 2-회 회전축들의 사이각은 몇 도인가?

해답 90°

문제 3.1.3 Phenyl group(C_6H_5)은 $mm2(C_{2v})$ 대칭을 가지고 있음을 보여라.

② 7개 결정계(7 Crystal Systems)

결정질 고체에 있는 5가지 회전 대칭 요소(고유 회전축)의 최소 대칭에 따라 결정계를 분류하면 표 3.1.1과 같이 7개의 결정계만이 나온다. 표 3.1.1의 Bravais 격자 기호는 3.1.2절을 참조하라.

표 3.1.1에서 trigonal system(계)이 갖는 Bravais 격자는 c-축을 따라 3-회 회전 대칭을 갖는 hexagonal $P(H)$와 rhombohedral을 뜻하는 R로 분류되는데, 이 R은 다시 c-축을 따라 3-회 회전 대칭을 갖는 $R(H)$와 체대각선(body-diagonal)을 따라 3-회 회전 대칭을 갖는 $R(R)$로 분류된다. $R(H)$는 $R(R)$을 변환(transform)하여 얻을 수 있다.[19]

19) 기초 X선 결정학, 강상욱, 서일환, p. 74, 2007, 고려대학교출판부

표 3.1.1 7 결정계(7 crystal systems)와 그들의 최소 고유 회전 대칭

최소 회전 대칭과 방향	결정계	Bravais 격자 기호		세포 변수(parameters)
1	triclinic	P		$a \neq b \neq c,\ \alpha \neq \beta \neq \gamma$
b축을 따르는 2	monoclinic	$P,\ C$		$a \neq b \neq c,\ \alpha = \gamma = 90° \neq \beta$
$a,\ b,\ c$축을 따르는 2	orthorhombic	$P,\ C,\ F,\ I$		$a \neq b \neq c,\ \alpha = \beta = \gamma = 90°$
c축을 따르는 4	tetragonal	$P,\ I$		$a = b \neq c,\ \alpha = \beta = \gamma = 90°$
c축 또는 체대각선을 따르는 3	trigonal	$P(H)$		$a = b \neq c,\ \alpha = \beta = 90°,\ \gamma = 120°$ H일 때
		R	$R(H)$	
			$R(R)$	$a = b = c,\ \alpha = \beta = \gamma \neq 90°$, R일 때
c축을 따르는 6	hexagonal	P		$a = b \neq c,\ \alpha = \beta = 90°,\ \gamma = 120°$
4개 체대각선을 따르는 3	cubic	$P,\ F,\ I$		$a = b = c,\ \alpha = \beta = \gamma = 90°$

▶ 단위 세포에 속한 격자점이 1개일 때 P(primitive)로 표시하며, C(C−면 중심 격자)와 I(체심 중심 격자)에서는 단위 세포에 2개의 격자점이, F(전면 중심 격자)에서는 단위 세포에 4개의 격자점이 있다. $R(H)$에는 3개의 격자점이 있다.

예제 3.1.4 7개 결정계 각각은 몇 개의 격자점으로 이루어졌으며, 각 단위 세포에 속한 격자점은 몇 개인가?

해답 7개 결정계 각각은 8개의 격자점들로 되어 있으며, 각 단위 세포에 속하는 격자점은 1개이다.

▶ 단위 세포에 속한 격자점이 1개일 때를 P(primitive)로 표시한다. 공간군 $P1$(1), $P\bar{1}$(2), $P2_1/c$(14), $Pn\bar{3}m$(224) 등에서 P는 primitive를 나타낸다.

3.1.2 14개 브라베(Bravais) 격자

'격자점은 동일한 주위 환경을 가져야 한다.'는 조건을 만족하는 공간 격자(space lattice)를 만들어 가면 지금까지 설명한 7개 결정계 외에 또 다른 7개의 격자가 추가되어 모두 14개의 공간 격자가 얻어지는데 이를 브라베 격자(Bravais lattice)라고 한다. 이를 유도해 보자.

① 2차원 격자(2-dimensional lattice)에서 허용되는 격자점

① 변(side)에는 허용되는 격자점이 없다.

그림 3.1.6과 같은 이차원 격자에서 변 위에 임의의 점 X_1이 있다면 $AX_1 \neq X_1B$이므로 점 X_1은 허용되는 격자점이 아니다.

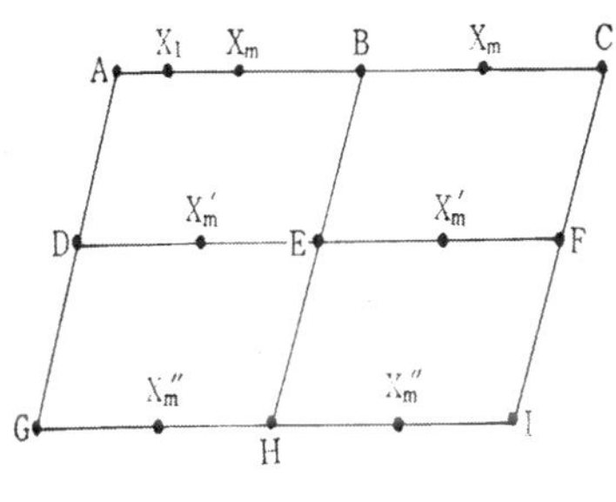

그림 3.1.6 이차원적 격자

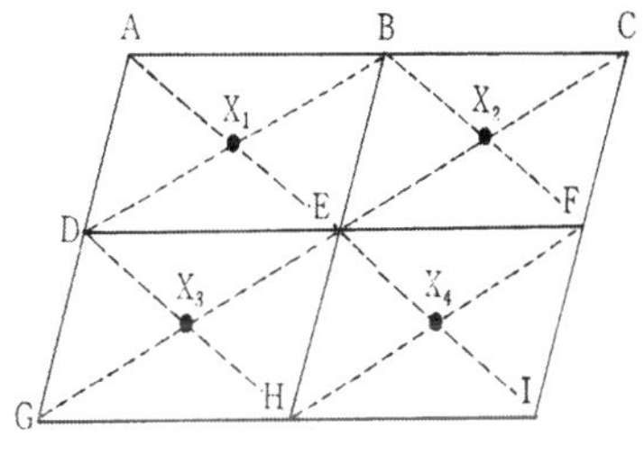

그림 3.1.7 면 중심 격자

한 변의 중심점에 격자점 X_m이 있다면 격자의 조건에 의하여 X_m', X_m''도 있어야 하는데 이때 $AX_m = X_mB$이므로 격자점의 조건을 만족시키나 이러한 경우에는 단위 세포를 ABED 대신에 면적이 1/2로 감소한 $AX_mX_m'D$로 택해야 한다. 따라서 이것은 새로운 격자가 아니다. 결과적으로 이차원의 변에 해당하는 삼차원에서의 모서리에는 격자점을 놓을 수 없다.

② 면(face)의 중심점은 허용되는 격자점이다.

그림 3.1.7과 같이 면 위의 임의의 점은 격자점의 조건을 만족하지 않으나 대각선의 중심점 X_1, X_2, X_3, X_4는 격자점의 조건을 만족하여 면 중심에 격자점이 있는 면 중심 단위 세포인 ABED와 primitive인 BX_1EX_2의 두 가지 단위 세포로 택할 수 있다.

② 삼차원 격자에서 허용되는 격자점

삼차원 격자는 상상하기가 어려우므로 그림 3.1.8과 같은 삼차원 격자를 그림 3.1.9와 같이 이차원으로 투영하는 방법을 사용한다.

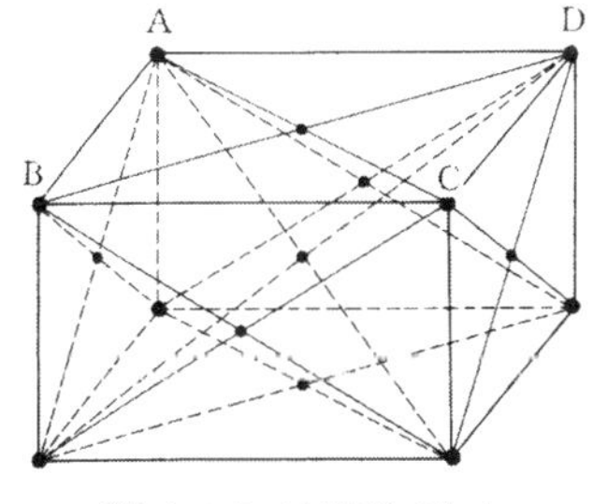

그림 3.1.8 삼차원 격자

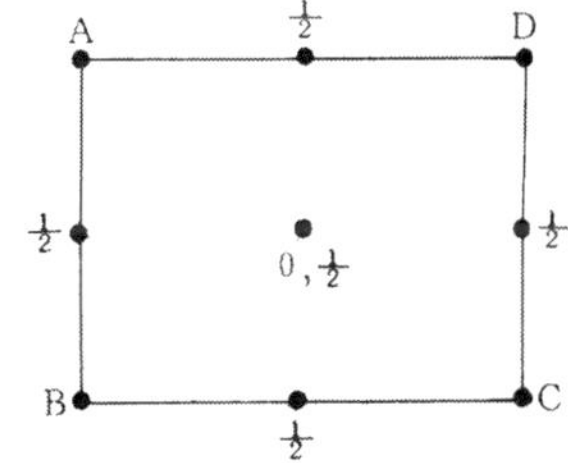

그림 3.1.9 그림 3.1.8의 이차원으로의 투영

① 한 쌍의 면 중심 격자는 허용된다. (A−, B−, C−면 중심 격자)

그림 3.1.10의 ABFE와 CDGH 면의 한 쌍의 면 중심이 있는 것을 이차원으로 그리면 그림 3.1.11과 같다. 격자점의 주위 환경이 동일함을 알 수 있다. 그러므로 한 쌍의 면 중심점은 격자점으로 허용된다.

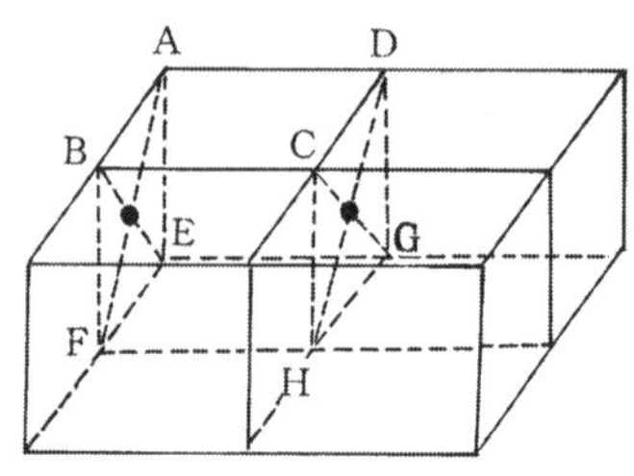

그림 3.1.10 한 개의 면 중심 격자

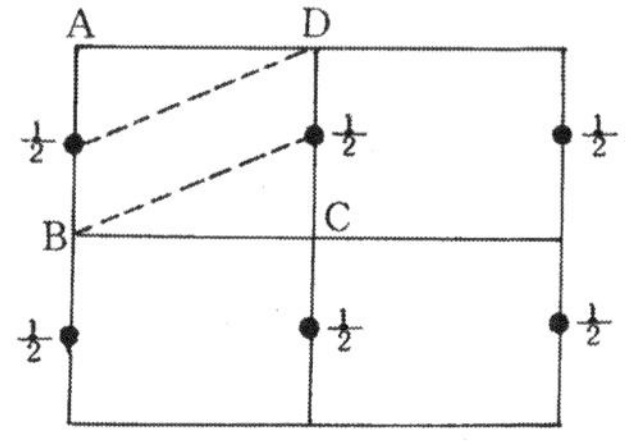

그림 3.1.11 그림 3.1.10의 이차원 투영도

② 두 쌍의 면 중심점은 허용되지 않는다.

두 쌍의 면 중심이 있는 평행 6면체는 그림 3.1.12와 같은데 이 그림에서 $AC = 2P_1P_2$이고 $BD = 2P_1P_4$이므로 격자점의 조건에 맞지 않는다. 따라서 두 쌍의 면 중심이 있는 것은 허용되지 않는다.

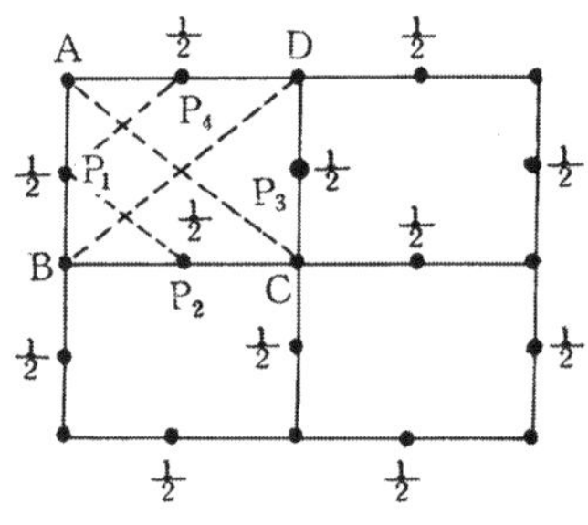

그림 3.1.12 2면 중심 격자

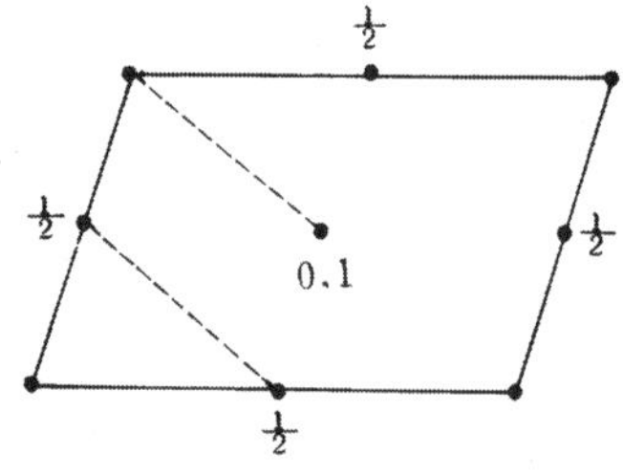

그림 3.1.13 전면 중심 격자

③ 세 쌍의 면 중심점은 허용된다.

전면 중심 격자를 이차원으로 그리면 그림 3.1.13과 같고 각 격자점의 주위가 동일하므로 전면 중심점은 격자점의 조건을 만족한다.

④ 체심점은 격자점으로 허용된다.(*I*-lattice: 독어 innerzentrierte = body-centered lattice)

그림 3.1.14는 체심점을 이차원으로 나타낸 것으로 각각의 격자점은 격자점의 조건을 만족하므로 체심점은 격자점이 될 수 있다.

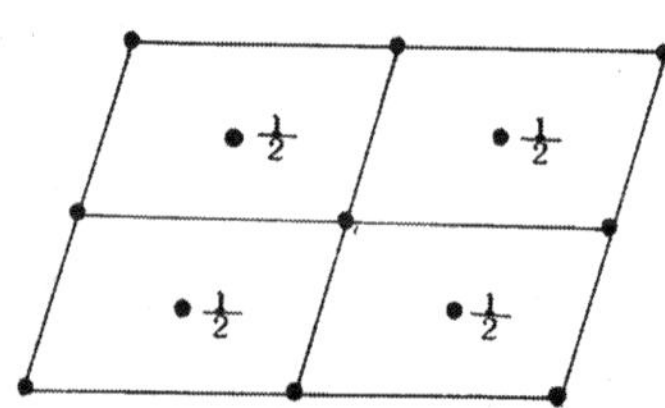
그림 3.1.14 이차원으로 투영된 체심 격자

③ 14 Bravais 격자

7개 결정계 각각에서 격자점이 될 수 있는 곳을 찾기 위해서는 표 3.1.1에 보인 각 결정계의 최소 회전 대칭을 사용하면서 다음 3가지의 가능성만 확인하면 된다.

① 한 개 면 중심 격자(one face-centered lattice)

② 전면 중심 격자(all face-centered lattice)

③ 체심 격자(body-centered lattice)

위에서 언급한 내용에 대하여 3가지 예를 들어보자.

(3-1) Orthorhombic 계($a \neq b \neq c$, $\alpha = \beta = \gamma = 90°$)

Orthorhombic 계의 최소 대칭은 a-, b-, c-축을 따라 180°를 회전하는 2-회전 대칭이 있는 것이다.

① 한 쌍의 면 중심 격자

Orthorhombic 단위 세포들이 연속적으로 규칙적으로 배열되어 있는 단결정에서 A-면 중심점 (0 1/2 1/2), 또는 B-면의 중심점 (1/2 0 1/2), 또는 C-면 (1/2 1/2 0)의 각각에 격자점이 있으면 각 축에 대한 2-회 회전 대칭을 만족한다는 것을 이해할 수 있다. 따라서 3개 면 각각의 면 중심 격자가 존재할 수 있다.

② 전면 중심 격자

3개 면의 중심점인 (0 1/2 1/2), (1/2 0 1/2), (1/2 1/2 0)이 함께 존재해도 222 대칭 조건을 만족하므로 전면 중심 격자점들은 허용된다.

③ 체중심 격자

체중심점(1/2 1/2 1/2)도 222 대칭 조건을 만족하므로 체중심점은 허용된다.

따라서 orthorhombic에는 2쌍의 면 중심점에 격자점이 놓이는 것이 허용되지 않는다.

(3-2) Tetragonal 계($a = b \neq c$, $\alpha = \beta = \gamma = 90°$)

Tetragonal 계의 최소 대칭은 c-축을 따라 90° 회전하는 4-회전 대칭이 있는 것이다.

① 한 개 면 중심 격자

A-면 중심점 (0 1/2 1/2), 또는 B-면의 중심점 (1/2 0 1/2)에 따로 격자점이 있다면 4-회 회전 대칭을 만족하지 못한다. 따라서 tetragonal에서 A-면, 또는 B-면 중심점이 허용되지 않는다. 그렇다면 C-중심점 (1/2 1/2 0)에 있는 격자점은 가능할까? C-면의 중심점인 (1/2 1/2 0)에 있는 격자점은 c-축을 따르는 4-회 회전 대칭을 만족한다. 그러나 이 때 각 축의 길이가 $a/2$, $b/2$, c로 되어 체적이 1/4로 축소되는 새로운 tetragonal로 변할

수 있다. 즉 tetragonal에서 C–면 중심 격자(C–face centered lattice)는 primitive 격자로 변할 수 있어 tetragonal에는 C–면 중심 격자가 허용되지 않는다.

② 전면 중심 격자

Tetragonal에서 전면 중심 격자는 3개 쌍의 면 중심 (0 1/2 1/2), (1/2 0 1/2), (1/2 1/2 0)에 격자점이 있는 격자로 c–축을 따르는 4–회 회전 대칭을 만족한다. 그러나 그림 3.1.15에서와 같이 체적이 1/4로 작아지는 체심 격자로 변할 수 있다. 따라서 tetragonal에서 전면 중심 격자는 허용되지 않는다.

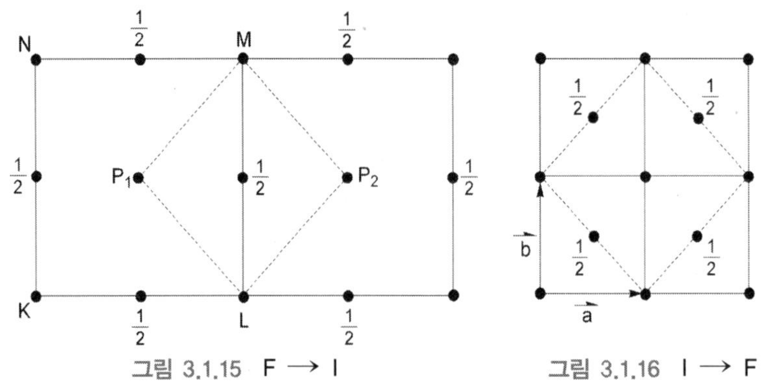

그림 3.1.15 F → I　　그림 3.1.16 I → F

③ 체심 격자

그림 3.1.16에서 (1/2 1/2 1/2)에 격자점이 있는 체심 격자를 달리 택하여 부피가 큰 F–중심 격자로 만들 수 있으나 이 경우는 원래의 I–중심 격자가 낫다. 따라서 tetragonal에서는 P–격자와 I–격자만이 허용된다.

(3–3) Cubic 계($a = b = c$, $\alpha = \beta = \gamma = 90°$)

Cubic 계에는 4개의 대각선 방향으로 3–회 회전 대칭이 있다.

① 한 개 면 중심 격자

한 쌍의 면 중심에 격자점이 있는 것은 4개의 대각선 방향으로 3–회 회전 대칭이 있는 것을 만족시키지 못한다. 따라서 한 쌍의 면 중심 격자는 허용되지 않는다.

② 전면 중심 격자

③ 체심 격자

모든 면의 중심과 체심점은 cubic에 존재하는 4개의 대각선 방향으로 3–회 회전 대칭을 만족한다. 결과적으로 cubic 격자에는 P, F, I–격자만이 있다.

이상을 종합하면 표 3.1.2와 표 3.1.3과 같다.

표 3.1.2 14개 Bravais 격자

Bravais 격자	단순 (Primitive) *P*	체심 중심 (Body centered) *I*	저면 중심 (Base centered) *C*	전면 중심 (Face centered) *F*
Triclinic	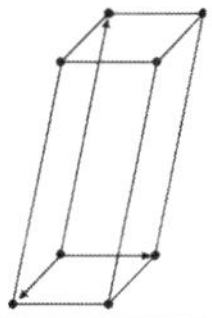			
Monoclinic	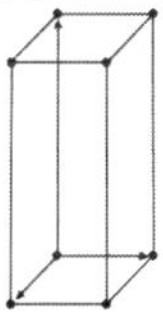		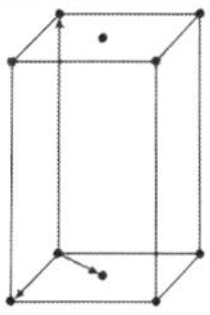	
Orthorhombic	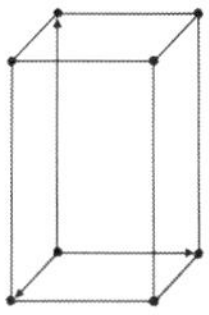	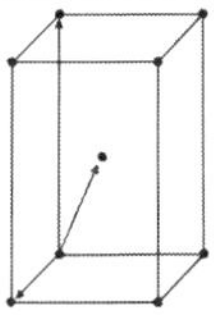	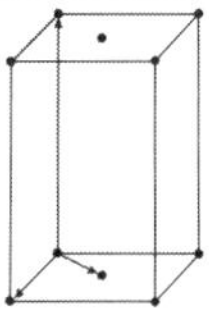	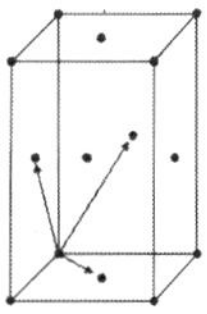
Tetragonal	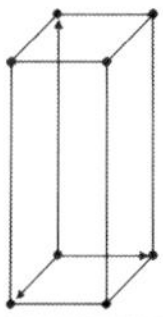	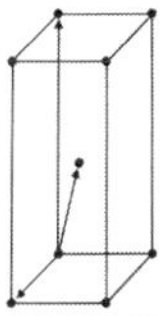		
Trigonal	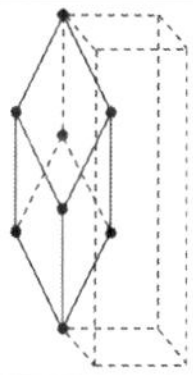			
Hexagonal	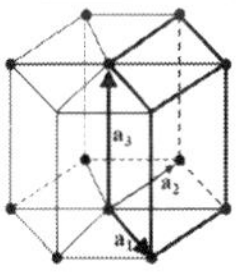			
Cubic	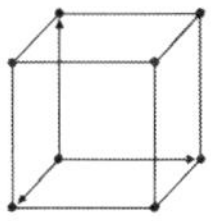	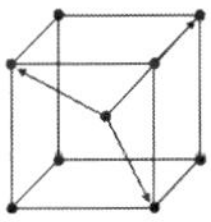		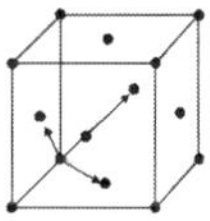

표 3.1.3 7개 결정계와 14개 Bravais 격자

결정계	격자 기호	Bravais 격자 수
triclinic	*P*	1
monoclinic	*P*, *C*	2
orthorhombic	*P*, *C*(*A*, *B*), *F*, *I*	4
tetragonal	*P*, *I*	2
trigonal	*P* (or *R*)	1
hexagonal	*P*	1
cubic	*P*, *F*, *I*	3
합계		14

표 3.1.4에는 Bravais 격자의 기호, 각 격자 내의 격자점의 수와 그 격자점의 좌표가 기록되어 있다.

표 3.1.4 각 Bravais 격자에서 격자점의 수와 좌표

Bravais 격자	기호	격자점의 수	좌표
primitive	*P*	1	0, 0, 0
A-중심	*A*	2	0, 0, 0; 0, 1/2, 1/2
B-중심	*B*	2	0, 0, 0; 1/2, 0, 1/2
C-중심	*C*	2	0, 0, 0; 1/2, 1/2, 0
체심 중심	*I*	2	0, 0, 0; 1/2, 1/2, 1/2
전면 중심	*F*	4	0, 0, 0; 0, 1/2, 1/2; 1/2, 0, 1/2; 1/2, 1/2, 0
obverse setting hexagonal	*R*	3	0, 0, 0; 2/3, 1/3, 1/3; 1/3, 2/3, 2/3
reverse setting hexagonal	*R*	3	0, 0, 0; 2/3, 1/3, 2/3; 1/3, 2/3, 1/3

문제 3.1.5 Cubic 계에는 왜 *A*-면 중심 격자가 없나?

문제 3.1.6 *P*-, *C*-, *F*-, *I*-중심 격자를 설명하고, 원소 주기율표에서 어떤 원소들이 이에 속하는지 알아보자.

표 3.1.5 각 결정계에 속한 원소[20]와 분자

triclinic		$NiC_{14}H_{38}N_4CrO_7$, $[CuCl(C_{16}H_{38}N_4)_2]ClO_4$, $C_{32}H_{28}Si_2$
monoclinic		$_{94}Pu$
orthorhombic		$_{16}S$, $_{17}Cl$, $_{31}Ga$, $_{35}Br$, $_{93}Np$
tetragonal		$_{15}P$, $_{49}In$, $_{50}Sn$
rhombohedral		$_5B$, $_{33}As$, $_{62}Sm$, $_{51}Sb$, $_{80}Hg$, $_{83}Bi$, $C_{14}H_{10}N_{0.5}P_{0.5}$ with $R\bar{3}c$.
hexagonal		$_1H$, $_2He$, $_4Be$, $_6C$, $_{12}Mg$, $_{21}Sc$, $_{22}Tl$, $_{27}Co$, $_{30}Zn$, $_{39}Y$, $_{40}Zr$, $_{48}Cd$, $_{71}Lu$
cubic	P	$_8O$, $_9F$, $_{53}I$, $_{84}Po$, $_{91}Pa$, $_{92}U$, CsCl, TlBr, TlI, NH_4Cl, CuZn, AgMg
	F	$_6C$(diamond), $_{10}Ne$, $_{11}Na$, $_{13}Al$, $_{14}Si$, $_{18}Ar$, $_{26}Fe$, $_{29}Cu$, $_{32}Ge$, NaCl, LiH, KCl, PbS, AgBr, MgO, MnO, KBr, ZnS, InAs
	I	$_3Li$, $_{19}K$, $_{49}In$, $_{50}Sn$

④ *P*, *C*- (*A*-, *B*-), *I*-, *F*- 격자의 실제적인 응용

결정 내의 원자 또는 분자는 Bravais 격자의 격자점 또는 이 점과 일정한 관계가 있는 특정한 점에 위치한다. 예를 들면 다음과 같다.

1) 공간군 $P\bar{1}$(2)에는 단위 세포의 원점에 있는 점군 $\bar{1}$에서 유도되는 2개의 좌표 $\pm x$, $\pm y$, $\pm z$가 한 개의 격자점이며, 이들 2개의 좌표에 primitive의 좌표 (0 0 0)을 가하면 동일하게 $\pm x$, $\pm y$, $\pm z$가 되어 $P\bar{1}$에서는 두 좌표 $\pm x$, $\pm y$, $\pm z$가 하나의 격자점이다.

2) 공간군 $C2$(5)에서는 점군 2[010]에서 얻어지는 x, y, z와 $\bar{x}$, y, $\bar{z}$가 한 개의 격자점이며, 이들 2개의 좌표에 C-면 중심 격자의 좌표 (0 0 0)과 (1/2 1/2 0)을 가하면 $x+1/2$, $y+1/2$, z와 $\bar{x}+1/2$, $y+1/2$, $\bar{z}$가 얻어져 단위 세포에 2개의 격자점이 있다.

3) 공간군 $P2_1/c$(14)에서는 대칭 $2_1/c$에서 유도되는 4개의 좌표 $\pm x$, $\pm y$, $\pm z$; $\pm x$, $\mp y+1/2$, $\pm z+1/2$가 한 개의 격자점이다.

4) 공간군 $F222$(22)에서 점군 222에서 유도되는 4개의 좌표 $x\ y\ z$; $\bar{x}\ \bar{y}\ z$; $\bar{x}\ y\ \bar{z}$; $x\ \bar{y}\ \bar{z}$가 한 개의 격자점이 되며, 이들 4개의 좌표에 F-면 중심 격자의 좌표 (0 0 0); (0 1/2 1/2); (1/2 0 1/2); (1/2 1/2 0)을 가하면 단위 세포 내에 있는 4개의 격자점의 좌표가 얻어진다.

5) 공간군 $I222$(23)에서 점군 222에서 유도되는 4개의 좌표 $x\ y\ z$; $\bar{x}\ \bar{y}\ z$; $\bar{x}\ y\ \bar{z}$; $x\ \bar{y}\ \bar{z}$가 한 개의 격자점이 되며, 이들 4개 좌표에 I-중심 격자의 좌표 (0 0 0); (1/2 1/2 1/2)을 가하면 단위 세포 내에 있는 2개의 격자점의 좌표가 얻어진다.

20) www.animatedsoftware.com/apt.html.

6) Trigonal계 내의 P와 R

Trigonal 계에 속한 25개 공간군 중 18개는 primitive 격자 P로 표시되고, 나머지 7개만이 primitive 격자 R로 표시된다. P로 표시된 공간군은 결정계가 hexagonal 축으로만 표시된 경우이고, R로 표시된 공간군은 대상 결정계를 hexagonal 축 [(hexagonal cell in obverse setting, 순설정), 그림 3.1.17 참조]과 rhombohedral축 두 가지로 동시에 나타낼 수 있을 때 사용된다. 이때 R(rhombohedral axes)을 R(hexagonal axes in obverse setting)로 변환하면 3개의 격자점 (0, 0, 0); (2/3, 1/3, 1/3); (1/3, 2/3, 2/3)가 생겨 모든 R(hexagonal axes)에는 3개의 격자점이 있다.

공간군 $R3$(146)(hexagonal axes)의 경우 점군 3[001]에서 유도되는 3개의 좌표 x, y, z; $\bar{y}, x-y, z$; $\bar{x}+y, \bar{x}, z$가 한 개의 격자점이 되고, 이들 3개 좌표에 3개의 격자점 (0, 0, 0); (2/3, 1/3, 1/3); (1/3, 2/3, 2/3)를 가하면 단위 세포 내에는 모두 9개의 좌표가 있고, 3개의 좌표가 1개의 격자점을 이루어 단위 세포 내에 격자점은 3개가 있다. 공간군 $R3$(146)(rhombohedral axes)의 경우 점군 3[111]에서 유도되는 3개의 좌표 x, y, z; z, x, y; y, z, x가 합쳐져 한 개의 격자점만이 있다. Primitive 격자 R로 표시된 7개의 공간군은 $R3$(146), $R\bar{3}$(148), $R32$(155), $R3m$(160), $R3c$(161), $R\bar{3}m$(166), $R\bar{3}c$(167)이다.

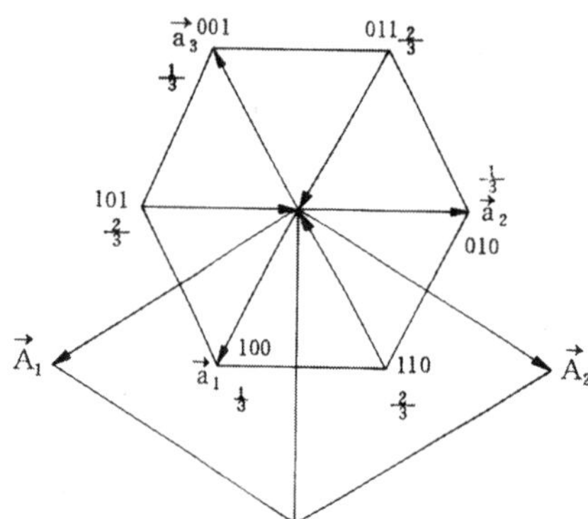

그림 3.1.17 Rhombohedral에 대하여 관련된 순설정(obverse setting) hexagonal 세포

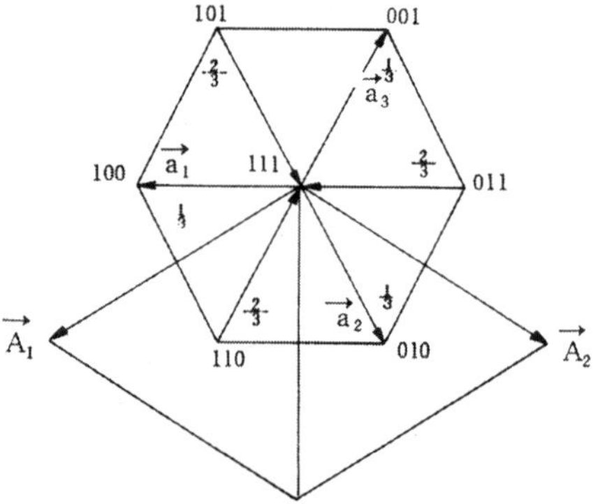

그림 3.1.18 Rhombohedral에 대하여 관련된 역설정(reverse setting) hexagonal 세포

3.2 32개 결정학적 점군 (외적인 대칭, external symmetry)

3.2.1 32개 결정학적 점군의 분류

3.1.1절에서 언급한 10가지 기본 대칭 요소가 한 점을 지나도록 조합한 집합을 결정학적 점군이라고 하는데, 그 결정학적 점군의 수는 32개로 표 3.2.1과 같다. 점군이 속한 결정계의 구별법은 다음과 같다. 한 개의 '1'이 있으면 triclinic에, 한 개의 '2'가 있으면 monoclinic에, 세 개의 '2'가 있으면 orthorhombic에, '4'가 처음에 있으면 tetragonal에, '3'이 처음에 있으면 trigonal에, '6'이 처음에 있으면 hexagonal에, '3'이 두 번째 있으면 cubic에 속한다.

표 3.2.1 결정계(crystal system)에 따라 배열된 32개 삼차원적 결정학적 점군(점군 기호의 왼쪽에는 Hermann-Mauguin 기호이고 오른쪽의 괄호 안에는 Schoenflies 기호가 있다.)

결정계	비대칭 중심 점군	대칭 중심 점군(Laue 군)	No.
Triclinic	$1(C_1)$	$\bar{1}(C_i)$	2
Monoclinic	$2(C_2)$ $m=\bar{2}(C_s)$	$\frac{2}{m}(C_{2h})$	3
Orthorhombic	$222=22(D_2)$ $mm2=mm(C_{2v})$	$mmm=\frac{2}{m}\frac{2}{m}\frac{2}{m}=\frac{2}{m}m(D_{2h})$	3
Tetragonal	$4(C_4)$ $\bar{4}(S_4)$	$\frac{4}{m}(C_{4h})$	7
	$422=42(D_4)$ $4mm=4m(C_{4v})$ $\bar{4}2m=\bar{4}2(D_{2d})$	$\frac{4}{m}mm=\frac{4}{m}m=\frac{4}{m}\frac{2}{m}\frac{2}{m}(D_{4h})$	
Trigonal	$3(C_3)$	$\bar{3}(C_{3i})$	5
	$32(D_3)$ $3m(C_{3v})$	$\bar{3}m=\bar{3}\frac{2}{m}(D_{3d})$	
Hexagonal	$6(C_6)$ $\bar{6}=\frac{3}{m}(C_{3h})$	$\frac{6}{m}=\frac{\bar{3}}{m}(C_{6h})$	7
	$622(D_6)$ $6mm=6m(C_{6v})$ $\bar{6}2m=\bar{6}2(D_{3h})$	$\frac{6}{m}mm=\frac{6}{m}m=\frac{6}{m}\frac{2}{m}\frac{2}{m}(D_{6h})$	
Cubic	$23(T)$	$m3=\frac{2}{m}\bar{3}=\frac{2}{m}3=m\bar{3}(T_h)$	5
	$432(O)$ $\bar{4}3m=\bar{4}3\bar{2}(T_d)$	$m3m=\frac{4}{m}\bar{3}\frac{2}{m}=m\bar{3}m(O_h)$	
No.	21	11	32

점군은 공간 격자에서 성립하는 10개의 기본 대칭을 조합하여 얻은 것이므로 결정 격자로 구성된 7개 결정계의 3개의 $a-$, $b-$, $c-$축에서 성립하는 대칭이다.

3.2.2 32개 점군의 대칭 방향

각 결정계에 속한 점군의 대칭 방향(4.1.1 ② 절 참조)은 표 3.2.2와 같다. Monoclinic에서 특이축(unique axis)이 c-축일 때를 1st setting , 특이축이 b-축일 때를 2nd setting이라 하는데 주로 2nd setting이 사용된다.

표 3.2.2 32개 점군의 대칭 방향

결정계		Bravais 격자	Primary	Secondary	Tertiary
triclinic		P	-	-	-
monoclinic	unique axis c	P, B	[001]	-	-
	unique axis b	P, C	[010]	-	-
orthorhombic		P, C, I, F	[100]	[010]	[001]
tetragonal		P, I	[001]	<100>	<110>
trigonal		P	[001]	<100>	<210>
		R	[111]	$<1\bar{1}0>$	-
hexagonal		P	[001]	<100>	<210>
cubic		P, I, F	<100>	<111>	<110>

예를 들면 cubic에서 $\frac{4}{m}\bar{3}\frac{2}{m}$는 ⟨100⟩ 방향을 따르는 4-회 회전축이 있고, 그 축을 향한 거울대칭이 있으며, ⟨111⟩ 방향으로는 $\bar{3}$ 회반 대칭이 있고, ⟨110⟩ 방향으로는 2-회 회전 대칭이 있으며 그 축을 향한 거울면(mirror plane)이 있음을 뜻한다.

문제 3.2.1 다음 점군들이 어느 결정계에 속하는가? 그리고 각 회전 대칭은 어느 방향을 향하는가?

(1) 222 (2) 32 (3) 422 (4) 622 (5) 23 (6) 432

3.2.3 극성(Polar) 및 비중심 대칭 비극성 점군들 그리고 카이랄성(chiral) 점군들

점군들은 각 점군에 속한 대칭을 조작한 결과 $\pm x$, $\pm y$, $\pm z$ 좌표들이 동시에 존재하는 11개의 대칭 중심 점군들과 그렇지 않은 21개의 비대칭 점군들로 대별된다. 표 3.2.3에서와 같이, 21개 비대칭 중심 점군들 중 10개는 극성 점군들이며, 나머지 11개는 비극성 점군들이다. 또한 이 21개 비대칭 중심 점군들에는 11개의 카이랄성 점군들이 포함되어 있다.

표 3.2.3 극성, 비극성 그리고 카이랄성 점군에 따라 분류된 21개 비대칭 중심 점군들

결정계	극성(polar)	비극성(nonpolar)	카이랄성(chiral)
triclinic	1	-	1
monoclinic	2 $m=\bar{2}$	-	2
orthorhombic	$mm2$	222	222
tetragonal	4 $4mm$	$\bar{4}$ 422 $\bar{4}2m$	4 422
trigonal	3 $3m$	32	3 32
hexagonal	6 $6mm$	$\bar{6}$ 622 $\bar{6}m2$	6 622
cubic	-	23 432 $\bar{4}3m$	23 432
total No.	10	11	11
	21개 비대칭 중심 점군		

32개 점군 중 다음 10개 극성 점군에서는 대칭 조작을 하였을 때 x, y, z의 3개 좌표 중 한 개 이상이 움직이지 않는다.

① 1 : (1) x, y, z (x, y, z: 3개 좌표에 원점이 없다.)

② 2 : (1) x, y, z (2) $\bar{x}, y, \bar{z}$ (y: 1개 좌표에 원점이 없다.)

③ m : (1) x, y, z (2) $x, \bar{y}, z$ (x, z: 2개 좌표에 원점이 없다.)

④ $mm2$: (1) x, y, z (2) $\bar{x}, \bar{y}, z$ (3) $x, \bar{y}, z$ (4) $\bar{x}, y, z$ (z: 1개 좌표에 원점이 없다.)

⑤ 4 : (1) x, y, z (2) $\bar{x}, \bar{y}, z$ (3) $\bar{y}, x, z$ (4) $y, \bar{x}, z$ (z: 1개 좌표에 원점이 없다.)

⑥ $4mm$: (1) x, y, z (2) $\bar{x}, \bar{y}, z$ (3) $\bar{y}, x, z$ (4) $y, \bar{x}, z$ (5) $x, \bar{y}, z$ (6) $\bar{x}, y, z$ (7) $\bar{y}, \bar{x}, z$ (8) y, x, z (z: 1개 좌표에 원점이 없다.)

⑦ 3 : (1) x, y, z (2) $\bar{y}, x-y, z$ (3) $\bar{x}+y, \bar{x}, z$ (z: 1개 좌표에 원점이 없다.)

⑧ $3m$: (1) x, y, z (2) $\bar{y}, x-y, z$ (3) $\bar{x}+y, \bar{x}, z$ (4) $\bar{y}, \bar{x}, z$ (5) $\bar{x}+y, y, z$ (6) $x, x-y, z$ (z: 1개 좌표에 원점이 없다.)

⑨ 6 : (1) x, y, z (2) $\bar{y}, x-y, z$ (3) $\bar{x}+y, \bar{x}, z$ (4) $\bar{x}, \bar{y}, z$ (5) $y, \bar{x}+y, z$ (6) $x-y, x, z$ (z: 1개 좌표에 원점이 없다.)

⑩ $6mm$: (1) x, y, z (2) $\bar{y}, x-y, z$ (3) $\bar{x}+y, \bar{x}, z$ (4) $\bar{x}, \bar{y}, z$ (5) $y, \bar{x}+y, z$ (6) $x-y, x, z$ (7) $\bar{y}, \bar{x}, z$ (8) $\bar{x}+y, y, z$ (9) $x, x-y, z$ (10) y, x, z (11) $x-y, \bar{y}, z$ (12) $\bar{x}, \bar{x}+y, z$ (z: 1개 좌표에 원점이 없다.)

따라서 극성 점군 중 원점이 없는 방향(origin-free directions)의 수는 다음과 같다.

극성 점군	1	m	2, $mm2$, 4, $4mm$, 3, $3m$, 6, $6mm$
원점이 없는 방향수	3	2	1

3.3 5개의 영진면(glide plane)과 11개의 나선축(screw axis): 내적인 대칭

결정 내의 원자 또는 분자의 삼차원적 배열에는 고정점(fixed points)에 대한 대칭인 점군(point group) 외에 병진변위(translation)를 포함하는 새로운 대칭인 영진면(glide plane)과 나선축(screw axis)이 있다.

3.3.1 영진면(Glide planes)

영진면은 거울 대칭과 병진변위를 조합한 것으로 병진변위는 반드시 거울면에 평행해야 한다. 예를 들면, 그림 3.3.1에 나타낸 것이다.

그림 3.3.1은 monoclinic 세포의 a–c 평면에 평행한 영진면을 나타낸 것이다. 그림 3.3.1 (a)는 a–glide 평면으로 a–c면(B 면)에 반사시킨 다음 $\frac{a}{2}$만큼 병진변위시킨다. 그림 3.3.1 (b)는 c–glide 평면으로 a–c면(B 면)에 반사시킨 다음 $\frac{c}{2}$만큼 병진변위시킨다. 그림 3.3.1 (c)는 n–glide 평면으로 a–c면(B 면)에 반사시킨 다음 $\frac{\vec{a}+\vec{b}}{2}$만큼 병진변위시킨다.

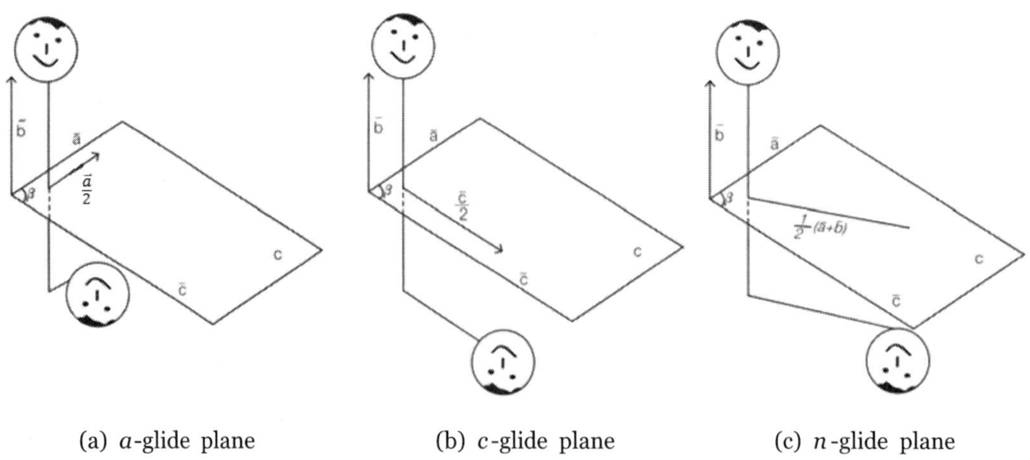

그림 3.3.1 Monoclinic 세포의 B-면(a-c 평면)에 평행한 영진면

영진면은 표 3.3.1의 첫 번째 열(1st column)에 기호로 표시한 5가지가 있는데, 두 번째 열에 주어진 면에 반사시킨 후, 마지막 열에 주어진 방향으로 병진변위시키는 것이다.

표 3.3.1 영진면의 기호와 대칭 조작 [21)]

기호	대칭 요소와 그의 방향	영진 벡터를 갖는 대칭 조작
a, *b*, 또는 *c*	'축의' 영진면	그 면에 대한 영진 반사와 영진 벡터
a	⊥[010] 또는 ⊥[001]	**a**/2
b	⊥[001] 또는 ⊥[100]	**b**/2
c	⊥[100] 또는 ⊥[010]	**c**/2
	⊥[1$\bar{1}$0] 또는 ⊥[110]	**c**/2
	⊥[100] 또는 ⊥[010] 또는 ⊥[$\bar{1}\bar{1}$0]	**c**/2 (hexagonal 좌표계)
	⊥[1$\bar{1}$0] 또는 ⊥[120] 또는 ⊥[$\bar{2}\bar{1}$0]	**c**/2 (hexagonal 좌표계)
e	'이중' 영진면(중심 세포에 대해서만)	그 면에 대한 두 개의 영진 반사와 수직한 영진 벡터
	⊥[001]	**a**/2와 **b**/2
	⊥[100]	**b**/2와 **c**/2
	⊥[010]	**a**/2와 **c**/2
	⊥[1$\bar{1}$0]; ⊥[110]	(**a** + **b**)/2와 **c**/2; (**a** − **b**)/2와 **c**/2
	⊥[01$\bar{1}$]; ⊥[011]	(**b** + **c**)/2와 **a**/2; (**b** − **c**)/2와 **a**/2
	⊥[$\bar{1}$01]; ⊥[101]	(**a** + **c**)/2와 **b**/2; (**a** − **c**)/2와 **b**/2
n	'대각선' 영진면	그 면에 대한 영진 반사와 영진 벡터
	⊥[001]; ⊥[100]; ⊥[010]	(**a** + **b**)/2; (**b** + **c**)/2; (**a** + **c**)/2
	⊥[1$\bar{1}$0] 또는 ⊥[01$\bar{1}$] 또는 ⊥[$\bar{1}$01]	(**a** + **b** + **c**)/2
	⊥[110]; ⊥[011]; ⊥[101]	(−**a** + **b** + **c**)/2; (**a** − **b** + **c**)/2; (**a** + **b** − **c**)/2
d	'다이아몬드' 영진면	그 면에 대한 영진 반사와 영진 벡터
	⊥[001]; ⊥[100]; ⊥[010]	(**a** ± **b**)/4; (**b** ± **c**)/4; (±**a** + **c**)/4
	⊥[1$\bar{1}$0]; ⊥[01$\bar{1}$]; ⊥[$\bar{1}$01]	(**a** + **b** ± **c**)/4; (±**a** + **b** + **c**)/4; (**a** ± **b** + **c**)/4
	⊥[110]; ⊥[011]; ⊥[101]	(−**a** + **b** ± **c**)/4; (±**a** − **b** + **c**)/4; (**a** ± **b** − **c**)/4

투영면에 수직한 그리고 투영면에 평행한 영진면의 그래프적인 기호(graphical symbol)가 표 3.3.2와 3.3.3에 각각 도시되어 있다. 표 3.3.2에 나타낸 것과 같이 다이아몬드 영진면(diamond glide plane)의 그래프적인 기호에서 1/8, 3/8은 지면에서 1/8, 3/8만큼 위에 있는 점에서 대각선 방향으로 병진변위를 함을 의미한다.

21) International Tables for Crystallography, Vol. A, p. 5 (1995).

표 3.3.2 투영면에 수직인 대칭면[22)]

대칭면 또는 대칭선	도식으로 나타낸 기호	투영면에 평행하고 그리고 수직한 격자 병진 변위 벡터들의 단위에서의 영진 벡터	인쇄된 기호
'축의' 영진면 영진선(2차원)	- - - - - - -	투영면 내에 있는 선을 따라 ½격자 벡터 면 내에 있는 선을 따라 ½격자 벡터	*a*, *b*, 또는 *c* *g*
'축의' 영진면	·················	투영면에 수직하게 ½	*a*, *b*, 또는 *c*
'이중' 영진면 (중심 세포에 대해서만)	··—··—··—··	두 개의 영진 벡터: 투영면에 대해 평행한 선을 따라 ½, 투영면에 수직하게 ½	*e*
'대각선' 영진면	—·—·—	두 개의 성분을 갖는 하나의 영진 벡터: 투영면에 대해 평행한 선을 따라 ½, 투영면에 수직하게 ½	*n*
'다이아몬드' 영진면 (면의 쌍; 중심 세포에 대해서만)	—·—·←·— —·—·→·—	투영면에 수직한 ¼과 함께, 투영면에 평행한 선을 따라 ¼ (화살표는 그 수직 성분이 양인 투영면에 평행한 방향을 가리킨다.)	*d*

표 3.3.3 투영면에 평행한 대칭면[23)]

대칭면	도식으로 나타낸 기호	투영면에 평행한 격자 병진 변위 벡터들의 단위로서 영진 벡터	인쇄된 기호
반사면, 거울면		없다.	*m*
'축의' 영진면		화살표 방향으로 ½격자 벡터	*a*, *b*, 또는 *c*
'이중' 영진면(중심 세포에 대해서만)		두 개의 영진 벡터: 두 개의 화살표 방향 중 하나로 ½	*e*
'대각선' 영진면		화살표 방향으로 ½	*n*
'다이아몬드' 영진면(면의 쌍; 중심 세포에 대해서만)	$\frac{3}{8}$ $\frac{1}{8}$	화살표 방향의 ½: 영진 벡터는 언제나 중심을 만드는 벡터의 절반이다. 즉, 면-중심 세포의 대각선의 ¼.	*d*

22) International Tables for Crystallography, Vol. A, p. 7 (1995).
23) International Tables for Crystallography, Vol. A, p. 7 (1995).

3.3.2 나선축(screw axes)

나선축은 모든 회전축에 존재하며, 병진변위 벡터 $\vec{a}$ −축이 n−회전축이면 이 축에는 병진변위 성분(translation component)이 $\frac{1}{n}\vec{a},\ \frac{2}{n}\vec{a},\ \frac{3}{n}\vec{a},\cdots,\ \frac{n-1}{n}\vec{a}$ 를 갖는 (n−1)개의 나선축이 있다. 만일 그 축이 n−회전축이고, 그 변위 벡터가 $\frac{m}{n}\vec{a}$ 이면 그 나선축을 n_m 이라 쓴다. 예를 들면, 2_1−나선축, 3_1−나선축, 3_2−나선축 조작의 삼차원적 그림이 그림 3.3.2에 나타나 있다. 나선축에는 다음과 같이 11가지가 있으며, 이들의 기호와 함께 조작 방법이 그림 3.3.3에 나타나 있다.

구분	표기
2-회 회전축	2_1
3-회 회전축	3_1, 3_2
4-회 회전축	4_1, 4_2, 4_3
6-회 회전축	6_1, 6_2, 6_3, 6_4, 6_5

3_1−과 3_2−축에 의하여 생기는 등가 위치(equivalent position)를 비교해 보면, 3_1−축의 조작에 의해 생기는 점은 120°만큼 반시계 방향으로 회전한 후 $\vec{c}/3$만큼의 병진변위를 가함으로 얻어지며, 3_2−축의 조작으로써 생기는 점은 120°만큼 시계 방향으로 회전한 후 $\vec{c}/3$만큼 병진 변위하는 것이다. 그러므로 이 두 축은 그 회전 방향만 다른 것이다.

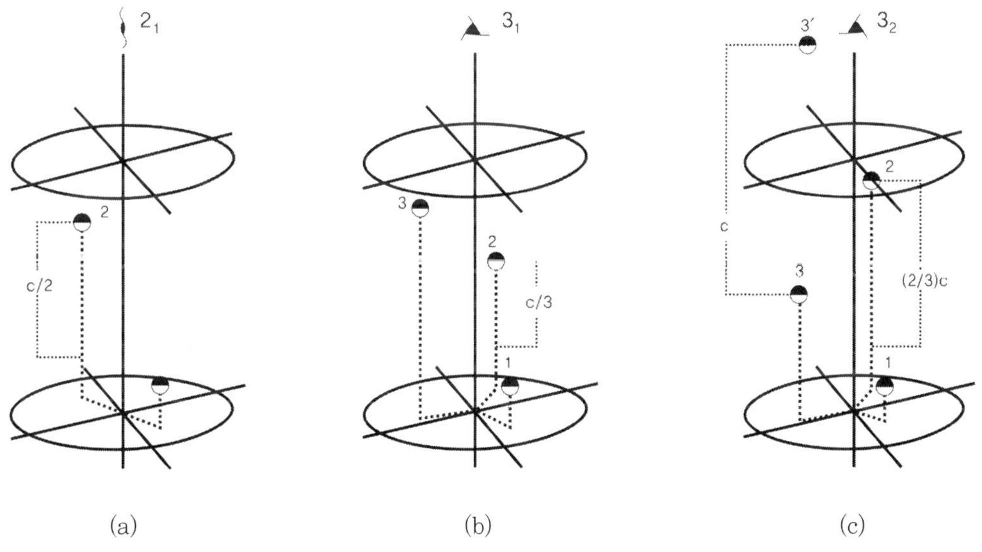

그림 3.3.2 (a) 2_1-나선축, (b) 3_1-나선축, (c) 3_2-나선축

다시 말하면 이 두 개 나선축에 의하여 생기는 무늬(motif)는 서로 반전 대칭의 관계에 있어서 그들은 왼손용 나선(left-handed screw)과 오른손용 나선(right-handed screw) 같이 행동한다. 이와 같은 성질을 갖는 무늬는 좌우상적(enantiomorphous)이라고 말한다. 좌우상(enantiomorphy)은 광학적으로 활성이 있는 화합물의 구조를 취급할 때 대단히 중요한 역할을 한다. 좌우상적(enantiomorphic)인 관계는 4_1-4_3에도 있으며, 또한 두 개의 6-회 회전 나선축의 쌍인 6_1-6_5와 6_2-6_4에도 존재한다(5.4.2절 참조).

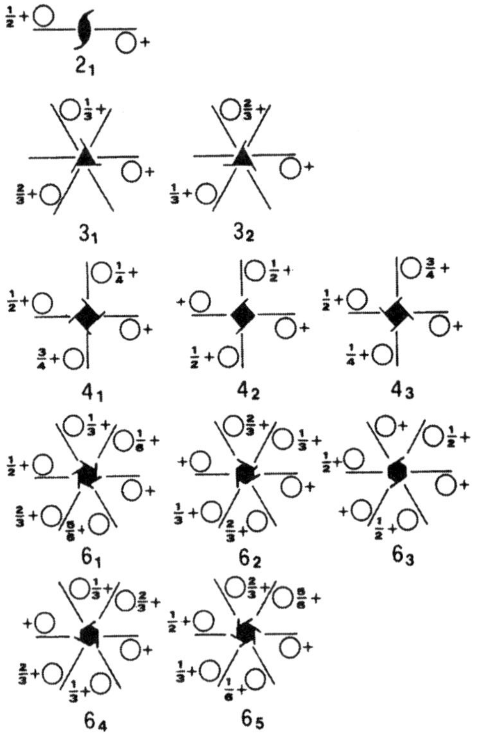

그림. 3.3.3 11개 나선축의 조작에 의하여 얻어진 대칭적으로 등가 관계에 있는 물체(원형)의 배열

230개 공간군(Two hundred thirty space groups)

3.4.1 결정 대칭의 개요(Summary of crystal symmetries)

지금까지의 결정 대칭 개념을 그림 3.4.1과 같이 요약할 수 있다.

(1) 결정 격자에 있을 수 있는 5개의 회전축에 그들 각각에 대응하는 반전축(inversion axes)을 추가함으로써 10개의 기본 대칭(basic symmetry)을 얻는다.

(2) 결정의 삼차원적 주기성으로부터 유도되는 제한 요건에 의해 기본 대칭의 32가지 조합만이 가능하며 이들은 32개 점군이라 불린다.

(4) 병진변위 요소를 도입하면 한편으로는 14개 가능한 Bravais lattice가 생성되고, 다른 한편으로는 두 개의 새로운 대칭 요소인 영진면과 나선축이 생긴다.

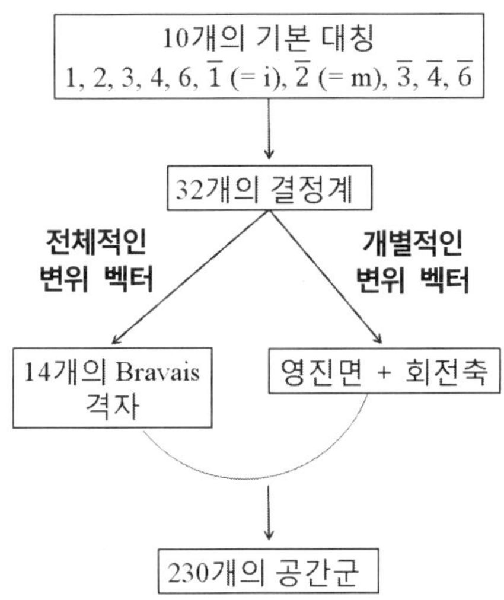

그림 3.4.1 공간군의 유도 도해(space group derivation scheme)

그림 3.4.1과 같이 230개 공간군은 32개 점군과, 하나의 점군인 거울 ($m = \bar{2}$) 대칭에서 발생하는 5종류의 영진면, 그리고 4가지 점군인 고유 회전축(2, 3, 4, 6)에서 발생하는 11가지 나선축, 단위 세포 내의 분자의 비대칭 단위를 병진변위시키는 역할을 하는 14개 Bravais 격자를 조합한 것으로, 각 점군은 일정수의 공간군으로 확장되며 또는 각 공간군은 한 점군에 속한다고 말할 수 있다. 따라서 한 점군의 특성이 바로 그 점군에 속한 공간군의 특성이 된다. 예를 들면, 극성이며 카이랄성인 점군에서 유도된 공간군들은 모두 극성이며 또한 카이랄성 공간군

인 것이다. 이러한 예를 6개 점군을 택하여 설명한다.

① 극성이며 카이랄성 점군 1에 속한 극성이며 카이랄성 공간군은 $P1$(1) 1개이다.

② 대칭 중심 점군 $\bar{1}$에 속한 대칭 중심 공간군은 $P\bar{1}$(2) 1개이다.

③ 극성이며 카이랄성 점군인 2에 속한 극성이며 카이랄성 공간군은 $P2$(3), $P2_1$(4), $C2$(5) 등 3개이다.

④ 극성인 점군 m에서 유도된 극성 공간군은 Pm(6), Pc(7), Cm(9) 등 3개이다.

⑤ 대칭 중심 점군 $2/m$에 속한 대칭 중심 공간군은 $P2/m$(10), $P2_1/m$(11), $C2/m$(12), $P2/c$(13), $P2_1/c$(14), $C2/c$(15) 등 6개이다.

⑥ 11개의 카이랄성 점군 1, 2, 3, 4, 6, 222, 422, 32, 622, 23, 432로부터 65개 카이랄성 공간군이 유도된다(표 5.4.1 참조).

모든 공간군 도형은 "International Tables for Crystallography, Volume A edited by Theo Hahn, Third revised edition published for The International Union of Crystallography by Kluwer Academic Publishers, 1995."에 기재되어 있다.

3.4.2 공간군의 기호(Symbols of space groups)

공간군의 표시는 다음 두 가지가 있다.

① Hermann-Mauguin 기호[24)]

1935년 International Tables for X-ray Crystallography에서 사용되었으며 1952년에 수정되었다. 각 공간군의 기호는 두 부분으로 되어 있다. 첫 번째 부분은 대문자로 표시한 Bravais 격자 (P, A, B, C, I, F, R)를 나타낸다. 두 번째 부분은 격자 대칭으로 제일(primary), 제이(secondary), 제삼(tertiary)의 순서로 대칭 요소의 기호를 나타내는데, 그 방향은 표 3.2.2와 같다.

다음에 7개 결정계 각각에 속한 한 개씩의 공간군이 나타나 있다. 공간군에 대한 자세한 설명은 '3.5절 공간군의 도해'에서 하도록 하겠다.

24) Hermann, C. Zur Systematischen Strukturthorie II Ableitung der Raumgruppen aus ihren Kennvektoren. Z. Kristallogr. 69, 226-249, 1928

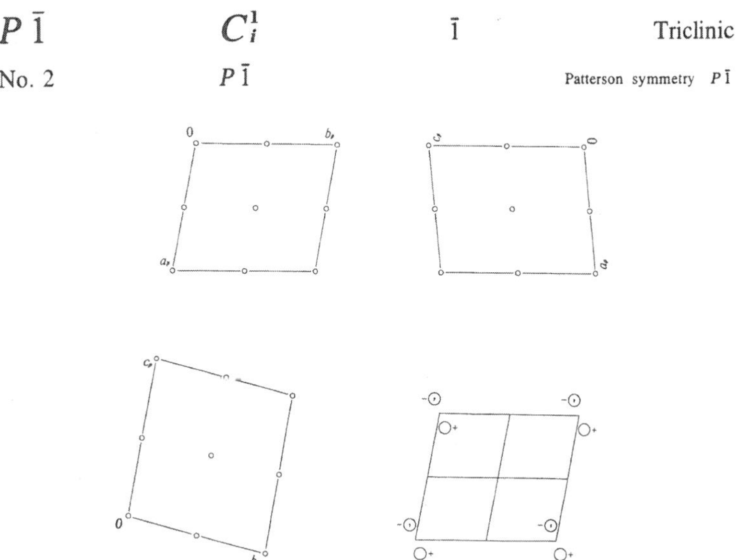

그림 3.4.2 Triclinic $P\bar{1}$(2) | 원점에 대칭 중심점(inversion center)이 있고 Z = 2이다. $P\bar{1}$은 Hermann-Mauguin 기호이고, C_i^1은 Schoenflies 기호이다.

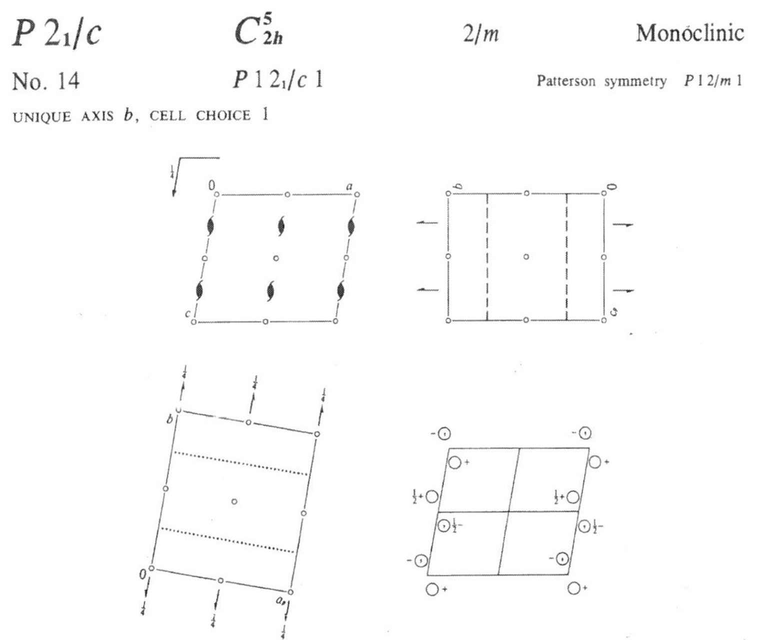

그림 3.4.3 $P2_1/c$(14) | monoclinic primitive 격자이고, 좌표 (0,0,1/4)점에서 [010] 방향을 따라 2_1-나선축이며, $y = 1/4$에 b축을 향한 c-영진면이 있다.

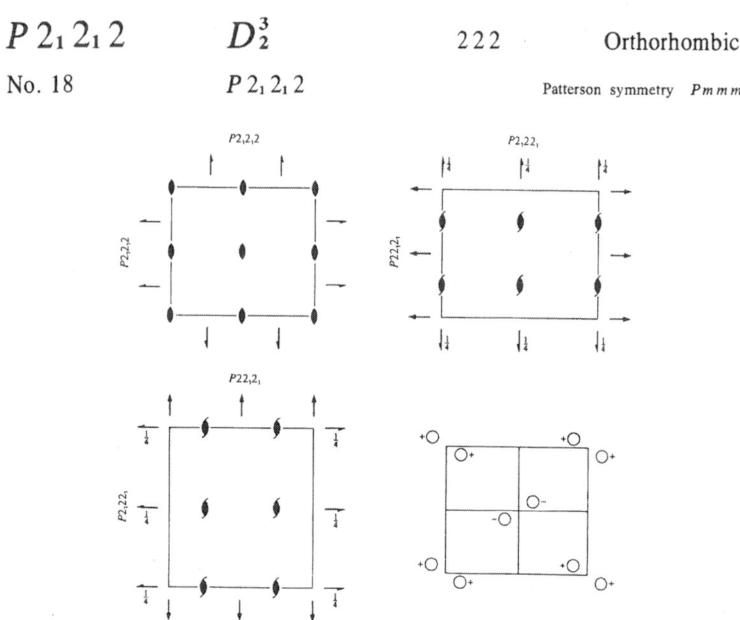

그림 3.4.4 Orthorhombic 공간군 $P2_12_12$(18)의 대칭 | $y=1/4$점을 지나는 a-축에 나란한 2_1 나선축이 있고, $x=1/4$점을 지나며 b-축에 나란한 2_1 나선축이 있으며, c-축에 나란한 2-회 회전 대칭은 원점을 지난다.

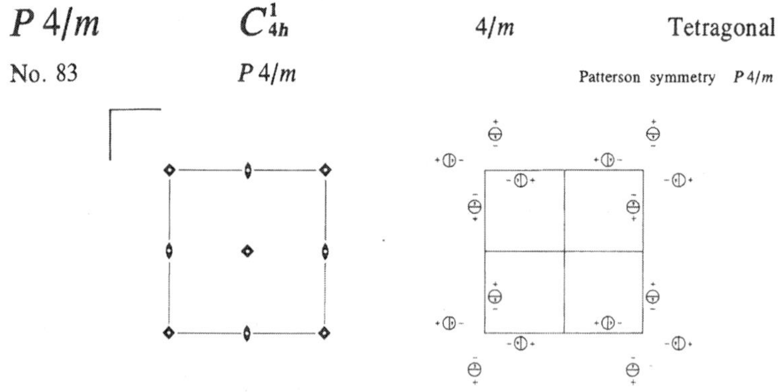

그림 3.4.5 Tetragonal 공간군 $P4/m$(83)의 대칭 | 원점을 지나며 c-축을 따르는 4-회 회전 대칭이 있고, c-축에 수직하며 원점을 지나는 거울면(m)이 있다. 한 물체는 반원으로 표시하였고 '+'는 지면 위에 있다. 반원 안에 콤마로 나타낸 물체는 그 거울면에 의한 거울상이며 '-'는 지면의 밑에 있음을 의미한다.

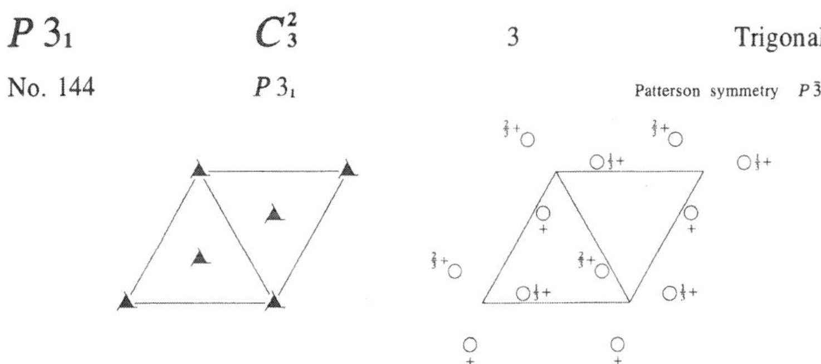

그림 3.4.6 Trigonal의 $P3_1$(144) | [001] 방향으로 3_1-나선 대칭이 있다.

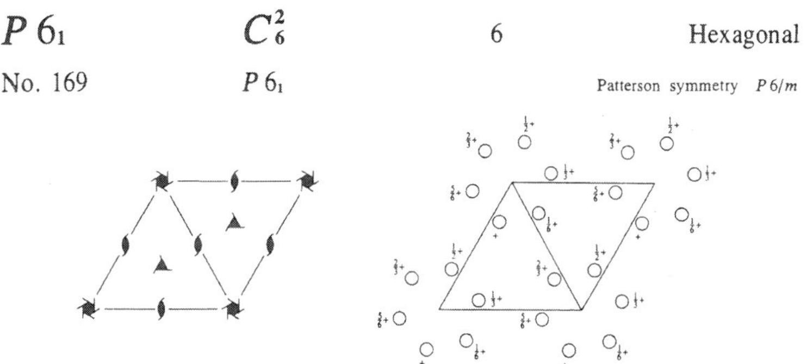

그림 3.4.7 Hexagonal의 $P6_1$(169) | [001] 방향으로 6_1-나선 대칭이 있다.

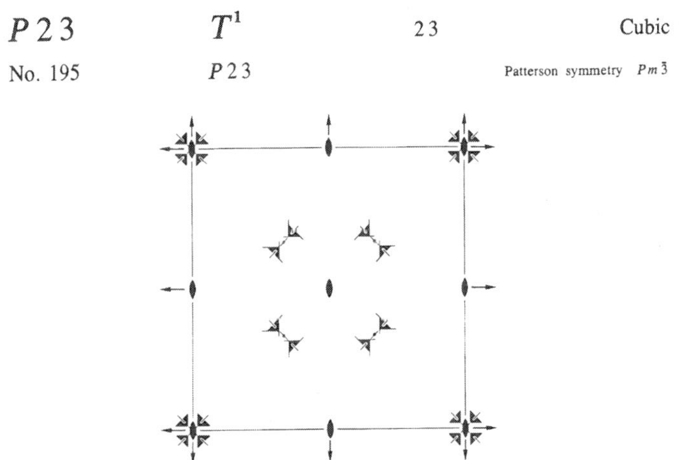

그림 3.4.8 Cubic $P23$(195) | <100> 방향으로 2-회 회전 대칭이 있고, <111> 방향으로 3-회 회전 대칭이 있다.

② Schoenflies 기호(표 3.2.1 참조)

한 개의 축에만 회전 대칭이 있을 때 C_n(cyclic rotation groups, $n=1, 2, 3, 4, 6$)을 사용한다. 즉 $C_2(=2)$로 쓰며, $C_3(=3)$로 표기한다. 거울 대칭이 추가되면 아래 첨자로 표시하는데 거울 대칭의 방향이 3-회 회전축(3-fold rotation axis)과 나란할 때와 수직일 때 각각 $C_{3h}(3/m=\bar{6})$ ($h=$horizontal), $C_{3v}(3m)$($v=$vertical)로 나타낸다. D_n(dihedral rotation groups: dihedral의 기하학적 의미는 결정학에서의 의미와 다르다)는 두 개 이상의 회전축을 포함한 점군을 나타낸다. 따라서 $D_2(=222)$, $D_{4h}(=4/m\,2/m\,2/m)$이다. Cubic계에 해당하는 점군에는 T(tetrahedral rotation groups)와 O(octahedral rotation groups)가 사용되는데 T는 서로 수직인 3개의 2-회 회전축(2-fold rotation axis)이 주축일 때, O는 서로 수직인 4-회 회전축(4-fold rotation axis)이 주축일 때 사용된다. 아래 첨자 d는 두 개의 연속적인 등가 회전축 사이의 각을 2등분하는 거울 대칭, 즉 회전축의 대각선 방향을 향한 거울 대칭을 표시한다. 예를 들면, $T_d=4\bar{3}m$이다. 회반축(rotoinversion axis)은 $C_i(=\bar{1})$, $C_s(=\bar{2}=m)$, $C_{3i}(=\bar{3})$, $S_i(=\bar{4})$, $C_{3h}(\bar{6}=3/m)$로 표시한다. 한 점군에서 유도되는 공간군은 그 점군 기호에 수로 나타낸 위 첨자를 더하여 구별한다. 따라서 점군 C_2와 관련된 공간군은 $C_2^1(=P2)$, $C_2^2(=P2_1)$, $C_2^3(=C2)$로 불린다.

3.5 공간군들의 도해(Space group diagrams)

3.5.1 7개 결정계의 공간군의 그림

공간군 그림은 2가지 목적이 있다. (1) 대칭 요소의 위치(location)와 방향(orientation)을 보이고 (2) 일반 위치(general position)의 대칭적으로 등가인 점(equivalent point)의 배열을 설명하는 것이다.

"International Tables(IT) for Crystallography, Vol. A, Edited by Theo Hahn, 4th revised edition, Kluwer Academic Publishers, Dordrecht / Boston/London, 1995"에 있는 230개 공간군을 자세히 설명한 그림에는 7개 각 결정계에 속한 각 세포의 원점, $a-$, $b-$, $c-$축, 투영 방향 그리고 cubic 공간군 중 $F-$세포에서는 단위 세포의 1/4만이 나타난다는 등의 지적이 되어 있지 않다. 따라서 공간군의 세부 설명 내용을 보기 위해서는 먼저 다음의 설명을 숙지할 필요가 있다.

IT에 있는 공간군의 모든 도해는 직교적 투영(orthogonal projection)으로 투영 방향이 그림의 면에 수직이다. Rhombohedral 축을 갖는 rhombohedral 공간군을 제외하면, 투영 방향은 항상 한 세포의 축(axis)이다.

만일 다른 2개의 축이 그림의 평면에 평행하지 않으면 아래 첨자를 붙여 a_p, b_p, c_p와 같이 표시한다. 이것은 triclinic과 monoclinic 공간군의 2개 또는 1개 축(그림 3.5.1과 그림 3.5.2) 그리고 3개의 rhombohedral 축(그림 3.5.6)에 적용된다. 모형도에는 원점(origin), 축의 기호(label), 그리고 투영 방향 $[uvw]$이 나타나 있다. 그리고 일반위치 그림이 있는 곳은 G로 표시되어 있다.

① Triclinic 공간군

2개의 triclinic 공간군 각각에 대해서는, 그림 3.5.1에서와 같이 a, b, c 축을 따라 투영한 3개의 도해에 더하여 아래의 우측에 c축을 따라 투영한 일반 위치 그림이 있다. 이 그림에서 축 사이의 각은 비예각(non-acute), 즉 $\alpha, \beta, \gamma \geq 90°$이다.

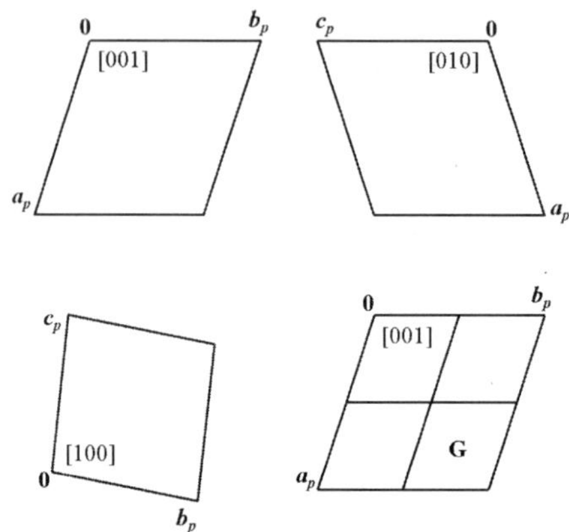

그림 3.5.1 Triclinic 공간군(G = 일반 위치 그림)

② Monoclinic 공간군

그림 3.5.2의 위의 왼쪽 그림과 일반 등가 위치를 보이는 아래의 오른쪽 그림은 특수축인 b-축 방향 [010]을 따라 투영한 그림이고, 위의 오른쪽 그림은 a-축 방향 [100]을 따라 그리고, 아래의 왼쪽 그림은 c-축 방향 [001]로 투영한 그림이다.

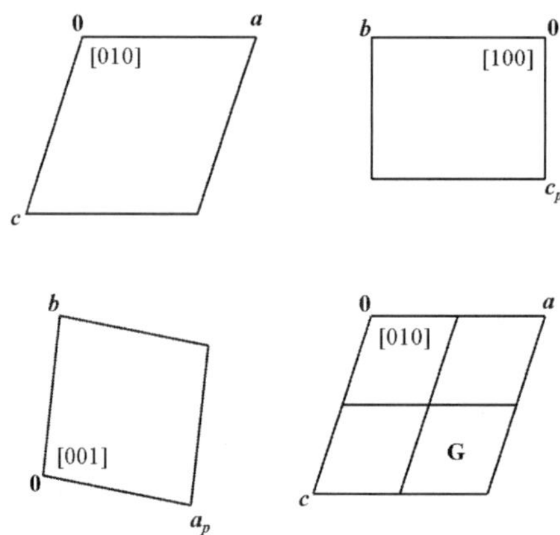

그림 3.5.2 b-축이 특수축인 monoclinic 공간군(G = 일반 위치 그림)

③ Orthorhombic 공간군

"International Tables for Crystallography, Vol. A, Edited by Theo Hahn, 4th revised edition, Kluwer Academic Publishers, Dordrecht / Boston / London, 1995"의 공간군 그림들은 각 orthorhombic 공간군당 4개의 그림을 포함하고 있다. 그림 3.5.3에서와 같이 위의 왼

쪽 그림은 c-축 방향 [001]로 투영한 것이고, 위의 오른쪽 그림은 b-축 방향 [010]으로 투영한 것이며, 밑의 왼쪽 그림은 a-축 방향 [100]로 투영한 것이다. 아래의 오른쪽 그림은 c-축 방향 [001]로 투영한 것으로 그 안에는 일반 등가 위치가 들어 있다는 의미에서 G자가 쓰여 있다. 각 그림에는 원점과 축 이름도 적혀 있다.

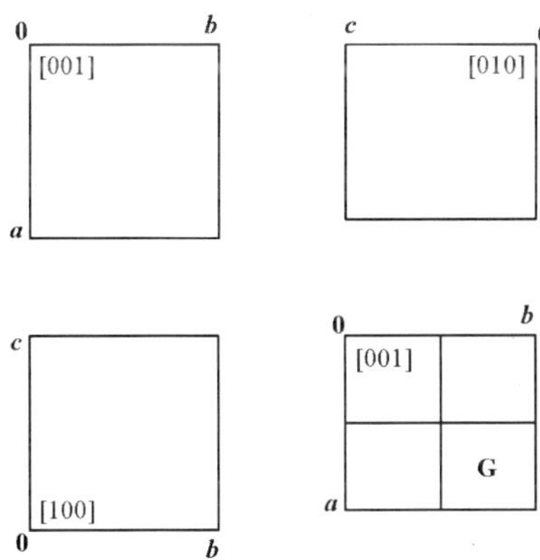

그림 3.5.3 Orthorhombic 공간군(G = 일반 위치 그림)

④ Tetragonal, Trigonal *P*, Hexagonal 공간군

그림 3.5.4와 그림 3.5.5와 같이 모두 2개씩 쌍으로 이루어져 있는데 왼쪽 그림은 대칭 요소의 도해이고 오른쪽 그림은 일반 등가 위치를 보이고 있다. 양쪽 그림이 모두 c-축 방향 [001]로 투영한 것이다.

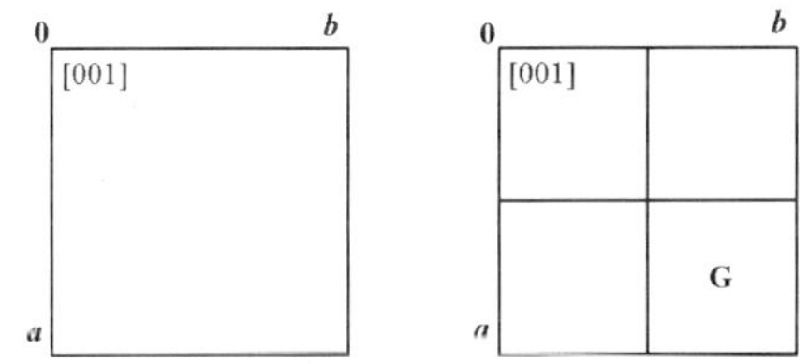

그림 3.5.4 Tetragonal 공간군(G = 일반 위치 그림)

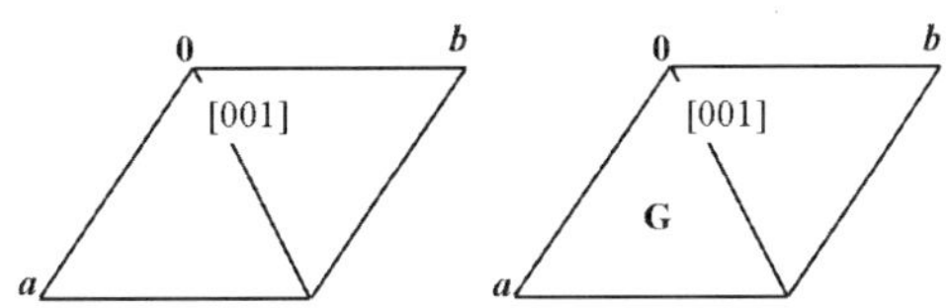

그림. 3.5.5 Trigonal *P*와 hexagonal 공간군(G = 일반 위치 그림)

⑤ Rhombohedral(trigonal R) 공간군들

7개의 rhombohedral 공간군은 $R3$(146), $R\bar{3}$(148), $R32$(155), $R3m$(160), $R3c$(161), $R\bar{3}m$(166), $R\bar{3}c$(167)이다. 이들 7개의 rhombohedral 공간군들은 첫 번째는 'hexagonal 축들'로 그리고 두 번째는 'rhombohedral 축들' 등 두 가지로 취급된다.

그림 3.5.6에서와 같이 각 공간군은 2개 쌍의 그림들로 되어 있는데 왼쪽에 있는 그림에는 대칭 요소들이 보여져 있고, 오른쪽에 있는 그림에는 일반 등가 위치들이 보여져 있어 G자가 써 있다.

이 그림들에는 hexagonal 세포의 a-축과 b-축이 보이며, 그리고 primitive rhombohedral의 투영된 3축 a_p, b_p, c_p들이 표시되어 있다. 편리를 위하여, 이 공간군 그림들에 있는 높이들(heights)은 모두 hexagonal c-축의 분수(fraction)이다. 'hexagonal 축들'에 대한 투영 방향은 c-축 [001] 방향이고, 'rhombohedral 축들'에 대한 투영 방향은 체대각선 방향 [111]이다. 일반-위치 도해에서 굵은 선으로 그려진 원들은 그 primitive rhombohedral 세포 내에 놓여있는 원자들을 나타낸다(기호 '−'는 $-z$라고 읽기 보다는 $1-z$로 읽는다는 조건으로).

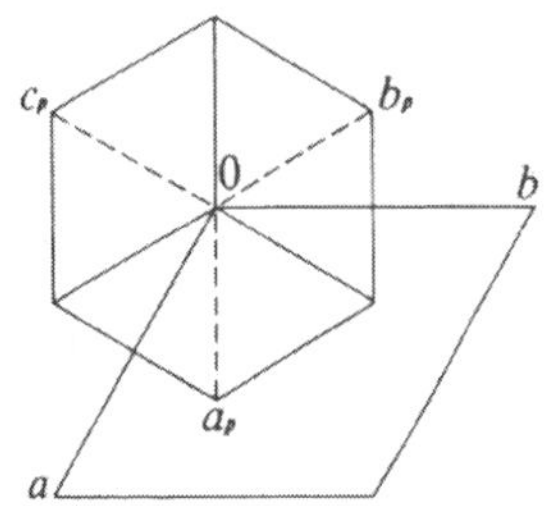

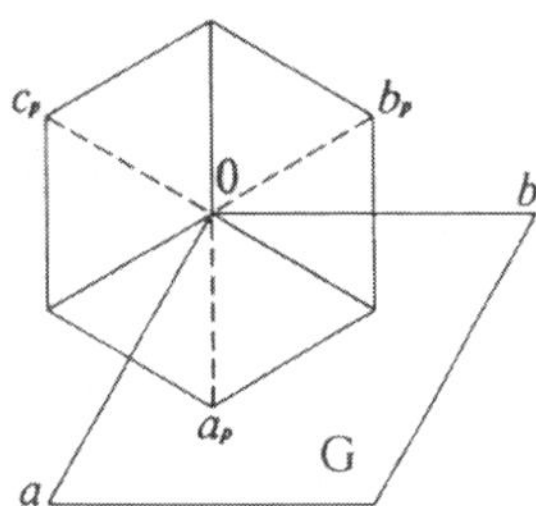

그림 3.5.6 Rhombohedral R 공간군들 | Hexagonal 축들 a, b를 갖는 순설정 3중(obverse triple) hexagonal 세포와 rhombohedral 투영축들 a_p, b_p, c_p를 갖는 primitive rhombohedral 세포를 나타낸다. Note: 실제 공간군 그림에서는 점선으로 된 모서리는 없이 선으로 된 모서리들만 보인다.

⑥ Cubic 공간군

각 cubic 공간군에 대해서는 그림 3.5.7과 같이 대칭 요소가 들어 있는 c-축인 [001] 방향으로 투영한 한 개의 그림만이 주어져 있다.

전면 중심 격자들 F에 대해서는 다만 단위 세포의 1/4만이 보여져 있다; 왜냐하면 F-세포에서 대칭 요소들의 투영된 배열은 F-세포내에 있는 4개의 1/4 부분들이 병진변위-등가(translation-equivalent)이기 때문이다. 각 페이지의 밑에 3개의 입체적인 일반-위치 그림들이 있다.

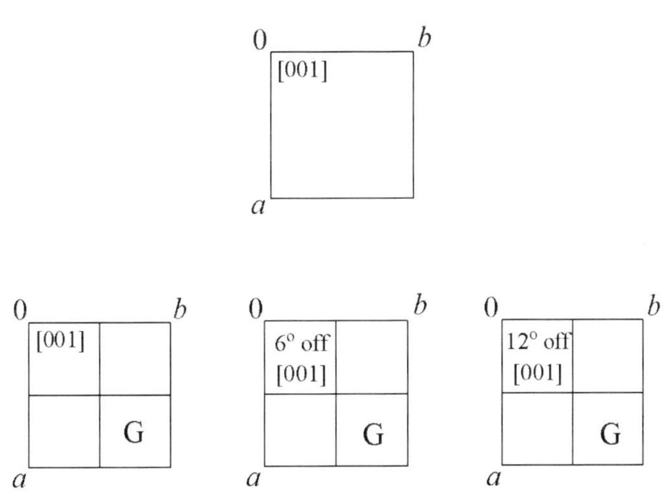

그림 3.5.7 Cubic 공간군(G = 일반 위치 입체 그림)

3.5.2 대표적인 공간군 $Cmm2(35)$의 그림 설명

그림 3.5.8은 230개 공간군 중에서 임의로 공간군 번호 35인 $Cmm2$를 택하여 이 공간군 내에 기술되어 있는 내용을 설명하였다.

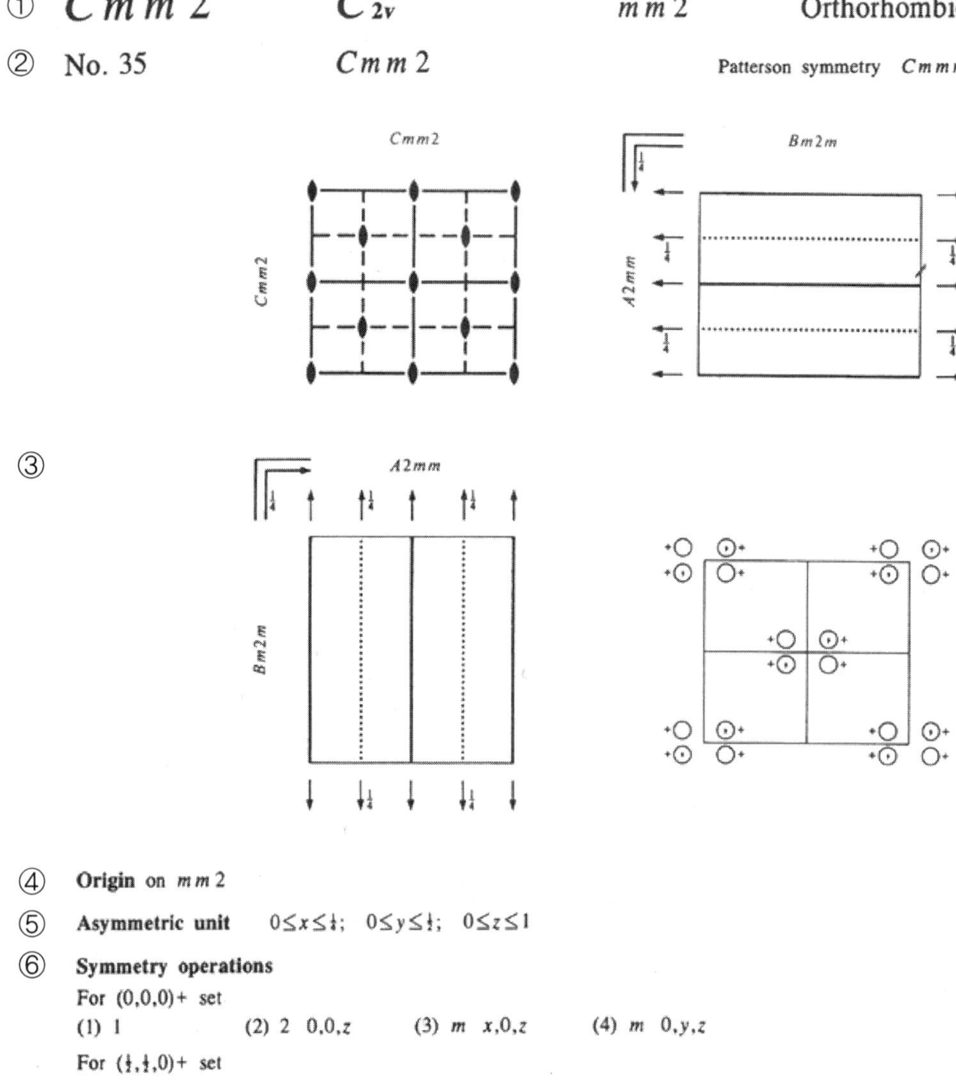

① $Cmm2$ C_{2v}^{11} $mm2$ Orthorhombic

② No. 35 $Cmm2$ Patterson symmetry $Cmmm$

③

④ **Origin** on $mm2$

⑤ **Asymmetric unit** $0 \le x \le \frac{1}{4}$; $0 \le y \le \frac{1}{2}$; $0 \le z \le 1$

⑥ **Symmetry operations**

For (0,0,0)+ set

(1) 1 (2) 2 0,0,z (3) m x,0,z (4) m 0,y,z

For ($\frac{1}{2}$,$\frac{1}{2}$,0)+ set

(1) t($\frac{1}{2}$,$\frac{1}{2}$,0) (2) 2 $\frac{1}{4}$,$\frac{1}{4}$,z (3) a x,$\frac{1}{4}$,z (4) b $\frac{1}{4}$,y,z

그림 3.5.8 (a) 공간군 자료의 설명

<table>
<tr><th colspan="6">그림 3.5.8 (a) 공간군 자료에 관한 설명</th></tr>
<tr><td>①</td><td>Hermann–Mauguin 기호의 약형: $Cmm2$</td><td>Schoenflies 기호: C_{2v}^{11}</td><td colspan="2">점군: $mm2$</td><td>결정계: Orthorhombic</td></tr>
<tr><td>②</td><td>공간군의 번호: 35</td><td colspan="2">완전한(full) Hermann–Mauguin 기호: $Cmm2$</td><td colspan="2">Patterson 대칭: $Cmmm$</td></tr>
<tr><td>③</td><td colspan="5">“그림 3.5.3 Orthorhombic 공간군” 참조

위의 왼쪽 그림은 c–축 방향 [001] 방향으로 투영한 그림으로 원점은 왼쪽 위 모퉁이에 있다. C–면 중심 공간군이며 a–, b–, c–축의 방향은 오른손 법칙에 의하여 세로축이 a–축이고, b–축은 가로축이다. 첫 번째 거울면 m의 방향이 [100]이므로 거울면은 (100)면이다. 두 번째 거울면 m의 방향이 [010]이므로 거울면은 (010)면이다. 마지막으로 2–회 회전축의 방향은 [001] 방향이다.

위의 오른쪽 그림은 b–축으로 투영한 그림으로 원점은 오른쪽 위 모퉁이에 있으며, a–축은 세로축, c–축은 가로축이다.

아래의 왼쪽 그림은 a–축으로 투영한 그림으로 원점은 왼쪽 밑의 모퉁이에 있어 b–축은 가로축에, c–축은 세로축이다.

아래의 오른쪽 그림은 위의 왼쪽 그림과 같은 것인데 그 세포 안에는 일반 좌표가 8개가 그려져 있다. 분자를 나타내는 원의 옆에 있는 +기호는 분자가 지면 위에 위치하고 있다는 뜻이며, 원 안의 콤마가 있는 분자는 콤마가 없는 분자의 좌우상(enantiomorph)이다.</td></tr>
<tr><td>④</td><td colspan="5">단위 세포의 원점: $mm2$의 3개 대칭이 만나는 점</td></tr>
<tr><td>⑤</td><td colspan="5">비대칭 단위(Asymmetric unit) $0 \le x \le 1/4$; $0 \le y \le 1/2$; $0 \le z \le 1$</td></tr>
<tr><td>⑥</td><td colspan="5">대칭 조작(Symmetry operations)

(0,0,0)+set에 대하여
(1) 1(–fold) (2) 2(–fold) $0,0,z$ (3) m(mirror) $x,0,z$ (4) m(mirror) $0,y,z$

(1/2,1/2,0)+set에 대하여
(1) t(translation) $\frac{1}{2},\frac{1}{2},0$ (2) 2(–fold) $\frac{1}{4},\frac{1}{4},z$ (3) a–glide $x,\frac{1}{4},z$ (4) b–glide $\frac{1}{4},y,z$</td></tr>
</table>

① CONTINUED No. 35 $Cmm2$

② **Generators selected** (1); $t(1,0,0)$; $t(0,1,0)$; $t(0,0,1)$; $t(\frac{1}{2},\frac{1}{2},0)$; (2); (3)

③ **Positions**

Multiplicity, Wyckoff letter, Site symmetry	Coordinates				Reflection conditions
	$(0,0,0)+$ $(\frac{1}{2},\frac{1}{2},0)+$				General:
8 f 1	(1) x,y,z	(2) $\bar{x},\bar{y},z$	(3) $x,\bar{y},z$	(4) $\bar{x},y,z$	hkl : $h+k=2n$ $0kl$: $k=2n$ $h0l$: $h=2n$ $hk0$: $h+k=2n$ $h00$: $h=2n$ $0k0$: $k=2n$
					Special: as above, plus
4 e $m..$	$0,y,z$	$0,\bar{y},z$			no extra conditions
4 d $.m.$	$x,0,z$	$\bar{x},0,z$			no extra conditions
4 c $..2$	$\frac{1}{4},\frac{1}{4},z$	$\frac{1}{4},\frac{3}{4},z$			hkl : $h=2n$
2 b $mm2$	$0,\frac{1}{2},z$				no extra conditions
2 a $mm2$	$0,0,z$				no extra conditions

④ **Symmetry of special projections**

Along [001] $c2mm$
$\mathbf{a}'=\mathbf{a}$ $\mathbf{b}'=\mathbf{b}$
Origin at $0,0,z$

Along [100] $p1m1$
$\mathbf{a}'=\frac{1}{2}\mathbf{b}$ $\mathbf{b}'=\mathbf{c}$
Origin at $x,0,0$

Along [010] $p11m$
$\mathbf{a}'=\mathbf{c}$ $\mathbf{b}'=\frac{1}{2}\mathbf{a}$
Origin at $0,y,0$

⑤ **Maximal non-isomorphic subgroups**

I [2]$C112(P2)$ (1; 2)+
[2]$C1m1(Cm)$ (1; 3)+
[2]$Cm11(Cm)$ (1; 4)+

IIa [2]$Pmm2$ 1; 2; 3; 4
[2]$Pba2$ 1; 2; (3; 4)+$(\frac{1}{2},\frac{1}{2},0)$
[2]$Pbm2(Pma2)$ 1; 3; (2; 4)+$(\frac{1}{2},\frac{1}{2},0)$
[2]$Pma2$ 1; 4; (2; 3)+$(\frac{1}{2},\frac{1}{2},0)$

IIb [2]$Ccc2$ ($\mathbf{c}'=2\mathbf{c}$); [2]$Cmc2_1$ ($\mathbf{c}'=2\mathbf{c}$); [2]$Ccm2_1$ ($\mathbf{c}'=2\mathbf{c}$)($Cmc2_1$); [2]$Imm2$ ($\mathbf{c}'=2\mathbf{c}$); [2]$Iba2$ ($\mathbf{c}'=2\mathbf{c}$); [2]$Ibm2$ ($\mathbf{c}'=2\mathbf{c}$)($Ima2$); [2]$Ima2$ ($\mathbf{c}'=2\mathbf{c}$)

⑥ **Maximal isomorphic subgroups of lowest index**

IIc [3]$Cmm2$ ($\mathbf{a}'=3\mathbf{a}$ or $\mathbf{b}'=3\mathbf{b}$); [2]$Cmm2$ ($\mathbf{c}'=2\mathbf{c}$)

⑦ **Minimal non-isomorphic supergroups**

I [2]$Cmmm$; [2]$Cmma$; [2]$P4mm$; [2]$P4bm$; [2]$P4_2cm$; [2]$P4_2nm$; [2]$P\bar{4}2m$; [2]$P\bar{4}2_1m$; [3]$P6mm$

II [2]$Fmm2$; [2]$Pmm2$ ($2\mathbf{a}'=\mathbf{a}, 2\mathbf{b}'=\mathbf{b}$)

그림 3.5.8 (b) 공간군 자료의 설명

그림 3.5.8 (b) 공간군 자료의 간단한 설명 (계속)[25]	
①	Continued(계속) 공간군 번호: 35 공간군 기호: *Cmm*2
②	Generators selected (1); $t(1,0,0)$; $t(0,1,0)$; $t(0,0,1)$; $t(\frac{1}{2},\frac{1}{2},0)$; (2); (3)
③	Positions(위치) Multiplicity(다중도) Coordinates(좌표) Reflection conditions(반사 조건) Wyckoff 문자 Site symmetry(그 위치의 대칭) 다중도는 아래에서부터 증가하는 순서로. Wyckoff 문자는 아래에서부터 $a, b, c, \cdots$ 순서로 위치 대칭은 아래에서부터 대칭성이 감소하는 순서로 나열되어 있다.
④	Symmetry of special projections(특수 투영의 대칭) Along [001] $c\,2mm$: [001] 방향으로 투영하면 평면군(plane group) $c\,2mm$의 대칭이 된다. Along [100] $p\,1m1$: [100] 방향으로 투영하면 평면군 $p\,1m1$의 대칭이 된다. Along [010] $p\,11m$: [010] 방향으로 투영하면 평면군 $p\,11m$의 대칭이 된다.
⑤	Maximal non-isomorphic subgroups(최대한 같지 않은 모양의 하위집단) Type I: t 하위집단 Type IIa: k 하위집단, 전형적인 decentring 세포에 의해 얻어진다. 중심이 있는 세포의 공간군에만 적용된다. Type IIb: k 하위집단, 전형적인 세포의 확장에 의해 얻어진다.
⑥	가장 낮은 지수의 최대 같은 모양의 하위집단(Maximal isomorphic subgroups) Type IIc: 가장 낮은 지수의 k 하위집단. 기본 Hermann-Mauguin symbol이 같은 경우 같은 형태의 군에 속한다. Type IIb의 하위집단에 대한 설명 자료
⑦	최소한 모양이 같지 않은 최상위집단 하위집단 표의 역-상관관계에 대한 목록을 포함한다; Types I(t supergroups)와 II(k supergroups)에 대한 구별만 가능하다. Type IIb의 하위집단에 대한 설명 자료

3.5.3 공간군의 유도(Derivation of space groups)

공간군의 유도는 그림 3.4.1에 나타낸 순서를 따른다. 제일 처음에 32개 점군(표 3.2.1) 중 하나의 점군을 택하여 이 점군에 속한 Bravais 격자(표 3.1.2)를 선택한 다음, 그 점군에 해당하는 영진면과 나신축을 찾아서 그 공간군의 대칭 요소를 부여한다. 대칭 요소의 위치는 '한 공간군에 속한 일반등가 좌표에 공간군 내에 속한 임의의 대칭을 조작하면 그 일반등가 좌표 중 하나가 되도록 대칭의 위치를 정해야 한다.'는 '대칭의 위치 결정 법칙'을 만족시켜야 한다.

25) International Tables for Crystallography, Volume A, Space-Group symmetry, Edited by Theo Hahn, Fourth, revised edition Published for The International Union of Crystallography by Kluwer Academic Publishers, Dordrecht / Boston / London, 1995.

① Triclinic 공간군

■ 극성 점군 1에서 유도되는 공간군

$P1(1)$: 극성 공간군

극성 점군 1은 triclinic에 속하는데 triclinic의 Bravais 격자는 P밖에 없다. 점군 1에는 나선축도 해당이 안 된다. P의 의미는 단위 세포에 한 개의 격자점이 존재한다는 뜻이다. 이 한 개의 격자점에는 한 개 이상의 분자가 있을 수 있다. 1-회 회전 대칭은 대칭이 없다는 뜻으로 좌표가 한 개뿐인 (x,y,z)의 3개의 성분 좌표가 모두 원점이 없는 방향(origin-free direction)이므로 이 공간군은 극성 공간군이다. 또한 1-회 회전 대칭은 카이랄성 점군이므로 단위 세포 내에 D-구조 또는 L-구조가 단독으로 존재한다. 이 공간군에는 한 개의 좌표만 있어 다중도가 $Z=1$이며, 대칭이 없어 특수 위치도 없고 반사 조건도 없어 모든 면 (hkl)에서 반사가 일어난다.

■ 대칭 중심 점군 $\bar{1}$에서 유도되는 공간군

$P\bar{1}(2)$: 대칭 중심 공간군

P: Bravais 격자는 P(primitive)이다. 원점은 $\bar{1}$(center of symmetry, inversion center 또는 centric)가 있는 점이다. 좌표 x, y, z에 $\bar{1}$ 대칭을 조작하면 $\bar{x}, \bar{y}, \bar{z}$가 얻어진다.(일반 좌표에 $\pm x$, $\pm y$, $\pm z$가 동시에 존재하므로 대칭 중심 공간군이다.) 대칭 중심 공간군을 갖는 단위 세포 내에는 D-구조와 L-구조가 함께 존재한다. 일반 좌표가 ① x, y, z ② $\bar{x}, \bar{y}, \bar{z}$의 2개이므로 다중도 $Z=2$이다. 특수 위치는 점군 $\bar{1}$가 위치한 $0, 0, 0$으로부터 $\frac{1}{2}, \frac{1}{2}, \frac{1}{2}$까지 8개이며, 이들 위치의 대칭은 $\bar{1}$이다. 따라서 Wychoff 문자 a, b, … i까지 9개이다. 이 공간군에는 병진변위를 하는 대칭이 없으므로 반사 조건 없이 모든 반사면 (hkl)에서 반사가 일어난다.

② Monoclinic 공간군(b-축이 특수축)

■ 극성 점군 2에서 유도되는 공간군

$P2(3)$: 극성 공간군

극성 점군인 2는 monoclinic에 속한다. Monoclinic에 속한 Bravais 격자는 P와 C인데 P를 우선 택한다. 원점은 2-회 회전축 위에 있으며, y가 원점이 없는 방향이다. b-축을 따르는 2-회 회전 대칭에 x, y, z를 조작하면 $-x$, y, $-z$가 얻어지는데 이 운동은 분자 자체가 회전하는 운동인 변위(displacement)이지 병진운동(translation)이 아니다. 이 공간군에는 두 개의 좌표만 있어 다중도 $Z=2$이며, 병진운동을 하는 대칭이 없어 모든 면 (hkl)에서 반사가 일어날 수 있다. 2-회 회전 대칭은 극성인 동시에 카이랄성 점군이므로 단위 세포 내에 D-구조 또는 L-구조가 단독으로 존재한다.

$P2_1(4)$: 극성 공간군

공간군 $P2$ (3)에서 2-회 회전 대칭을 2_1-나선 대칭으로 바꾼 것이다. 원점은 2_1-나선축상에 있으며, y가 원점이 없는 방향이다. 2_1-나선 대칭은 monoclinic의 점군 2-회 회전 대칭에서 유래된 것이다. b-축을 따르는 2_1-나선 대칭에 x, y, z를 조작하면 $-x, \frac{1}{2}+y, -z$가 얻어진다. 새로 생긴 좌표 $-x, \frac{1}{2}+y, -z$에 2_1-나선 대칭을 다시 한 번 조작하면 $x, 1+y, z = x, y, z$이 되어 '대칭의 위치 결정 법칙'에 맞는다. 이 공간군에는 두 개의 좌표만 있어 다중도 $Z=2$이며, 또한 이 두 개의 좌표 사이에는 y-축 방향으로 1/2만큼 병진변위가 포함되어 있어 $(0k0)$에서 $k=2n$일 때만 반사가 일어나는 반사 조건이 얻어진다. 2-회 회전 대칭이 극성인 동시에 좌우상 대칭이므로 이러한 특성이 $P2_1(4)$에도 그대로 전달된다. 따라서 이 공간군의 단위 세포 내에 D-구조 또는 L-구조가 단독으로 존재한다.

$C2(5)$: 극성 공간군

$C2$는 $P2$의 일반등가 좌표에 (1/2,1/2,0)을 가한 것이다. 따라서 다중도 $Z=4$이며 이 공간군의 단위 세포 내에 D-구조 또는 L-구조가 단독으로 존재한다.

■ 극성 점군 m에서 유도되는 공간군

$Pm(6)$: 극성 공간군

Monoclinic에 속한 두 번째 극성 점군인 거울면 m의 방향이 [010]에 나란하며, 원점은 그 거울면 위에 있다. 극성인 m 대칭에 의하여 x, z가 원점이 없는 극성 공간군이 되었으며 동시에 이 공간군의 단위 세포 내에 D-구조와 L-구조가 함께 존재한다. 다중도는 $Z=2$이다.

$Pc(7)$: 극성 공간군

극성 점군 m으로부터 생긴 극성 공간군이다. 원점은 영진면 c면 위에 있다. 원점을 지나며 b-축에 수직한 c-영진면의 대칭으로부터 다음의 두 좌표가 유도된다: x, y, z; $x, -y, z+1/2$. 따라서 다중도는 $Z=2$이며, z-방향으로 1/2의 병진변위가 있어 반사 조건이 있다. 이 공간군의 단위 세포 내에 D-구조와 L-구조가 함께 존재한다.

$Cm(8)$: 극성 공간군

$Pm(6)$의 P 대신 C-면 중심 격자의 C를 대입한 것으로 일반 좌표는 $Pm(6)$의 2개의 일반 좌표에 C-면 중심 좌표 $(\frac{1}{2}, \frac{1}{2}, 0)$을 가하여 4개가 얻어진다. D-구조와 L-구조가 함께 존재한다.

$Cc(9)$: 극성 공간군

$Pc(7)$의 P 대신 C-면 중심 격자의 C를 대입한 것으로 일반 좌표는 $Pc(7)$의 2개의 일반 좌표에 C-면 중심 좌표 $(\frac{1}{2}, \frac{1}{2}, 0)$을 가하여 4개가 얻어진다. D-구조와 L-구조가 함께 존재한다.

■ 대칭 중심 점군 $2/m$에서 유도되는 공간군

$P2/m(10)$

$P2/m$ 공간군 기호의 첫 번째 대문자 P는 primitive를 나타내며, b-축에 나란한 2-회 회전 대칭이 있으며, 거울 대칭(m)의 면이 b-축에 수직함을 의미한다. 달리 표현하면 거울 대칭(m) 면의 방향이 b-축에 나란하다. $P2/m$ 공간군 내에 있는 대칭은 다음의 4개이다. 여기서 대칭은 S(symmetry)로 나타내고자 한다.

$S(1)$, $S(2)$, $S(m)$, $S(i)$

위에 나타낸 네 개의 대칭에서 유도되는 일반등가 좌표 4개는 다음과 같다.

(1) x, y, z	(2) $-x, y, -z$
(3) $x, -y, z$	(4) $-x, -y, -z$

좌표 (1)은 $S(1)$에서, 좌표 (2)는 $S(2)$에서, 좌표 (3)은 $S(m)$에서, 좌표 (4)는 $S(i)$에서 각각 얻어진다. 따라서 대칭의 위치 결정 법칙을 만족함을 알 수 있다. 그림 3.5.9 (a)와 같이 4개의 등가 위치를 볼 때, 원점은 2-회 회전 대칭축과 거울면(m)과의 교점이며, 또한 이 교점은 중심 대칭(i)이기도 하다. 그림 3.5.9 (a)에 나타낸 4개의 점 $x=z=0$; $x=1$, $z=0$; $x=0$, $z=1$; $x=1$, $z=1$을 지나는 4개의 b-축(2-회 회전축) 때문에 똑같은 2-회 회전 대칭($2//b$-축)이 $x=1/2$, $z=0$점, $x=0$, $z=1/2$점 그리고 $x=1/2$, $z=1/2$점에도 자연히 생긴다. 마찬가지로 $y=0$과 $y=1.0$에 거울면($m//b$-축)이 있으므로 $y=0.5$에도 자연히 거울면($m//b$-축)이 있어야 한다. 그림 3.5.9에 있는 monoclinic 단위 세포 내에 27개의 대칭 중심점이 있는 것도 같은 이유이다.

$P2_1/m(11)$

$P2_1/m$ 공간군은 $P2/m(10)$의 2 대신에 2_1를 대입하여 얻어지는 공간군이다. 이 공간군에 존재하는 대칭은 $S(1)$, $S(i)$, $S(2_1)$, $S(m)$이며 이 대칭에 의하여 생기는 일반등가 좌표는 다음의 4개이다.

(1) x, y, z	(2) $-x, y+1/2, -z$
(3) $-x, -y, -z$	(4) $x, -y+1/2, z$

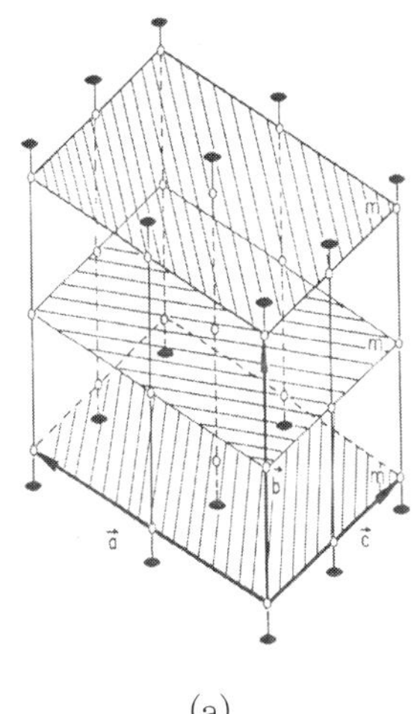

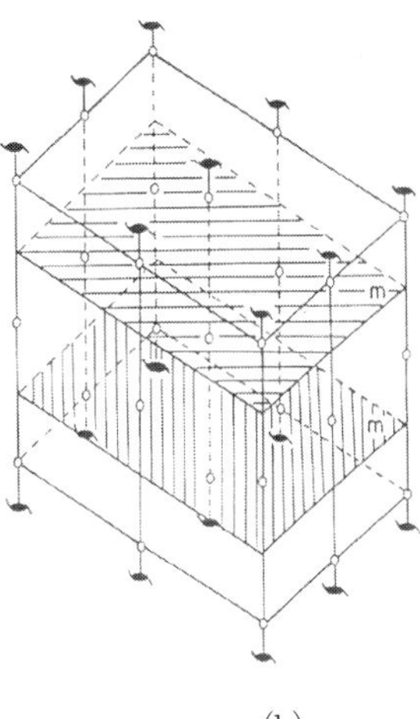

(a) (b)

그림 3.5.9 한 단위 세포 내에서의 대칭 요소의 분포로 사선으로 표시한 면은 모두 거울면(m)이다.
(a) 공간군 $P2/m$(10) (b) 공간군 $P2_1/m$(11)

(1)번 좌표는 $S(1)$에서 얻어지며, (2)번 좌표는 $S(2_1)$의 대칭에서 얻어지며 (3)번 좌표는 $S(i)$에서 얻어진다. $-y$가 있는 (4)번 좌표는 $S(m)$에서 얻어져야 한다. 따라서 (1)번 좌표에 $S(m)$을 조작하면 x, $-y$, z가 얻어질 뿐이며 이것이 (4)번 좌표가 되려면 거울면(m)이 $y=1/4$점을 지나야만 된다. 그림 3.5.9 (b)는 $P2_1/m$(11)의 단위 세포이다.

$C2/m$(12)

$C2/m$은 $P2/m$(10) 공간군 기호의 첫 번째 대문자 P를 C(C–면 중심 격자)로 바꾼 것 외에는 똑같다. 따라서 $P2/m$의 일반 등가 좌표에 0,0,0과 1/2,1/2,0을 가하면 다음의 8개 좌표가 얻어진다.

(1) x, y, z	(2) $-x, y, -z$
(3) $-x, -y, -z$	(4) $x, -y, z$
(5) $x+1/2, y+1/2, z$	(6) $-x+1/2, y+1/2, -z$
(7) $-x-1/2, -y+1/2, -z$	(8) $x+1/2, -y+1/2, -z$

$P2/c$(13)

$P2/c$ 공간군은 $P2/m$의 m 대신에 c–영진면(B–면에 반사시킨 후 $c/2$ 만큼 옮김)을 대입하여 얻어지는 공간군이다. 따라서 이 공간군에 존재하는 대칭은 $S(1)$, $S(i)$, $S(2)$, $S(c)$이고, 다음 4개의 일반등가 좌표가 얻어진다.

(1) x, y, z (2) $-x, y, -z+1/2$
(3) $-x, -y, -z$ (4) $x, -y, z+1/2$

(1)번 좌표는 $S(1)$에서, (3)번 좌표는 $S(i)$에서, (4)번 좌표는 $S(c)$에서 생긴다. (2)번 좌표는 $S(2)$에서 얻어져야 하는데 $-z+1/2$이 있으므로 $S(2)$는 $z=1/4$에 위치해야만 한다. (4)번 좌표에 $S(i)$를 조작하면 (2)번 좌표가 되며, (4)번 좌표에 $z=1/4$에 위치한 $S(2)$를 조작하면 (3)번 좌표가 되어 대칭의 위치 결정 법칙을 만족시킨다.

$P2_1/c$ (14)

$P2_1/c$ 공간군은 $P2/m$의 2 대신에 2_1-나선 대칭(b-축에 대하여 180° 회전한 다음 $b/2$만큼 병진변위)으로 바꾸고 m 대신에 c-영진면 대칭(B-면에 반사시킨 후 $c/2$만큼 병진변위)을 대입하여 얻어지는 공간군이다. 따라서 이 공간군에 존재하는 대칭은 $S(1)$, $S(i)$, $S(2_1)$, $S(c)$이고, 다음 4개의 일반등가 좌표가 얻어진다.

(1) x, y, z (2) $-x, y+1/2, -z+1/2$
(3) $-x, -y, -z$ (4) $-x, -y+1/2, z+1/2$

(1)번 좌표는 $S(1)$에서, 그리고 (3)번 좌표는 $S(i)$에서 얻어진다. (2)번 좌표는 $S(2_1)$에서 얻어져야 하는데 $-z+1/2$이 있으므로 $S(2_1)$는 $z=1/4$에 위치해야만 한다. (4)번 좌표에는 $-y+1/2$가 있어 $S(c)$로부터 얻어져야 하는데, $-y$에 1/2이 가해져 있어서 $S(c)$의 거울면(m)은 $y=1/4$에 위치해야 한다.

(2)번 좌표에 $z=1/4$에 위치한 $S(2_1)$를 조작하면 (1)번 좌표가 얻어지고, (4)번 좌표에 $y=1/4$에 거울면(m)이 있는 $S(c)$를 조작하면 (1)번 좌표가 얻어져서 대칭의 위치 결정 법칙을 만족시킨다.

$C2/c$(15)

$C2/c$는 $P2/c$(13)의 P 대신에 C(C-면 중심 격자)를 대입한 것과 같아 $P2/c$(13)의 일반등가 좌표에 (0,0,0)과 (1/2,1/2,0)을 추가하여 8개의 좌표가 얻어진다.

(1) x, y, z (2) $-x, y, -z+1/2$
(3) $-x, -y, -z$ (4) $x, -y, z+1/2$
(5) $x+1/2, y+1/2, z$ (6) $-x+1/2, y+1/2, -z+1/2$
(7) $-x+1/2, -y+1/2, -z$ (8) $x+1/2, -y+1/2, z+1/2$

③ Orthorhombic 공간군

■ 비극성 비대칭 중심 점군 222에서 유도되는 공간군

$P2_12_12$(18): 비극성 비대칭 중심 공간군

Orthorhombic에는 3개의 점군 222(비극성 비대칭 중심 점군), $mm2$(극성 점군), mmm(대칭 중심 점군)이 있고, 4개의 Bravais 격자 P, C, I, F가 있다. 이들을 하나씩 택하여 공간군을 만들어야 한다. 원점은 2개의 2_1-나선축을 포함하는 면에 수직한 2-회전축과 만나는 점이다. 카이랄성 점군 222로부터 나온 공간군인 $P2_12_12$(18)에는 D-구조 또는 L-구조가 단독으로 있다. x, y, z를 z-축을 따르는 2-회 회전 대칭에 조작하여 얻은 2개 좌표를, $x=1/4$점을 지나며 b-축에 나란한 2_1-나선축에 조작하여 4개의 좌표를 얻는다. 다중도 Z는 4이다.

$P2_12_12_1$(19): 비극성 비대칭 중심 공간군

원점은 평행한 2_1축의 3개의 서로 만나지 않는 쌍 가운데에 있다. 카이랄성 공간군이므로 단위 세포에는 D-구조 또는 L-구조가 단독으로 있다. x, y, z를 $x=1/4$을 지나며 $z-$축에 나란한 2_1 나선축 대칭을 조작하여 나온 2개의 좌표를, $z=1/4$을 지나며 $y-$축에 나란한 2_1 나선축 대칭을 조작하면 다음 4개의 일반 좌표를 얻는다.

(1) x, y, z　　　　(2) $-x+\frac{1}{2}, -y, z+\frac{1}{2}$

(3) $-x, y+\frac{1}{2}, -z+\frac{1}{2}$　　　　(4) $x+\frac{1}{2}, -y+\frac{1}{2}, -z$

다중도 Z는 4이다. 이 공간군에는 1 외에 점군이 없어서 특수 위치가 없다.

■ 대칭 중심 점군 mmm에서 유도되는 공간군

$Pmmm$(47): 대칭 중심 공간군

원점은 mmm이 만난 점으로 $\bar{1}$ 대칭이 있는 점이다. a-, b-, c-축 각각에 수직한 거울면 대칭으로부터 8개의 위치가 나와 다중도 $Z=8$이다. 단위 세포에는 D-구조와 L-구조가 함께 존재한다.

$Pbca$(61): 대칭 중심 공간군

원점은 $\bar{1}$에 있다. x, y, z를 $x=1/4$을 지나는 b-영진면 대칭 조작하여 얻은 2개의 좌표에, $y=1/4$을 지나는 c-영진면을 대칭 조작하면 4개의 좌표가 얻어진다. 이들 4개의 좌표에 대칭

중심 조작하면 8개 좌표가 모두 얻어진다. 다중도 $Z=8$이며, 단위 세포에는 D-구조와 L-구조가 함께 존재한다.

$Pnma$(62): 대칭 중심 공간군

원점은 b-축을 지나는 2_1-나선축 위에 있는 $\bar{1}$에 있다. $x=1/4$에 있는 a-축에 나란한 n-영진면 대칭에서 얻어진 2개의 좌표를, $y=1/4$에 있는 b-축에 나란한 방향을 향한 m-면의 조작에서 4개의 좌표가 얻어지는데, 이들 4개의 좌표에 $\bar{1}$을 가하면 8개의 좌표가 얻어진다. 다중도 Z는 8이다. 단위 세포에는 D-구조와 L-구조가 함께 존재한다.

결정 대칭과 공간군 표현에 대한 문제는 "International Tables for Crystallography, Volume A Edited by Theo Hahn, Fourth, revised edition, Kluwer Academic Publishers, pp. 174~177(1995)"에 상세히 다루어져 있다. 여기에는 230개 공간군 각각의 그림이 있으며 대칭에 사용되는 기호와 그리고 공식적인 생략형이 함께 주어져 있다.

3.5.4 230개 공간군들의 단위 세포 내에서 분자의 허용 병진변위

결정 구조를 해석하는 과정에서 분자의 위치를 보면, 분자가 적절하지 않은 위치에 놓여 있는 때가 있어 단위 세포 내의 다른 위치로 옮겨야 할 때가 있다. 예를 들면 다음 그림 3.5.9 (a)는 분자[$C_{12}H_{18}N_6Ni(P\bar{1})$]의 ORTEP 그림인데 분자의 중심에 있는 Ni이 좌표 (0, 0.5, 1.0)에 놓여 있어 반 분자가 단위 세포의 밖에 나와 있다. 그림 3.5.9 (b)는 Ni의 좌표가 (0.5, 0.5, 0.5)로 옮겨졌을 때의 그림으로 분자 전체가 단위 세포 안에 있어 그림 3.5.9 (a)보다 훨씬 보기 좋다.

분자를 변위시켰을 때의 이점은 첫째, 동일 구조(isomorphous structure)를 갖고 있는 2개 화합물이 같은 단위 세포 안의 다른 위치에 놓여 있는 경우, 한 분자의 위치를 옮겨 2개 분자가 동일한 위치에 놓이게 하면 그 구조를 비교하기가 쉽다. 둘째, 분자 위치가 알맞게 옮겨지면, 이웃 분자와 분자 간 수소 결합 기하학(intermolecular hydrogen-bond geometries)에 있는 원자 간 거리 및 각도를 표시하는 대칭 기호(symmetry code)가 간단하게 표시된다. 셋째, 단위 세포 안의 알맞은 위치로 분자가 옮겨지면, 삼차원적 분자의 쌓음 그림(three-dimensional molecular packing diagram)을 작도할 때 분명한 대칭 조작으로 쉽게 그릴 수 있을 뿐만 아니라 그림 3.5.9 (b)와 같이 단위 세포와 함께 보기가 좋다. 허용되는 분자 변위가 표 3.5.1과 같이 (1) triclinic, monoclinic, orthorhombic, (2) tetragonal, (3) trigonal (P), trigonal (H), hexagonal, (4) trigonal (R), cubic 계들(systems) 등 4개 무리로 분류된다.[26]

26) 이종대, 서일환, 강상욱, Allowed Molecular Translations in Unit Cells of 230 Space Groups, Korean J. Crystallography, Vol. 22, No. 1, pp. 1-10, 2012

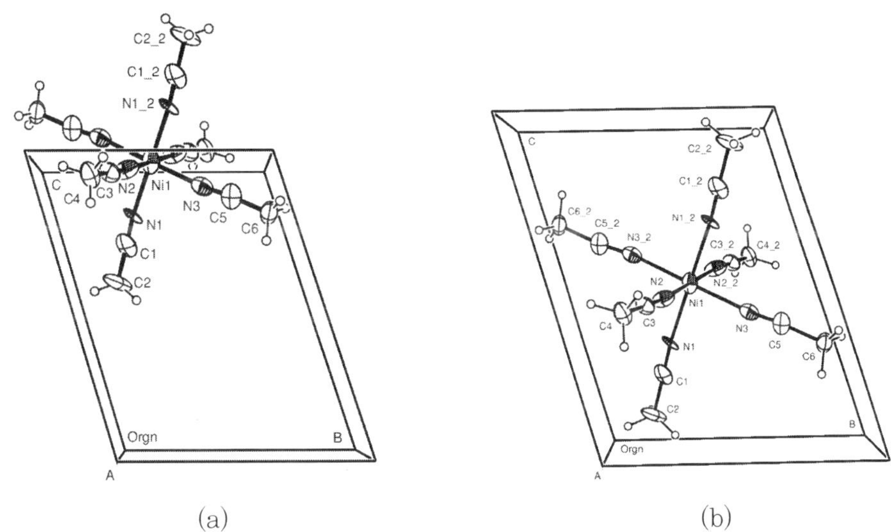

(a) (b)

그림 3.5.9 SHELX-97 프로그램이 제공한 분자[$C_{12}H_{18}N_6Ni(P\bar{1})$]의 ORTEP 그림 | (a) Ni의 좌표가 (0, 0.5, 1.0)으로 반 분자가 단위 세포 밖에 있다. (b) Ni의 좌표가 (0.5, 0.5, 0.5)으로 분자의 모든 원자가 단위 세포 안에 있다.

표 3.5.1 7개 결정계의 단위 세포 내에서 허용된 분자 병진변위 | 여기서 극성 좌표는 특별히 언급하지 않았는데, 그 이유는 극성 좌표는 당연히 0.5를 포함하고 있기 때문이다.

결정계	허용되는 분자 병진변위
Triclinic, Monoclinic, Orthorhombic	$dx=0.5,\ dy=0.5,\ dz=0.5$
Tetragonal	$dx=dy=0.5,\ dz=0.5$
Trigonal(P), Trigonal(H), Hexagonal	$dz=0.5$
Trigonal(R), Cubic	$dx=dy=dz=0.5$

$dx=0.5,\ dy=0.5,\ dz=0.5$의 허용된 분자의 변위는 결정학적 삼차원적 점군과 같은 32개의 종류로 제한되어지며, 이들은 다시 7개 결정계에 따라 표 3.5.1에서 나타낸 것과 같이 4가지로 분류된다. 표 3.5.1에서와 같이 triclinic, monoclinic 그리고 orthorhombic 공간군들에서는 분자들을 7가지로 다르게 변위할 수 있다: 즉 (1) $dx=0.5$, (2) $dy=0.5$, (3) $dz=0.5$, (4) $dx=dy=0.5$, (5) $dy=dz=0.5$, (6) $dx=dz=0.5$, (7) $dx=dy=dz=0.5$이다.

Tetragonal에서는 3가지를 선택할 수 있다: 즉 (1) $dx=dy=0.5$, (2) $dz=0.5$, (3) $dx=dy=dz=0.5$이다.

Trigonal P 공간군, hexagonal 축을 갖는 trigonal R 공간군 그리고 모든 hexagonal 공간군은 다만 하나의 허용된 분자 변위 $dz=0.5$를 갖는다. Rhombohedral 축을 갖는 trigonal R

공간군과 모든 cubic 공간군은 다만 하나의 허용된 분자 변위 $dx = dy = dz = 0.5$를 갖는다.

표 3.5.2에는 11개 대칭 중심 점군에서 얻어지는 92개 대칭 중심 공간군, 표 3.5.3에는 10개 극성 점군에서 얻어지는 68개 극성 공간군, 표 3.5.4에는 11개 비극성 비대칭 중심 점군에서 얻어지는 70개 비극성 비대칭 중심 공간군으로 분류되어 전체 230개의 각 공간군에서의 허용 가능한 분자의 변위가 나열되어 있다.

표 3.5.2 11개 대칭 중심 점군으로부터 생기는 92개 대칭 중심 공간군 | Monoclinic 계에서는 특수축이 b-축인 것만을 고려하였다. 점군 다음의 괄호 안에 있는 수는 그 점군에 속하는 공간군의 수이고, 공간군 다음의 괄호 안에 있는 수는 공간군 번호이다. Orthorhombic, tetragonal 그리고 cubic 계에서 Origin Choice(OC) 1을 갖는 공간군은 비중심 대칭을 갖는 것들이다.

점군	공간군	가능한 분자 병진변위
1-$\bar{1}$(1)	1-$P\bar{1}$(1)	$dx = 0.5,\ dy = 0.5,\ dz = 0.5$
2-2/*m*(6)	1-*P*2/*m*(10)	$dx = 0.5,\ dy = 0.5,\ dz = 0.5$
	2-$P2_1/m$(11)	$dx = 0.5,\ dy = 0.5,\ dz = 0.5$
	3-*C*2/*m* (12)	$dx = 0.5,\ dy = 0.5,\ dz = 0.5$
	4-*P*2/*c*(13)	$dx = 0.5,\ dy = 0.5,\ dz = 0.5$
	5-$P2_1/c$(14)	$dx = 0.5,\ dy = 0.5,\ dz = 0.5$
	6-*C*2/*c*(15)	$dx = 0.5,\ dy = 0.5,\ dz = 0.5$
3-*mmm*(28)	1-*Pmmm*(47)	$dx = 0.5,\ dy = 0.5,\ dz = 0.5$
	2_1-*PnnnOC*1(48)	$dx = 0.5,\ dy = 0.5,\ dz = 0.5$
	2_2-*PnnnOC*2(48)	$dx = 0.5,\ dy = 0.5,\ dz = 0.5$
	3-*Pccm*(49)	$dx = 0.5,\ dy = 0.5,\ dz = 0.5$
	4_1-*PbanOC*1(50)	$dx = 0.5,\ dy = 0.5,\ dz = 0.5$
	4_2-*PbanOC*2(50)	$dx = 0.5,\ dy = 0.5,\ dz = 0.5$
	5-*Pmma*(51)	$dx = 0.5,\ dy = 0.5,\ dz = 0.5$
	6-*Pnna*(52)	$dx = 0.5,\ dy = 0.5,\ dz = 0.5$
	7-*Pmna*(53)	$dx = 0.5,\ dy = 0.5,\ dz = 0.5$
	8-*Pcca*(54)	$dx = 0.5,\ dy = 0.5,\ dz = 0.5$
	9-*Pbam*(55)	$dx = 0.5,\ dy = 0.5,\ dz = 0.5$
	10-*Pccn*(56)	$dx = 0.5,\ dy = 0.5,\ dz = 0.5$
	11-*Pbcm*(57)	$dx = 0.5,\ dy = 0.5,\ dz = 0.5$
	12-*Pnnm*(58)	$dx = 0.5,\ dy = 0.5,\ dz = 0.5$
	13_1-*PmmnOC*1(59)	$dx = 0.5,\ dy = 0.5,\ dz = 0.5$
	13_2-*PmmnOC*2(59)	$dx = 0.5,\ dy = 0.5,\ dz = 0.5$
	14-*Pbcn*(60)	$dx = 0.5,\ dy = 0.5,\ dz = 0.5$
	15-*Pbca*(61)	$dx = 0.5,\ dy = 0.5,\ dz = 0.5$
	16-*Pnma*(62)	$dx = 0.5,\ dy = 0.5,\ dz = 0.5$
	17-*Cmcm*(63)	$dx = 0.5,\ dy = 0.5,\ dz = 0.5$

점군	공간군	가능한 분자 병진변위
	18-*Cmca*(64)	$dx=0.5$, $dy=0.5$, $dz=0.5$
	19-*Cmmm*(65)	$dx=0.5$, $dy=0.5$, $dz=0.5$
	20-*Cccm*(66)	$dx=0.5$, $dy=0.5$, $dz=0.5$
	21-*Cmma*(67)	$dx=0.5$, $dy=0.5$, $dz=0.5$
	22_1-*CccaOC*1(68)	$dx=0.5$, $dy=0.5$, $dz=0.5$
	22_2-*CccaOC*2(68)	$dx=0.5$, $dy=0.5$, $dz=0.5$
	23-*Fmmm*(69)	$dx=0.5$, $dy=0.5$, $dz=0.5$
	24_1-*FdddOC*1(70)	$dx=0.5$, $dy=0.5$, $dz=0.5$
	24_2-*FdddOC*2(70)	$dx=0.5$, $dy=0.5$, $dz=0.5$
	25-*Immm*(71)	$dx=0.5$, $dy=0.5$, $dz=0.5$
	26-*Ibam*(72)	$dx=0.5$, $dy=0.5$, $dz=0.5$
	27-*Ibca*(73)	$dx=0.5$, $dy=0.5$, $dz=0.5$
	28-*Imma*(74)	$dx=0.5$, $dy=0.5$, $dz=0.5$
	1-*P*4/*m*(83)	$dx=dy=0.5$, $dz=0.5$
	2-$P4_2/m$(84)	$dx=dy=0.5$, $dz=0.5$
	3_1-*P*4/*nOC*1(85)	$dx=dy=0.5$, $dz=0.5$
	3_2-*P*4/*nOC*2(85)	$dx=dy=0.5$, $dz=0.5$
4-4/*m*(6)	4_1-$P4_2/nOC$1(86)	$dx=dy=0.5$, $dz=0.5$
	4_2-$P4_2/nOC$2(86)	$dx=dy=0.5$, $dz=0.5$
	5-*I*4/*m*(87)	$dx=dy=0.5$, $dz=0.5$
	6_1-$I4_1/aOC$1(88)	$dx=dy=0.5$, $dz=0.5$
	6_2-$I4_1/aOC$1(88)	$dx=dy=0.5$, $dz=0.5$
	1-*P*4/*mmm*(123)	$dx=dy=0.5$, $dz=0.5$
	2-*P*4/*mcc*(124)	$dx=dy=0.5$, $dz=0.5$
	3_1-*P*4/*nbmOC*1(125)	$dx=dy=0.5$, $dz=0.5$
	3_2-*P*4/*nbmOC*2(125)	$dx=dy=0.5$, $dz=0.5$
	4_1-*P*4/*nncOC*1(126)	$dx=dy=0.5$, $dz=0.5$
	4_2-*P*4/*nncOC*2(126)	$dx=dy=0.5$, $dz=0.5$
	5-*P*4/*mbm*(127)	$dx=dy=0.5$, $dz=0.5$
5-4/*mmm*(20)	6-*P*4/*mnc*(128)	$dx=dy=0.5$, $dz=0.5$
	7_1-*P*4/*nmmOC*1(129)	$dx=dy=0.5$, $dz=0.5$
	7_2-*P*4/*nmmOC*2(129)	$dx=dy=0.5$, $dz=0.5$
	8_1-*P*4/*nccOC*1(130)	$dx=dy=0.5$, $dz=0.5$
	8_2-*P*4/*nccOC*2(130)	$dx=dy=0.5$, $dz=0.5$
	9-$P4_2/mmc$(131)	$dx=dy=0.5$, $dz=0.5$
	10-$P4_2/mcm$(132)	$dx=dy=0.5$, $dz=0.5$

점군	공간군	가능한 분자 병진변위
	11_1-$P4_2/nbcOC1$(133)	$dx = dy = 0.5,\ dz = 0.5$
	11_2-$P4_2/nbcOC2$(133)	$dx = dy = 0.5,\ dz = 0.5$
	12_1-$P4_2/nnmOC1$(134)	$dx = dy = 0.5,\ dz = 0.5$
	12_2-$P4_2/nnmOC2$(134)	$dx = dy = 0.5,\ dz = 0.5$
	13-$P4_2/mbc$(135)	$dx = dy = 0.5,\ dz = 0.5$
	14-$P4_2/mnm$(136)	$dx = dy = 0.5,\ dz = 0.5$
	15_1-$P4_2/nmcOC1$(137)	$dx = dy = 0.5,\ dz = 0.5$
	15_2-$P4_2/nmcOC2$(137)	$dx = dy = 0.5,\ dz = 0.5$
	16_1-$P4_2/ncmOC1$(138)	$dx = dy = 0.5,\ dz = 0.5$
	16_2-$P4_2/ncmOC2$(138)	$dx = dy = 0.5,\ dz = 0.5$
	17-$I4/mmm$(139)	$dx = dy = 0.5,\ dz = 0.5$
	18-$I4/mcm$(140)	$dx = dy = 0.5,\ dz = 0.5$
	19_1-$I4_1/amdOC1$(141)	$dx = dy = 0.5,\ dz = 0.5$
	19_2-$I4_1/amdOC2$(141)	$dx = dy = 0.5,\ dz = 0.5$
	20_1-$I4_1/acdOC1$(142)	$dx = dy = 0.5,\ dz = 0.5$
	20_2-$I4_1/acdOC2$(142)	$dx = dy = 0.5,\ dz = 0.5$
6-$\bar{3}$(2)	1-$P\bar{3}$(147)	$dz = 0.5$
	2-$R\bar{3}(H)$(148)	$dz = 0.5$
	2-$R\bar{3}(R)$(148)	$dx = dy = dz = 0.5$
7a-$\bar{3}1m$(2)	1-$P\bar{3}1m$(162)	$dz = 0.5$
	2-$P\bar{3}1c$(163)	$dz = 0.5$
7b-$\bar{3}1m$(2)	1-$P\bar{3}m1$(164)	$dz = 0.5$
	1-$P\bar{3}c1$(165)	$dz = 0.5$
7-$\bar{3}m$(2)	1-$R\bar{3}m(H)$(166)	$dz = 0.5$
	1-$R\bar{3}m(R)$(166)	$dx = dy = dz = 0.5$
	1-$R\bar{3}c(H)$(167)	$dz = 0.5$
	1-$R\bar{3}c(R)$(167)	$dx = dy = dz = 0.5$
8-$6/m$(2)	1-$P6/m$(175)	$dz = 0.5$
	2-$P6_3/m$(176)	$dz = 0.5$
9-$6/mmm$(4)	1-$P6/mmm$(191)	$dz = 0.5$
	2-$P6/mcc$(192)	$dz = 0.5$
	3-$P6_3/mcm$(193)	$dz = 0.5$
	4-$P6_3/mmc$(194)	$dz = 0.5$
10-$m\bar{3}$(7)	1-$Pm\bar{3}$(200)	$dx = dy = dz = 0.5$
	2_1-$Pn\bar{3}OC1$(201)	$dx = dy = dz = 0.5$
	2_2-$Pn\bar{3}OC2$(201)	$dx = dy = dz = 0.5$

점군	공간군	가능한 분자 병진변위
	3-$Fm\bar{3}$(202)	$dx = dy = dz = 0.5$
	4_1-$Fd\bar{3}OC1$(203)	$dx = dy = dz = 0.5$
	4_2-$Fd\bar{3}OC2$(203)	$dx = dy = dz = 0.5$
	5-$Im\bar{3}$(204)	$dx = dy = dz = 0.5$
	6-$Pa\bar{3}$(205)	$dx = dy = dz = 0.5$
	7-$Ia\bar{3}$(206)	$dx = dy = dz = 0.5$
11-$m\bar{3}m$(10)	1-$Pm\bar{3}m$(221)	$dx = dy = dz = 0.5$
	2_1-$Pn\bar{3}nOC1$(222)	$dx = dy = dz = 0.5$
	2_2-$Pn\bar{3}nOC2$(222)	$dx = dy = dz = 0.5$
	3-$Pm\bar{3}n$(223)	$dx = dy = dz = 0.5$
	4_1-$Pn\bar{3}mOC1$(224)	$dx = dy = dz = 0.5$
	4_2-$Pn\bar{3}mOC1$(224)	$dx = dy = dz = 0.5$
	5-$Fm\bar{3}m$(225)	$dx = dy = dz = 0.5$
	6-$Fm\bar{3}c$(226)	$dx = dy = dz = 0.5$
	7_1-$Fd\bar{3}mOC1$(227)	$dx = dy = dz = 0.5$
	7_2-$Fd\bar{3}mOC2$(227)	$dx = dy = dz = 0.5$
	8_1-$Fd\bar{3}cOC1$(228)	$dx = dy = dz = 0.5$
	8_2-$Fd\bar{3}cOC2$(228)	$dx = dy = dz = 0.5$
	9-$Im\bar{3}m$(229)	$dx = dy = dz = 0.5$
	10-$Ia\bar{3}d$(230)	$dx = dy = dz = 0.5$

표 3.5.3 10개 극성 점군으로부터 생기는 68개 극성 공간군 | Monoclinic 계에서는 특수축이 b-축인 것만을 고려하였다. 점군 다음의 괄호 안에 있는 수는 그 점군에 속하는 공간군의 수이고, 공간군 다음의 괄호 안에 있는 수는 공간군 번호이다(OFD = origin-free direction).

점군	공간군	가능한 분자 병진변위
1-1(1)	1-$P1$(1)	x,y,z : OFD
2-2(3)	1-$P2$(3)	y : OFD, $dx=0.5$, $dz=0.5$
	2-$P2_1$(4)	y : OFD, $dx=0.5$, $dz=0.5$
	3-$C2$(5)	y : OFD, $dx=0.5$, $dz=0.5$
3-m(4)	1-Pm(6)	x,z : OFD, $dy=0.5$
	2-Pc(7)	x,z : OFD, $dy=0.5$
	3-Cm(8)	x,z : OFD, $dy=0.5$
	4-Cc(9)	x,z : OFD, $dy=0.5$
4-$mm2$(22)	1-$Pmm2$(25)	z : OFD, $dx=0.5$, $dy=0.5$
	2-$Pmc2_1$(26)	z : OFD, $dx=0.5$, $dy=0.5$
	3-$Pcc2$(27)	z : OFD, $dx=0.5$, $dy=0.5$
	4-$Pma1$(28)	z : OFD, $dx=0.5$, $dy=0.5$
	5-$Pca2_1$(29)	z : OFD, $dx=0.5$, $dy=0.5$
	6-$Pnc2$(30)	z : OFD, $dx=0.5$, $dy=0.5$
	7-$Pmn2_1$(31)	z : OFD, $dx=0.5$, $dy=0.5$
	8-$Pba2$(32)	z : OFD, $dx=0.5$, $dy=0.5$
	9-$Pna2_1$(33)	z : OFD, $dx=0.5$, $dy=0.5$
	10-$Pnn2$(34)	z : OFD, $dx=0.5$, $dy=0.5$
	11-$Cmm2$(35)	z : OFD, $dx=0.5$, $dy=0.5$
	12-$Cmc2_1$(36)	z : OFD, $dx=0.5$, $dy=0.5$
	13-$Ccc2$(37)	z : OFD, $dx=0.5$, $dy=0.5$
	14-$Amm2$(38)	z : OFD, $dx=0.5$, $dy=0.5$
	15-$Abm2$(39)	z : OFD, $dx=0.5$, $dy=0.5$
	16-$Ama2$(40)	z : OFD, $dx=0.5$, $dy=0.5$
	17-$Aba2$(41)	z : OFD, $dx=0.5$, $dy=0.5$
	18-$Fmm2$(42)	z : OFD, $dx=0.5$, $dy=0.5$
	19-$Fdd2$(43)	z : OFD, $dx=0.5$, $dy=0.5$
	20-$Imm2$(44)	z : OFD, $dx=0.5$, $dy=0.5$
	21-$Iba2$(45)	z : OFD, $dx=0.5$, $dy=0.5$
	22-$Ima2$(46)	z : OFD, $dx=0.5$, $dy=0.5$
5-4(6)	1-$P4$(75)	z : OFD, $dx=0.5$, $dy=0.5$
	2-$P4_1$(76)	z : OFD, $dx=0.5$, $dy=0.5$
	3-$P4_2$(77)	z : OFD, $dx=0.5$, $dy=0.5$
	4-$P4_3$(78)	z : OFD, $dx=0.5$, $dy=0.5$
	5-$I4$(79)	z : OFD, $dx=0.5$, $dy=0.5$
	6-$I4_1$(80)	z : OFD, $dx=0.5$, $dy=0.5$

점군	공간군	가능한 분자 병진변위
6-4*mm*(12)	1-*P*4*mm*(99)	z : OFD, $dx=0.5$, $dy=0.5$
	2-*P*4*bm*(100)	z : OFD, $dx=0.5$, $dy=0.5$
	3-$P4_2cm$(101)	z : OFD, $dx=0.5$, $dy=0.5$
	4-$P4_2nm$(102)	z : OFD, $dx=0.5$, $dy=0.5$
	5-*P*4*cc*(103)	z : OFD, $dx=0.5$, $dy=0.5$
	6-*P*4*nc*(104)	z : OFD, $dx=0.5$, $dy=0.5$
	7-$P4_2mc$(105)	z : OFD, $dx=0.5$, $dy=0.5$
	8-$P4_2bc$(106)	z : OFD, $dx=0.5$, $dy=0.5$
	9-*I*4*mm*(107)	z : OFD, $dx=0.5$, $dy=0.5$
	10-*I*4*cm*(108)	z : OFD, $dx=0.5$, $dy=0.5$
	11-$I4_1md$(109)	z : OFD, $dx=0.5$, $dy=0.5$
	12-$I4_1cd$(110)	z : OFD, $dx=0.5$, $dy=0.5$
7-3(4)	1-*P*3(143)	z : OFD, $dx=0.5$, $dy=0.5$
	2-$P3_1$(144)	z : OFD, $dx=0.5$, $dy=0.5$
	3-$P3_2$(145)	z : OFD, $dx=0.5$, $dy=0.5$
	4-*R*3(*H*)(146)	z : OFD, $dx=0.5$, $dy=0.5$
	4-*R*3(*R*)(146)	$dx=dy=dz=0.5$
8*a*-3*m*1(2)	1-*P*3*m*1(156)	z : OFD
	2-*P*3*c*1(158)	z : OFD
8*b*-31*m*(2)	1-*P*31*m*(157)	z : OFD
	2-*P*31*c*(159)	z : OFD
8-3*m*(2)	1-*R*3*m*(*H*)(160)	z : OFD
	1-*R*3*m*(*R*)(160)	$dx=dy=dz=0.5$
	2-*R*3*c*(*H*)(161)	z : OFD
	2-*R*3*c*(*R*)(161)	$dx=dy=dz=0.5$
9-6(6)	1-*P*6(168)	z : OFD
	2-$P6_1$(169)	z : OFD
	3-$P6_5$(170)	z : OFD
	4-$P6_2$(171)	z : OFD
	5-$P6_4$(172)	z : OFD
	6-$P6_3$(173)	z : OFD
10-6*mm*(4)	1-*P*6*mm*(183)	z : OFD
	2-*P*6*cc*(184)	z : OFD
	3-$P6_3cm$(185)	z : OFD
	4-$P6_3mc$(186)	z : OFD

표 3.5.4 11개 비극성 비중심 대칭점군으로부터 생기는 70개 비극성 비중심 대칭 공간군 | 점군 다음의 괄호 안에 있는 수는 그 점군에 속하는 공간군의 수이고, 공간군 다음의 괄호 안에 있는 수는 공간군 번호이다.

점군	공간군	가능한 분자 병진변위
	1-$P222$(16)	$dx=0.5,\ dy=0.5,\ dz=0.5$
	2-$P222_1$(17)	$dx=0.5,\ dy=0.5,\ dz=0.5$
	3-$P2_12_12$(18)	$dx=0.5,\ dy=0.5,\ dz=0.5$
	4-$P2_12_12_1$(19)	$dx=0.5,\ dy=0.5,\ dz=0.5$
1-222(9)	5-$C222_1$(20)	$dx=0.5,\ dy=0.5,\ dz=0.5$
	6-$C222$(21)	$dx=0.5,\ dy=0.5,\ dz=0.5$
	7-$F222$(22)	$dx=0.5,\ dy=0.5,\ dz=0.5$
	8-$I222$(23)	$dx=0.5,\ dy=0.5,\ dz=0.5$
	9-$I2_12_12_1$(24)	$dx=0.5,\ dy=0.5,\ dz=0.5$
2-$\bar{4}$(2)	1-$P\bar{4}$(81)	$dx=dy=0.5,\ dz=0.5$
	2-$I\bar{4}$(82)	$dx=dy=0.5,\ dz=0.5$
	1-$P422$(89)	$dx=dy=0.5,\ dz=0.5$
	2-$P42_12$(90)	$dx=dy=0.5,\ dz=0.5$
	3-$P4_122$(91)	$dx=dy=0.5,\ dz=0.5$
	4-$P4_12_12$(92)	$dx=dy=0.5,\ dz=0.5$
3-422(10)	5-$P4_222$(93)	$dx=dy=0.5,\ dz=0.5$
	6-$P4_22_12$(94)	$dx=dy=0.5,\ dz=0.5$
	7-$P4_322$(95)	$dx=dy=0.5,\ dz=0.5$
	8-$P4_32_12$(96)	$dx=dy=0.5,\ dz=0.5$
	9-$I422$(97)	$dx=dy=0.5,\ dz=0.5$
	10-$I4_122$(98)	$dx=dy=0.5,\ dz=0.5$
	1-$P\bar{4}2m$(111)	$dx=dy=0.5,\ dz=0.5$
	2-$P\bar{4}2c$(112)	$dx=dy=0.5,\ dz=0.5$
4a-$\bar{4}2m$(6)	3-$P\bar{4}2_1m$(113)	$dx=dy=0.5,\ dz=0.5$
	4-$P\bar{4}2_1c$(114)	$dx=dy=0.5,\ dz=0.5$
	5-$I\bar{4}2m$(121)	$dx=dy=0.5,\ dz=0.5$
	6-$I\bar{4}2d$(122)	$dx=dy=0.5,\ dz=0.5$
	1-$P\bar{4}m2$(115)	$dx=dy=0.5,\ dz=0.5$
	2-$P\bar{4}c2$(116)	$dx=dy=0.5,\ dz=0.5$
4b-$\bar{4}m2$(6)	3-$P\bar{4}b2$(117)	$dx=dy=0.5,\ dz=0.5$
	4-$P\bar{4}n2$(118)	$dx=dy=0.5,\ dz=0.5$
	5-$I\bar{4}m2$(119)	$dx=dy=0.5,\ dz=0.5$
	6-$I\bar{4}c2$(120)	$dx=dy=0.5,\ dz=0.5$
5a-312(3)	1-$P312$(149)	$dz=0.5$

점군	공간군	가능한 분자 병진변위
	2-$P3_112$(151)	$dz = 0.5$
	3-$P3_212$(153)	$dz = 0.5$
5*b*-321(3)	1-$P321$(150)	$dz = 0.5$
	2-$P3_121$(152)	$dz = 0.5$
	3-$P3_221$(154)	$dz = 0.5$
5-32(2)	1-$R32(H)$(155)	$dz = 0.5$
	2-$R32(R)$(155)	$dx = dy = dz = 0.5$
6-$\bar{6}$(1)	1-$P\bar{6}$(174)	$dz = 0.5$
7-622(6)	1-$P622$(177)	$dz = 0.5$
	2-$P6_122$(178)	$dz = 0.5$
	3-$P6_522$(179)	$dz = 0.5$
	4-$P6_222$(180)	$dz = 0.5$
	5-$P6_422$(181)	$dz = 0.5$
	6-$P6_322$(182)	$dz = 0.5$
8*a*-$\bar{6}m2$(2)	1-$P\bar{6}m2$(187)	$dz = 0.5$
	2-$P\bar{6}c2$(188)	$dz = 0.5$
8*b*-$\bar{6}2m$(2)	1-$P\bar{6}2m$(189)	$dz = 0.5$
	2-$P\bar{6}2c$(190)	$dz = 0.5$
9-23(5)	1-$P23$(195)	$dx = dy = dz = 0.5$
	2-$F23$(196)	$dx = dy = dz = 0.5$
	3-$I23$(197)	$dx = dy = dz = 0.5$
	4-$P2_13$(198)	$dx = dy = dz = 0.5$
	5-$I2_13$(199)	$dx = dy = dz = 0.5$
10-432(8)	1-$P432$(207)	$dx = dy = dz = 0.5$
	2-$P4_232$(208)	$dx = dy = dz = 0.5$
	3-$F432$(209)	$dx = dy = dz = 0.5$
	4-$F4_132$(210)	$dx = dy = dz = 0.5$
	5-$I432$(211)	$dx = dy = dz = 0.5$
	6-$P4_332$(212)	$dx = dy = dz = 0.5$
	7-$P4_132$(213)	$dx = dy = dz = 0.5$
	8-$I4_132$(214)	$dx = dy = dz = 0.5$
11-$\bar{4}3m$(6)	1-$P\bar{4}3m$(215)	$dx = dy = dz = 0.5$
	2-$F\bar{4}3m$(216)	$dx = dy = dz = 0.5$
	3-$I\bar{4}3m$(217)	$dx = dy = dz = 0.5$
	4-$P\bar{4}3n$(218)	$dx = dy = dz = 0.5$
	5-$F\bar{4}3c$(219)	$dx = dy = dz = 0.5$
	6-$I\bar{4}3d$(220)	$dx = dy = dz = 0.5$

Chapter 04

결정면, 역격자

(Crystal planes, the reciprocal lattice)

역격자(Reciprocal lattice)의 개념을 이용하여 단결정에 충돌하여 회절되어 나오는 X-선의 강도를 측정하는 수단을 기술하였다.

4.1 결정면, Bragg의 법칙

4.1.1 Miller 지수와 격자 방향(Miller indices and lattice directions)

① Miller 지수(Miller Indices)

X-선 회절 강도 $I(hkl)$은 제 5장에서 언급된 것 같이 전자파인 X-선이 결정 시료에 입사되어 반사의 원천인 그 결정의 어떤 면에서 반사되어 나온 X-선 파동으로부터 얻어지는 양이다. 이 절에서는 결정학자들이 X-선 회절 무늬의 원천이 되는 이 면을 어떻게 표시하는지 알아보고자 한다.

결정질 격자에서 가장 쉽고 명백한 평면은 단위 세포의 표면에 의하여 결정되는 것들이다. 격자점을 통해서 그릴 수 있는 이들 표면과, 그리고 다른 모든 규칙적으로 일정한 간격을 갖는 면을 회절의 원천이라 생각하여 Miller 지수라 불리는 3개 정수로 표시할 수 있다. 특별한 집합인 등가(equivalent)이면서 평행한 면을 3개의 지수 hkl로 분류한다. 지수 h는 단위 세포의 x-축의 방향에 있는 같은 면간 거리를 갖는 면의 개수 또는 같은 뜻으로 각 세포의 a-축을 똑같은 평면이 자른 평면의 수이다. 지수 k와 l은 y-축 방향과 z-축 방향으로 단위 세포당 얼마나 많은 면이 있는지를 가리키는 것이다.

같은 면간 거리와 같은 방향을 갖는 면의 지수(index)를 결정하는 방법은, 임의의 격자점에서 시작하여 그 단위 세포의 원점으로부터 밖으로 움직이며 그 시작 평면으로부터 격자의 길이를 같은 간격으로 자르는 것이다. n을 정수라고 할 때, 만일 첫 번째 평면이 a-축 길이의 한 분수인 $1/n_a$에서 자른 부분을 만나면 h의 지수는 n_a이고, 그 같은 면이 b-축 길이의 $1/n_b$의 분수점에서 자른 면을 만났으면 k의 지수는 n_b이며, 그 같은 면이 c-축을 $1/n_c$에서 만났으면 l의 지수는 n_c이다. 면의 집합을 나타낼 때는 지수를 괄호 안에 넣고 이를 그 면의 Miller 지수라고 한다. 그래서 지수 hkl을 갖는 면은 (hkl)면이다.

그림 4.1.1에 orthorhombic 단위 세포의 표면을 표시하는 평면의 집합이 지수로 표시되어 있다.

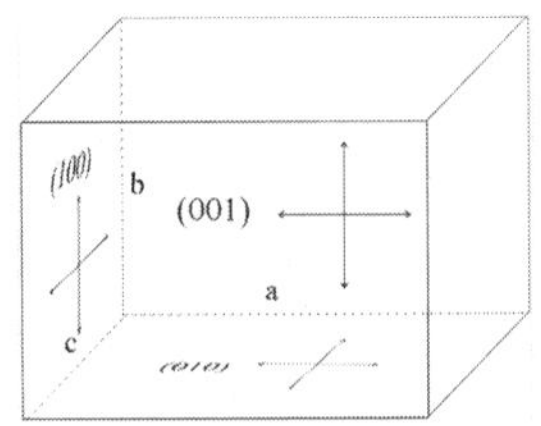

그림 4.1.1 한 orthorhombic 단위 세포 표면의 Miller 지수

(+)로 된 화살표가 표면에 놓여 있으며 그 면의 Miller 지수가 나타나 있는데 각각 평행한 표면은 같은 지수를 갖는다.

bc 표면을 포함하며 x-축에 수직인 모든 평행한 면들의 집합은 매 격자점당 한 개뿐이기 때문에 (100)으로 명시한다. Orthorhombic에서 (100)면의 면간 거리 $d(100)$는 원점으로부터 (100)면까지의 가장 가까운 거리인 a-축의 길이이다. 같은 방법으로 ac 표면을 포함하며 y축에 수직(orthorhombic 단위 세포에서)인 평면은 y-축을 따라 매 격자점당 한 개의 평면이 있다는 뜻에서 (010)면이라 일컫는다. Orthorhombic에서 (010)면의 면간 거리 $d(010)$는 원점으로부터 (010)면까지의 가장 가까운 거리인 b-축의 길이이다. 마지막으로 그 세포의 ab 표면은 (001)면인데, 여기서 영(zero)은 a-축과 b-축을 자를 수가 없다는 뜻이다. $d(001)$는 c-축의 길이이다.

같은 면간 거리를 갖는 한 집합의 평행한 평면들이 X-선을 회절한다는 Bragg 모델에서, 그 집합의 평면들 모두가 회절된 X-선의 원천인 것이다. 바꾸어 말하면, 평행한 평면들의 전체 집합이 단일 회절체(single diffractor)와 같이 행동하여 한 개의 반사를 만드는 것이다. 그러나 이들 3개 평면 (100), (010), (001)의 집합만이 회절체라면 회절된 빔의 수가 작아 그 회절로부터 얻을 수 있는 정보가 매우 제한되어 있을 것이다.

그림 4.1.2에는 orthorhombic에서 회절의 원천인 평면의 부가적인 집합이 나타나 있다. 먼저 수직선인 (100)면(면간 거리는 a-축의 길이)과 수평선인 (010)면(면간 거리는 b-축의 길이)이 나타나 있으며 이 두 면은 c-축에 나란하다. 대시(dash)로 나타낸 면도 c-축에 나란하여 종이의 xy면에 수직인 같은 면간 거리이면서 평행한 면을 나타낸다.

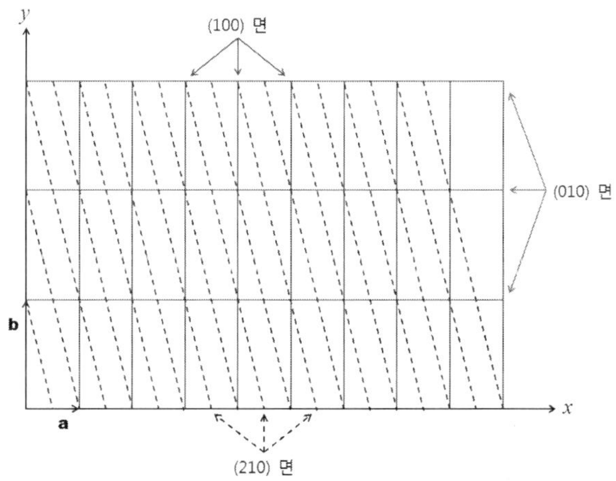

그림 4.1.2 Orthorhombic의 이차원적인 격자에 있는 (210)면

그 면은 각 단위 세포의 a-축을 2개 부분으로 잘라 a-축 길이의 1/2점을 지나고, 각 b-축을 1개 부분으로 잘라서 이들 면은 지수 210을 갖는다. 모든 (210)면은 z-축에 평행하므로 그 지수 l는 0이다. 또는 같은 뜻으로 (210)면은 넓이에서 무한대이며 c-축을 포함하기 때문에 z-축에 평행한 축을 자르지 않는다. 따라서 z-축을 자르는 수는 0이므로 (210)으로 나타낸다. 그러면 여기서 (210)면의 면간 거리는 얼마인가? 이 면의 면간 거리는 간단히 알 수 없다.

Triclinic에서 면간 거리 $d(hkl)$은 다음 식으로 나타낼 수 있다.[27)]

$$\text{Triclinic: } d(hkl) = V/[h^2b^2c^2\sin^2\alpha + k^2a^2c^2\sin^2\beta + l^2a^2b^2\sin^2\gamma + 2hkabc^2(\cos\alpha\cos\beta - \cos\gamma) + 2hlab^2c(\cos\gamma\cos\alpha - \cos\beta)]^{1/2}$$

Orthorhombic에서는 다음과 같이 표시된다.

$$\text{Orthorhombic: } d(hkl) = 1/(\frac{h^2}{a^2} + \frac{k^2}{b^2} + \frac{l^2}{c^2})^{1/2}$$

따라서 orthorhombic의 $d(210)$은 다음과 같다.

$$d(210) = 1/(\frac{2^2}{a^2} + \frac{1^2}{b^2})^{1/2} = 1/(\frac{4}{a^2} + \frac{1}{b^2})^{1/2}$$

a-축 및 b-축의 길이를 대입하면 (210)면 사이의 거리 $d(210)$이 얻어진다.

다른 예로, 그림 4.1.3에서 임의의 격자점으로부터 첫 번째 면은 단위 세포를 $a/2$와 $b/3$에서 자르고 c-축과는 나란하므로 c-축은 자르지 않는다. 따라서 a-축 안에는 2개의 면이, b-축 안에는 3개의 면이, c-축 안에는 면이 없어 이 면의 지수는 (230)이다.

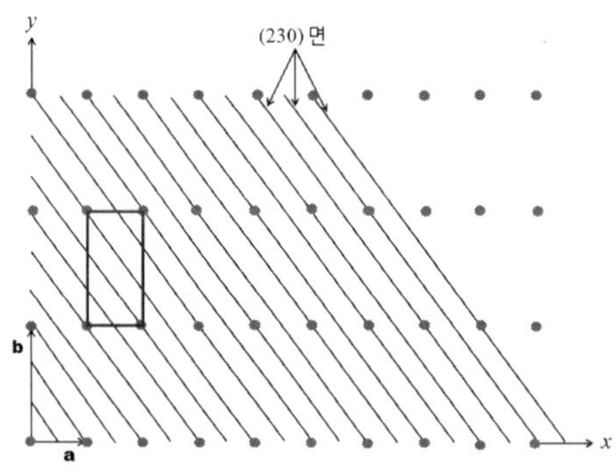

그림 4.1.3 한 2-차원적인 ab 격자 면에 있는 (230)면

27) 기초 X-선 결정학, 강상욱, 서일환, 2007. p. 59, 고려대학교출판부

xy면에 수직인 모든 면은 $(hk0)$ 지수를 갖는다. xz면에 수직인 면은 $(h0l)$, yz면에 수직인 면은 $(0kl)$이다. 많은 일반적인 면은 x, y, z에 수직하지 않다. 예를 들면, 그림 4.1.4에 보인 (234)면은 단위 세포의 a−축을 2등분, b−축을 3등분하고 c−축을 4등분한다.

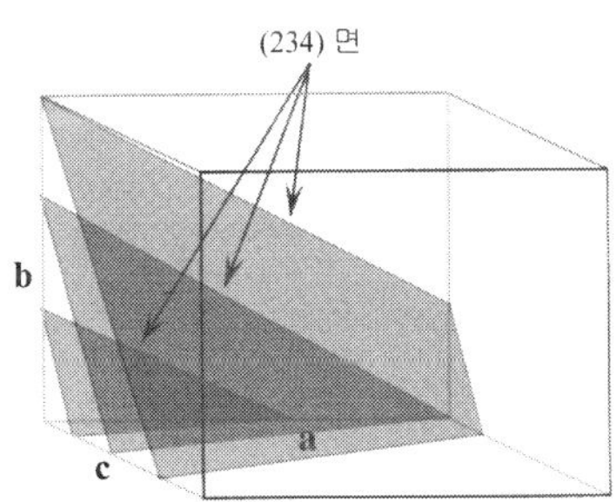

그림 4.1.4 단위 세포 안에 있는 3개의 (234)면 | 이 면은 단위 세포의 a-축을 2등분, b-축을 3등분, c-축을 4등분한다.

지금까지는 한 면이 각 축을 지나는 점을 표시한 분수의 분자가 항상 1이어서 면이 간단한 Miller 지수로 표시되었다. 그러나 항상 그런 것은 아니다.

예제 4.1.1 만일 한 면이 a, b, c 단위 세포의 1/2, 3/4, 1을 지난다면 이 면의 Miller 지수는 어떻게 표시될까?

해답 이 경우는 쉽게 얻어지지 않고 Miller 지수를 정하는 다음 절차를 밟아야 한다.

① 한 면이 각 축과 만났을 때 원점으로부터 그 교점까지의 거리를 분수좌표(fractional coordinate)로 나타낸다.
② 역수를 취한다.
③ 최소공배수를 곱하여 정수로 만든다.
④ 괄호를 하여 Miller 지수를 표시한다.

위 절차를 적용하면

① 이 면이 각 축과 만난 점은 1/2, 3/4, 1
② 역을 취한다. 2, 4/3, 1
③ 각 항에 최소공배수 3을 곱하여 6, 4, 3을 얻는다.
④ 괄호를 하면 Miller 지수 (hkl) = (643)이다.

(hkl) = (643)면을 단위 세포에 그려보면 이 면은 a−축의 1/6, b−축의 1/4, 그리고 c−축의 1/3을 지나는 면이 된다. 그러면 **예제 4.1.1** 에서 주어진 $x=1/2$, $y=3/4$, $z=1$인 점을 지나는 면은 어떻게 얻어지는가? 등가 면(equivalent plane)을 구하는 식 (4.1.1)을 이용하면 **예제 4.1.1** 에서 나온 두 면은 같은 면임을 알 수 있다.

$$n=\frac{x}{1/h}+\frac{y}{1/k}+\frac{z}{1/l} \qquad (4.1.1)$$

식 (4.1.1)에 정수 $n=3$과 $(hkl)=(6\ 4\ 3)$을 대입하면 다음과 같은 식이 되고

$$3=\frac{x}{1/6}+\frac{y}{1/4}+\frac{z}{1/3}$$

$y=z=0$일 때 $x=1/2$, $x=z=0$일 때 $y=3/4$, $x=y=0$일 때 $z=1$이 얻어진다. 따라서 $n=1$일 때 얻어지는 $x=\frac{1}{6}$, $y=\frac{1}{4}$, $z=\frac{1}{3}$점과 $n=3$일 때 얻어지는 $x=\frac{1}{2}$, $y=\frac{3}{4}$, $z=1$점을 지나는 면이 등가 면이다.

(643)면과 등가 면은 n이 임의의 정수일 때 식 (4.1.1)에서 얻어지는 x, y, z점을 지나는 면이다. 따라서 식 (4.1.1)로부터 다음과 같은 결과가 얻어진다.

$$\begin{aligned} x,\ y,\ z &= (n=1)\ 1/6,\ 1/4,\ 1/3;\ (n=2)\ 2/6,\ 2/4,\ 2/3;\ (n=3)\ 3/6,\ 3/4,\ 3/3;\\ &\quad (n=4)\ 4/6,\ 4/4,\ 4/3;\ldots\\ &= 1/6,\ 1/4,\ 1/3;\ 1/3,\ 1/2,\ 2/3;\ 1/2,\ 3/4,\ 1;\ 2/3,\ 1,\ 4/3;\ldots \end{aligned}$$
등등을 지난다.

(hkl)면과 같은 면 간격을 가지며 같은 방향을 갖는 모든 면은, 식 (4.1.1)에 있는 정수 n에 모든 값을 대입하여 얻은 x, y, z점을 지난다. 예를 들어 그림 4.1.4에서 나타낸 (234)면의 등가 면은 다음과 같이 얻어진다.

식 (4.1.1)에 (234)를 대입하면,

$$n=\frac{x}{1/2}+\frac{y}{1/3}+\frac{z}{1/4}$$

$n=1$일 때 (234)면이 만나는 점: $x,\ y,\ z=\frac{1}{2},\ \frac{1}{3},\ \frac{1}{4}$

$n=2$일 때 (234)면이 만나는 점: $x,\ y,\ z=\frac{2}{2},\ \frac{2}{3},\ \frac{2}{4}\ =1,\ \frac{2}{3},\ \frac{1}{2}$

$n = 3$일 때 (234)면이 만나는 점: $x,\ y,\ z = \frac{3}{2},\ \frac{3}{3},\ \frac{3}{4} = \frac{3}{2},\ 1,\ \frac{3}{4}$

$n = 4$일 때 (234)면이 만나는 점: $x,\ y,\ z = \frac{4}{2},\ \frac{4}{3},\ \frac{4}{4} = 2,\ \frac{4}{3},\ 1$로 되어 이들 모든 $x,\ y,\ z$ 점을 지나는 이 모든 면이 (234)면의 등가 면이다. 그림 4.1.4에는 $n = 1,\ 2,\ 3$일 때 확인할 수 있는 3개의 면이 제시되어 있다. 추가적인 예로 7개의 모든 결정계(표 3.1.1)에서 성립하는 다음 3개 면의 등가 면이 그림 4.1.5에 나타나 있다.

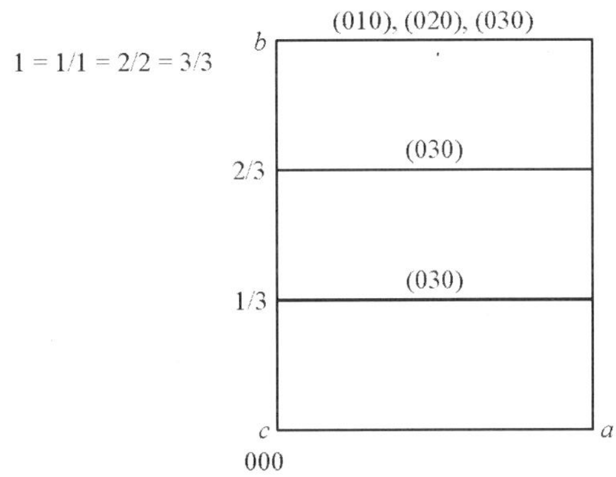

그림 4.1.5 여기에 나타낸 3개의 면은 모두 a − 축과 c − 축에 평행하다.

식 (4.1.1)로부터 다음 결과가 얻어진다.

① (010)면과 등가인 면은 $x, y, z = 0,1,0;\ 0,2,0;\ 0,3,0;\ldots$ 등을 지난다.

② (020)면과 등가인 면은 $x, y, z = 0,1/2,0;\ 0,2/2,0;\ 0,3/2,0;\ldots$
$= 0,1/2,0;\ 0,1,0;\ 0,3/2,0;\ldots$ 등을 지난다.

③ (030)면과 등가인 면은 $x, y, z = 0,1/3,0;\ 0,2/3,0;\ 0,3/3,0;\ldots$
$= 0,1/3,0;\ 0,2/3,0;\ 0,1,0;\ldots$ 등을 지난다.

그러나 이들 각 면의 면간 거리는 다음과 같다: $d(100) = b,\ d(200) = \frac{b}{2},\ d(300) = \frac{b}{3}$.

마지막으로 Miller 지수들은 양수도 음수도 될 수 있다. 전체가 양수 지수를 갖는 면 (hkl)과 전체가 음수 지수 $(\bar{h}\bar{k}\bar{l})$를 갖는 면은 동일하다.

예를 들면 그림 4.1.6과 같이 (210)면과 $(\bar{2}\,\bar{1}0)$면은 서로 나란하며 동일한 방향을 갖는다. 또한 $(2\bar{1}0)$는 $(\bar{2}10)$와 동일하다(모든 부호가 반대이다). 그러나 (210)면과 $(2\bar{1}0)$면은 반대로 기울어져 있다. 그러면 (210)면과 $(2\bar{1}0)$면은 서로 얼마나 기울어져 있는가? 두 면 사이의 각도는 쉽게 알 수 없다.

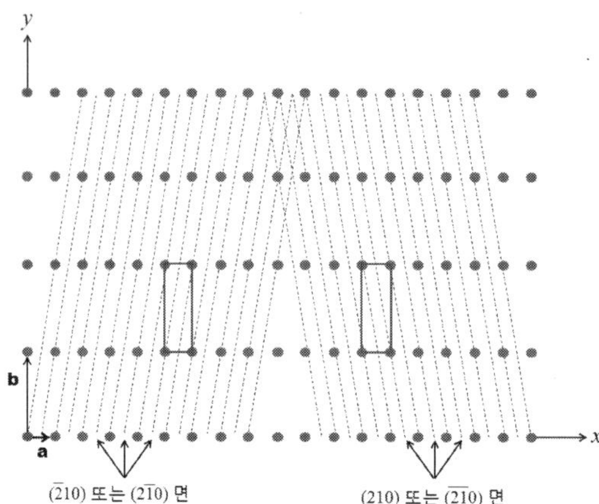

그림 4.1.6 Orthorhombic의 (210)과 $(\bar{2}\bar{1}0)$면은 동일하다. 그러나 (210)면은 $(2\bar{1}0)$면에 대해 반대로 기울어져 있다.

가장 일반적인 triclinic 계에서 두 면 $(h_1k_1l_1)$과 $(h_2k_2l_2)$ 사이의 각 ϕ을 계산하는 식[28]이 있는데, 이 식에 $\alpha=\beta=\gamma=90^\circ$를 대입하면 orthorhombic에서의 두 면 $(h_1k_1l_1)$과 $(h_2k_2l_2)$ 사이의 각 ϕ의 계산식은 다음과 같다.

$$\cos\phi = \frac{\frac{h_1h_2}{a^2}+\frac{k_1k_2}{b^2}+\frac{l_1l_2}{c^2}}{\sqrt{(\frac{h_1^2}{a^2}+\frac{k_1^2}{b^2}+\frac{l_1^2}{c^2})(\frac{h_2^2}{a^2}+\frac{k_2^2}{b^2}+\frac{l_2^2}{c^2})}}$$

그림 4.1.6에서 orthorhombic의 서로 나란한 (210)과 $(\bar{2}\bar{1}0)$면 사이의 각도를 계산해 보자.

$$\cos\phi = \frac{-\frac{4}{a^2}-\frac{1}{b^2}+\frac{0}{c^2}}{\sqrt{(\frac{4}{a^2}+\frac{1}{b^2}+\frac{0}{c^2})(\frac{4}{a^2}+\frac{1}{b^2}+\frac{0}{c^2})}} = \frac{-(\frac{4}{a^2}+\frac{1}{b^2})}{\frac{4}{a^2}+\frac{1}{b^2}} = -1$$

$\therefore \phi = 180^\circ$로 서로 나란하다.

그러나 그림 4.1.6에서 논한 orthorhombic의 서로 기울어져 있는 (210)과 $(2\bar{1}0)$면 사이 각은 $\phi \neq 0^\circ$이다.

28) 기초 X-선 결정학, 강상욱, 서일환, 부록 1, p. 414, 2007, 고려대학교출판부

$$\cos\phi = \frac{\frac{4}{a^2} - \frac{1}{b^2} + \frac{0}{c^2}}{\sqrt{(\frac{4}{a^2} + \frac{1}{b^2} + \frac{0}{c^2})(\frac{4}{a^2} + \frac{1}{b^2} + \frac{0}{c^2})}} = \frac{\frac{4}{a^2} - \frac{1}{b^2}}{\frac{4}{a^2} + \frac{1}{b^2}} \neq |\pm 1|$$

∴ 서로 나란하지 않다.

② 격자 방향(Lattice directions)

결정 격자 내에서 하나의 직선 방향을 결정하려면 그 선에 나란하며 원점을 지나는 직선을 긋고, 그 선 위의 임의의 점의 세 격자축의 3개 좌표 u, v, w를 정하면 결정할 수 있다. 이러한 방향을 나타내는 데는 3개 지수에 꺾쇠괄호(square bracket, [ ])를 한 $[uvw]$를 사용하는데, 이 지수에 쉼표를 사용하지 않는다. 원점은 어디서나 취할 수 있으므로 지수 $[uvw]$의 값은 가장 간단한 정수비로 표시한다. 예컨대 [1/2 1/2 1], [112], [224]은 모두 같은 방향을 나타내지만 가장 간단한 [112]로 나타낸다. (−)방향은 $[\overline{u}\,\overline{v}\,\overline{w}]$로 표시한다. 몇 개의 예를 그림 4.1.7에 나타내었다.

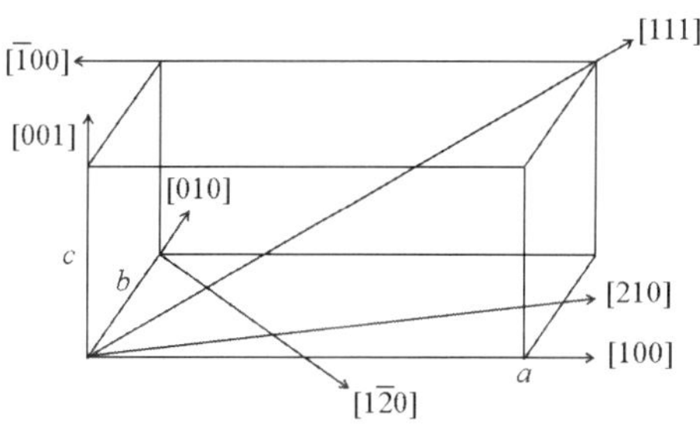

그림 4.1.7 방향의 지수

어떤 격자의 원점과 격자점 u, v, w를 지나는 벡터를 격자 벡터 $\vec{r}[uvw]$라고 하고 다음과 같이 표시한다.

$$\vec{r}[uvw] = u\vec{a} + v\vec{b} + w\vec{c}$$

Cubic 계에서 격자 벡터의 방향은 다르지만 크기가 같은 것이 많다. 대칭에 의하여 등가 관계에 있는 크기가 같은 격자 벡터의 방향을 각 괄호(angle bracket, 〈 〉)로 한데 묶어 $\langle uvw \rangle$로 표시한다. 예컨대 4개의 체대각선 방향으로 3−회 회전 대칭이 있는 cubic 격자에서 모든 모서리 방향, 즉 [±100], [0±10], [00±1]의 6개의 방향은 〈100〉 방향족(family of direction)이라고 한다. 그러나 c−축 방향으로 4−회 회전 대칭이 있는 tetragonal 격자의 〈100〉 방향족에는 [±100], [0±10]과 같이 4개가 있고, 〈001〉의 방향족에는 [00±1]과 같이 2개만 존재한다.

4.1.2 브래그 법칙(Bragg's law)

그림 4.1.1~4.1.5에서 서로 평행하지만 서로 다른 Miller 지수를 갖고 있는 면[예, (111)과 (222)]은 서로 다른 면간 거리 $d(hkl)$을 갖는 것을 보았다. 평면 (hkl) 중에서 그 Miller 지수가 증가하면 면간 거리가 감소하여, 단위 세포당 더 많은 면이 있어, 그 면이 더 촘촘히 배열되어 있음을 의미한다. W. L. Bragg는 파장 λ를 갖는 X-선이 Miller 지수 hkl과 면간 간격 $d(hkl)$을 갖는 서로 평행한 면에 입사각 θ로 입사하여 같은 각으로 반사할 때, 보강간섭을 하는 회절선을 만들기 위해서는, 다음 조건을 만족해야 함을 보였다. 이 식에서 n은 정수이다.

$$2d(hkl)\sin\theta = n\lambda \qquad (4.1.2)$$

식 (4.1.2)는 그림 4.1.8로부터 다음과 같이 유도할 수 있다.

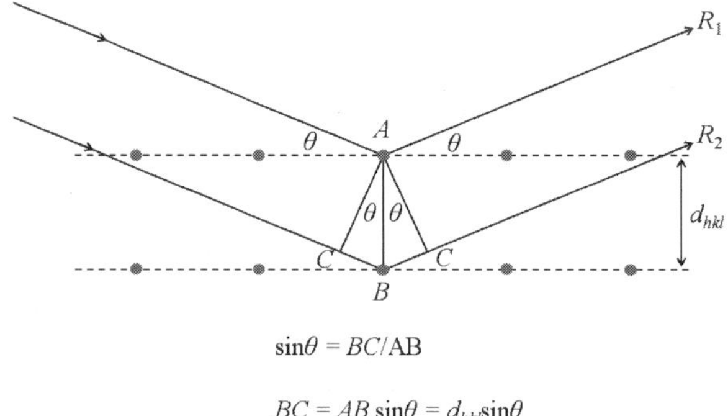

그림 4.1.8 2개의 X-ray R_1과 R_2가 한 cubic 결정에서 산란함을 보인다. 광 R_2에 의하여 여행한 경로차 $2d\sin\theta$가 λ의 정수배이면 광 R_1과 R_2는 보강간섭을 한다.

그림 4.1.8의 기하학적 구조는 한 강한 회절선을 만들기 위한 필요조건을 증명한다. 면간 거리 $d(hkl)$을 갖는 2개의 평행면 위에 있는 격자점 A와 B에서, 두 개의 광 R_1과 R_2가 각도 θ로 반사한다. 두 개의 AC 선들은 R_1의 반사점 A로부터 광 R_2에 수직하게 그렸다. 광 R_2가 B점에서 반사하여 지나간 거리는, 광 R_1이 지나간 거리에, $2BC$를 더한 만큼의 더 먼 거리를 여행함을 알 수 있다. 작은 삼각형 ABC 안에 있는 AB는 그 두 개의 평행면에 수직하고 AC는 입사선에 수직함으로 그림 4.1.8에 나타낸 것과 같이 각도 CAB는 입사각 θ와 같다. ABC는 직각삼각형이므로 $\sin\theta$는 $\frac{BC}{AB}$이거나 $\frac{BC}{d(hkl)}$이다. 그래서 BC는 $d(hkl)\sin\theta$와 같고 X-선 R_2가 R_1보다 더 여행한 거리 $2BC$는 $2d(hkl)\sin\theta$이다. 만일 연속적인 면으로부터 반사된 X-선에 대한 경로차[$2d(hkl)\sin\theta$]가 X-선 파장의 정수배인 $n\lambda$와 같다면, 즉

$2d(hkl)\sin\theta = n\lambda$이면, 연속적인 면으로부터 반사된 회절선은 서로 같은 위상을 가지고 강한 회절선을 만드는 보강간섭을 하면서 결정으로부터 나온다. 따라서 식 (4.1.2)가 유도되었다.

식 (4.1.2)는 다음과 같이 두 가지로 설명할 수 있다.

① $n\lambda = 2d(hkl)\sin\theta(n)$: 한 개의 일정한 면간 거리 $d(hkl)$에서 회절하며 X-선의 입사각 $\theta(n)$와 X-선의 행로차 $n\lambda$가 변한다.

② $\lambda = 2d(hkl)\sin\theta(hkl)$: X-선이 회절할 때마다 $d(hkl)$와 $\theta(hkl)$가 변하며, X-선의 경로차는 항상 한 개의 파장 길이이다.

결정학에서는 ②번을 택한다.

Bragg 식 $\sin\theta(hkl) = \dfrac{\lambda}{2d(hkl)}$로부터 X-선의 입사각도 θ는 면간 거리 $d(hkl)$에 역비례 관계에 있음을 보인다. 즉 Bragg 식은 X-선 회절 사진이나 X-선 검출기에 나타나는 (hkl)면의 X-선 회절반점의 위치가 (hkl)면의 실제 면간 거리 $d(hkl)$에 역비례하는 곳에 나타난다는 역격자 개념이 내포되어 있는 것이다. 위에서 언급한 바와 같이, $d(hkl)$이 커지면 $\theta(hkl)$은 작아져서 $\theta(hkl)$은 X-선의 중심에서 가까운 곳에 위치하고, $d(hkl)$가 작아지면 $\theta(hkl)$은 커져서 $\theta(hkl)$은 X-선의 중심에서 먼 곳에 위치하게 된다. $\theta(hkl)$의 최댓값이 $90°$임을 고려할 때, 이 관계식은 단위 세포의 a, b, c가 클수록 작은 회절각 $\theta(hkl)$로 되며 그래서 많은 반사가 발생하게 되는 것을 암시한다. 반면에 단위 세포의 a, b, c가 작은 경우 면간 거리 $d(hkl)$이 작아서 큰 회절 각도를 만들기 때문에 적은 수의 반사를 제공하는 것이다.

어떤 단위 세포 내에서 얼마나 많은 수의 반사를 얻을 수 있는가는 얼마나 많은 정보가 단위 세포 안에 있는가에 달려 있다. 큰 단위 세포는 많은 원자를 포함하고 있기 때문에 같은 크기의 회절 무늬 내에 더 많은 정보를 포함하고 있다. 이에 대하여 작은 단위 세포는 적은 수의 원자를 포함하고 있어 적은 양의 정보를 포함한다.

4.2 역격자(The reciprocal lattice)

4.2.1 역격자(The reciprocal lattice)

이제 반사가 차지하고 있는 공간인 역 공간을 생각하자. 그림 4.2.1 (a)는 O를 원점으로 갖는 역격자의 한 ab 단면을 보인다. 그래서 이 원점은 실제 격자(real lattice)와 역격자(reciprocal lattice)의 양쪽 격자의 원점이다. 이 그림에서 (+)는 실제 격자점이다.

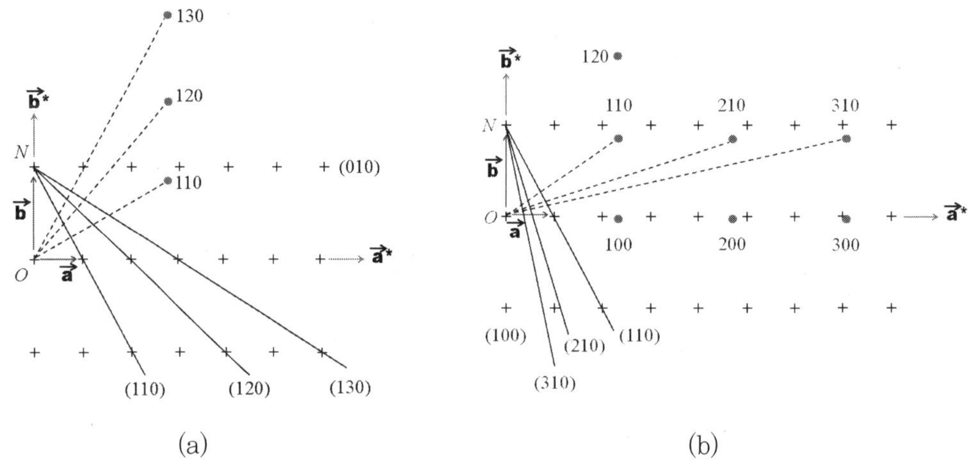

그림 4.2.1 (a) 역격자의 작도 | 실제 격자점은 (+) 기호이고, 역격자점은 (•) 기호이다. $\vec{b}$는 실제 세포의 축이고, $\vec{b}^*$ 는 역세포의 축이다.
(b) (a)의 계속이다. $\vec{a}$는 실제 세포의 축이고, $\vec{a}^*$는 역세포의 축이다.

그림 4.2.1 (a)에는 O를 원점으로 하여 Miller 지수 $(hk0)$에서 k가 증가하는 (010), (110), (120), (130)면이 실제 격자의 $\vec{a}\vec{b}$ 단면을 가로지름을 보여 준다. 여기서 원점 O 외에 N을 사용한 것은 역격자를 그릴 때 각도를 명확하게 나타내기 위함이다. 여기서 기억해야 할 것은 식 (4.1.1)에 따라 (hkl)면은 임의의 다른 단위 세포에서 작도해도 동일하다는 것이다. 좀 더 자세히 설명하면, 그림 4.2.1 (a)에서 (120)면은 단위 세포 내의 $x=1$과 $y=1/2$을 지나도록 그려야 하나 이 면과 등가 면인 $x=2$와 $y=1$을 지나도록 그렸으며, (130)면은 단위 세포 내의 $x=1$과 $y=1/3$을 지나도록 그려야 하지만 이 면과 등가 면인 $x=3$과 $y=1$을 지나도록 그렸다. 왜냐하면, 식 (4.1.1)에 의하여 (120)과 같은 등가 면은

$x, y, z=$ (n=1)1, 1/2, 0; (n=2)2, 2/2, 0; (n=3)3, 3/2, 0;
= 1, 1/2, 0; 2, 1, 0; 3, 3/2, 0; ... 등을 지나고,
(130)과 등가 면은
$x, y, z=$ 1, 1/3, 0(n=1); 2, 2/3, 0(n=2); 3, 3/3, 0(n=3); ...
= 1, 1/3, 0; 2, 2/3, 0; 3, 1, 0; ... 등을 지나기 때문이다.

다음에는 역격자를 그려 보자. 먼저 원점 O로부터 (110)면에 수직인 선을 그린 다음, 이 선 상의 임의의 한 점을 (110)의 면간 거리 d(110)의 역인 $\frac{1}{d(110)}$의 점으로 택하여 (110)면의 역격자점 (110)으로 정한다. 그림 4.2.1 (a)에서는 역격자점을 (•)로 정의하였다. 이어서, 원점 O로부터 (120)면에 수직인 한 선을 긋고 $\frac{1}{d(120)}$의 길이에 해당하는 점을 (120)면의 역격자점으로 정한다. d(120)는 d(110)보다 작으므로 $\frac{1}{d(110)}$의 선은 $\frac{1}{d(120)}$ 보다 짧다. 이 선의 끝은 (120)(•)의 지수를 가진 두 번째 역격자점을 정의한다.

그림 4.2.1 (a)에서 d(120)은 d(110)보다 큰 것으로 나타나는데 그 이유는 원래 (120)면은 단위 세포 내의 $x=1$과 $y=1/2$을 지나도록 그려야 하지만 잘 보이게 하기 위해 이 면과 등가면인 $x=2$와 $y=1$을 지나도록 그렸기 때문이다. 그림 4.2.1 (b)에서는 Miller 지수 $(hk0)$에서 h가 증가하는 (100), (210), (310) 등에 대하여 그림 4.2.1 (a)와 같은 계산을 계속하여, 역격자점 110, 120과 함께 210, 310 등의 역격자점(•)이 나타나 있다. 이렇게 그림 4.2.1 (b)에는 O점을 원점으로 하여 기호 (+)로 형성된 실제 격자가 있고, (•)으로 된 새로운 역격자가 있다.

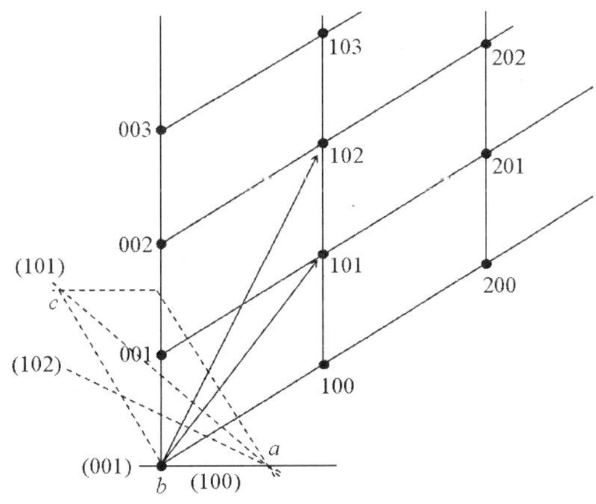

그림 4.2.2 Monoclinic [010] zone axis에 속하는 $(h0l)$ 0-층의 역격자점

그림 4.2.2에는 임의의 monoclinic 실제 세포와 4개의 면 (100), (001), (101), (102)가 점선으로 표시되어 있고, $h0l$의 반사인 역격자점이 실선으로 그려져 있다.

그림 4.2.2에서 실제 격자에서 Miller 지수로 표시되는 이차원적인 면 (hkl)들은 모두 단위 세포 내를 통과하는데 대하여, 실제 격자에서 이들 이차원적인 면이 역격자에서는 각각 한 점으로 나타내어지며 이들 모든 역격자점은 단위 역격자 세포 밖에 배열되어 있다.

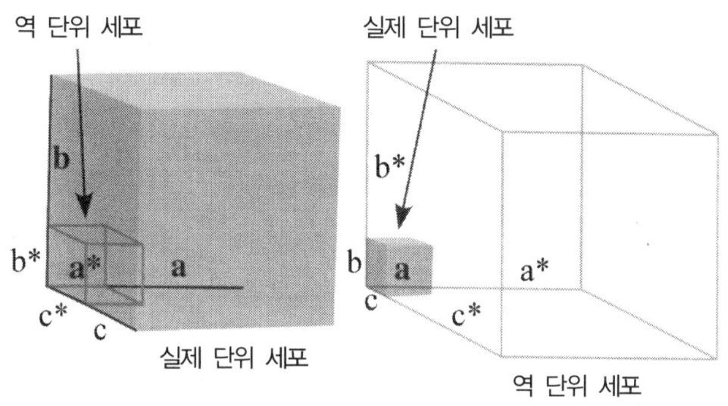

그림 4.2.3 실제 단위 세포와 역 단위 세포 | 왼쪽에 큰 실제 단위 세포와 오른쪽의 작은 실제 단위 세포의 각 역 단위 세포가 함께 그려져 있다.

다음에는 그림 4.2.3에 나타낸 것과 같이 한 격자에서 역 단위 세포에 대하여 언급할 수 있다. 만일 실제 단위 세포에서 α, β, γ 각도가 90°이면, 그의 역 단위 세포는 실제 단위 세포의 a-축과 같은 선을 따라 놓인 a^*-축을 가지며, 똑같이 b^*-축은 b-축과 나란히, 그리고 c^*-축은 c-축을 따라 나란히 놓여 있다. a^*-, b^*-, c^*-축의 길이는 대응되는 실제 단위 세포의 a-, b-, c-축의 길이의 역이므로 $a^* = \frac{1}{a}$, $b^* = \frac{1}{b}$, $c^* = \frac{1}{c}$이다. 그래서 작은 실제 단위 세포는 큰 역 단위 세포를 가지며, 그 역도 같다. 따라서 축 길이가 Å (angstrom, 10^{-10} m)으로 표시되며 역격자의 축 길이는 1/Å 또는 $Å^{-1}$(reciprocal angstrom)으로 표시된다. 비직교축을 갖는 실제 단위 세포에서, 실제 및 역 단위 세포 사이의 공간적인 관계는 더 복잡하다. 단위 세포의 각도가 90°가 아니더라도 다음 관계가 성립한다: $\overrightarrow{a^*}$는 $\vec{b}\,\vec{c}$ 평면에 수직하고, $\overrightarrow{b^*}$는 $\vec{a}\,\vec{c}$ 평면에 수직하며, 그리고 $\overrightarrow{c^*}$는 $\vec{a}\,\vec{b}$ 평면에 수직하다. 그림 4.2.2에서와 같이 monoclinic에서 $\alpha = \gamma = 90°$이므로 $\overrightarrow{b^*}$와 $\vec{b}$는 같은 선을 따라 있으나 ($\overrightarrow{b^*}$와 $\vec{b}$는 $\vec{a}\,\vec{c}$ 평면에 수직하다), $\overrightarrow{a^*}$와 $\overrightarrow{c^*}$는 $\vec{a}$와 $\vec{c}$에 나란하지 않다.

이제 공간에 있는 결정을 둘러싸고 있는 가상적인 점의 격자를 상상할 수 있다. 한 개의 작은 실제 단위 세포에서 면간 거리 $d(hkl)$이 짧을 때, 그 역 단위 세포에서 원점으로부터 그 역격자점까지의 길이는 길다. 그래서 역 단위 세포는 크고, 격자점은 넓은 공간을 차지하고 있다.

반면에 실제 단위 세포가 크면 그의 역 단위 세포가 작아 그 역 공간은 역격자점으로 조밀하게 채워져 있다. 역격자는 그 결정에 공간적으로 연결되어 있다. 그래서 결정이 회전하면 역격자도 함께 회전한다.

모든 단결정은 실제 공간에서 모든 방향으로 퍼져 있는 많은 동일한 단위 세포를 가지고 있고, 역 공간에서 격자점 간의 간격은 실제 결정 내에 있는 면간 거리에 역비례하는데, 그 역격자점도 그 결정 내에 있다고 상상하라.

▶ 벡터를 사용하여 정의된 스칼라 곱과 벡터 곱을 이용하여 역격자 벡터를 정의하면 역격자의 단위 벡터는 다음과 같다.

$$\overrightarrow{a^*} = \overrightarrow{d^*}(100) = \frac{\vec{b} \times \vec{c}}{\vec{a} \cdot \vec{b} \times \vec{c}} = \frac{\vec{b} \times \vec{c}}{V} \quad (4.2.1)$$

$$\overrightarrow{b^*} = \overrightarrow{d^*}(010) = \frac{\vec{c} \times \vec{a}}{V} \quad (4.2.2)$$

$$\overrightarrow{c^*} = \overrightarrow{d^*}(001) = \frac{\vec{a} \times \vec{b}}{V} \quad (4.2.3)$$

이렇게 정의하면 실제 공간에서의 이차원적인 (hkl)면이 역격자 공간에서 한 개의 역격자점으로 표시되며 원점으로부터 그 역격자점까지의 벡터는 다음과 같이 표시된다.

$$\overrightarrow{d^*}(hkl) = h\overrightarrow{a^*} + k\overrightarrow{b^*} + l\overrightarrow{c^*} \quad (4.2.4)$$

이들 식으로부터 다음 두 가지 중요한 결과가 얻어진다.

① 실제 격자에서 (hkl)면의 방향과 $\overrightarrow{d^*}(hkl) = h\overrightarrow{a^*} + k\overrightarrow{b^*} + l\overrightarrow{c^*}$의 방향이 나란하다.

② 실제 격자에의 면간 거리의 크기 $d(hkl)$과 역격자에서의 면간 거리의 크기 $d^*(hkl)$ 사이에 다음 관계가 성립한다.29)

$$d(hkl) = \frac{1}{d^*(hkl)} \quad (4.2.5)$$

이 역격자 개념은 결정학을 위한 이론적인 계산으로부터 결정학적 실험기구 제작에 이르기까지 다양하게 이용된다.

29) 기초 X-선 결정학, 강상욱, 서일환, pp. 52-65, 2007. 고려대학교출판부

4.2.2 역 공간에서 본 브래그 법칙(Bragg's law in reciprocal space)

① 회절 모델

이제 역 공간으로부터의 X-선 회절을 생각해 보자. 여기서는 Bragg 법칙을 만족시키며 결정으로부터 반사가 일어나기 위해 각 역격자점이 X-선에 대하여 어떻게 배열되어 있어야만 한다는 것을 보이는 동시에 Ewald 구의 개념으로 Bragg 법칙을 간단하게 설명할 수 있음을 제시한다. 그리고 회절되는 X-선의 방향을 어떻게 예측하는지도 보일 것이다.

4.2.1절에서 언급한 것과 같이, 실제 격자에서 이차원적인 (hkl)면이 역격자에서는 한 개의 역격자점으로 나타난다. 반대로 표현하면, 모든 역격자점은 실제 격자에서의 이차원적인 면을 가리킨다.

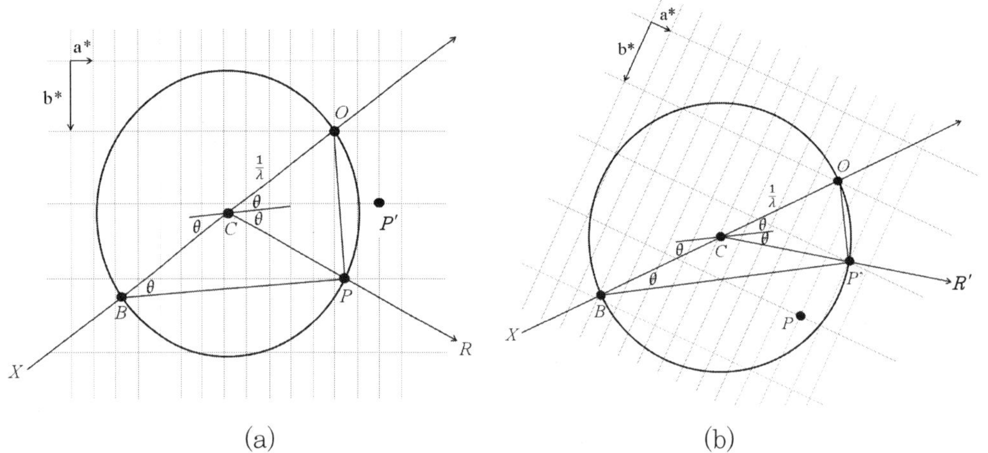

그림 4.2.4 역 공간에서의 X-선의 회절 | (a) X-선 R은 역격자점 P가 Ewald 원을 교차할 때 결정으로부터 나온다. (b) 그 결정이 원점 O 주위로 시계방향으로 돌아 점 P'이 Ewald 원을 교차할 때 X-선 R'이 생긴다.

그림 4.2.4는 역격자의 a^*b^*면 상에서의 X-선 회절을 보인다. X-선이 XO선의 화살표를 따라 입사하여 O점에 있는 결정에 충돌한다. 점 O는 역격자와 실격자 양 격자의 임의로 택한 원점이다. 그림 4.2.4에서 P와 P'점은 각각 (hkl)과 $(h'k'l')$면의 역격자점이다. 식 (4.2.4)에 의하여 $\overrightarrow{OP} = \overrightarrow{d^*}(hkl) = h\overrightarrow{a^*} + k\overrightarrow{b^*} + l\overrightarrow{c^*}$ 와 $\overrightarrow{OP'} = \overrightarrow{d^*}(h'k'l') = h'\overrightarrow{a^*} + k'\overrightarrow{b^*} + l'\overrightarrow{c^*}$로 표시되는 벡터이며, 식 (4.2.5)에 의하여 $OP = d^*(hkl) = \dfrac{1}{d(hkl)}$와 $OP' = d^*(h'k'l') = \dfrac{1}{d(h'k'l')}$가 성립한다. XO선 상에 있는 점 C를 중심으로 하면서 O점을 통과하는 반경 $1/\lambda$인 원을 그린다. 반지름이 $1/\lambda$인 구를 반사구(the sphere of reflection) 또는 Ewald 구라고 한다. 이 가상 원은 항상 고정되어 있다. 원점 O에 대하여 결정을 회전시키면, O점에 대한 역격자도 회전

하여 역격자점 P와 P'은 그 Ewald 원과 교차하게 된다. 그림 4.2.4 (a)에서 면(hkl)의 역격자점인 P가 원둘레에 닿아 있고, 선 OP와 BP가 그려져 있다. 각 $\angle PBO$는 θ이다. 삼각형 PBO는 그 반원에 내접하고 있어 직각삼각형이고 따라서 다음 식이 얻어진다:

$$\sin\theta = \frac{OP}{OB} = \frac{OP}{2/\lambda} = \frac{OP \times \lambda}{2}$$

이 식을 다시 정리하면 다음과 같이 나타낼 수 있다.

$$2\frac{1}{OP}\sin\theta = \lambda$$

식 (4.2.5)로부터 얻어지는 $\frac{1}{OP} = d(hkl)$를 대입하면 $n = 1$일 때의 식 (4.1.2)와 동일한 Bragg 법칙이다.

$$2d(hkl)\sin\theta(hkl) = \lambda$$

따라서 역격자점이 그 Ewald 원에 닿으면, Bragg 법칙을 만족하게 되어 회절이 일어난다.

그림 4.2.4 (b)에서는, 역격자가 원점 O에 대하여 시계방향으로 회전하여 면 $(h'k'l')$의 역격자점 P'이 Ewald 원에 닿아 있다. 그림 4.2.4 (a)와 같이 아래와 같은 식이 유도된다.

$$2d(h'k'l')\sin\theta(h'k'l') = \lambda$$

결과적으로, 결정이 원점 O 주위로 회전하여 역격자점의 반경이 $1/\lambda$인 Ewald 원과 만나게 되면 Bragg 법칙이 만족되며 이때 회절이 일어난다. 또한 원점에 대하여 결정을 회전하면 역격자점들도 회전하여 반경이 $2/\lambda$인 구 안에 있는 모든 역격자점은 Ewald 구의 표면에 닿게 되어 반사를 일으킨다. 그래서 반지름이 $2/\lambda$인 구를 제한구(limiting sphere)라고 한다.

회절된 빔은 어느 방향을 택하는가?

4.2.1절에서 역격자를 그리면서 다음과 같은 중요한 점을 알았다: 즉 원점 O로부터 면 (hkl)의 역격자점 P를 이은 선 OP는 (hkl)면에 수직하다는 것이다. 그래서 그림 4.2.4 (a)에서 원점으로부터 역격자점 P까지 이은 선 OP에 수직인 BP는 반사 P를 만드는 평면과 평행하다. 만일 BP에 평행하며 Ewald 원의 중심 C를 지나는 한 선을 그리면, 이 선과 이 선에 평행하며 $d(hkl)$의 정수배만큼 분리된 임의의 다른 선은 Bragg 법칙에 따라 X-선을 반사시키는 면을 나타낸다. X-선은 이 면으로 각도 θ로 입사하여 그와 같은 각도로 반사됨으로서 C에서는 입

사 광선으로부터 2θ 각도만큼 분산하여 정확히 P점을 통과하게 된다. 따라서 그림 4.2.4 (a)에서 $\overrightarrow{CP}$는 반사 X-선 R의 방향을 가리키며, 그림 4.2.4 (b)에서는 그 반사된 X-선 R'은 다른 통로인 선 $\overrightarrow{CP'}$으로 향한다. 실제로 회절은 결정에서 일어나므로 회절된 광선은 결정에서 $\overrightarrow{CP}$ 또는 $\overrightarrow{CP'}$ 방향으로 향해 간다.

그림 4.2.5는 $h0l$과 $h1l$의 역격자면이 Ewald 구를 교차하는 것을 나타낸다.

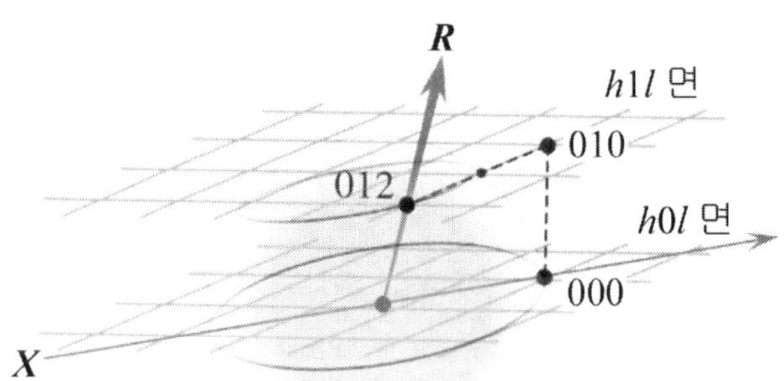

그림 4.2.5 Ewald 구 | 역격자점 012가 Ewald 구를 교차할 때, X-선 R은 012의 반사로 결정으로부터 나온다.

그림 4.2.5에서, 역격자점 012는 Ewald 구에 닿아 있다. 회절된 X-선 R은 원천 빔(source beam)으로부터 (012)면의 2θ 각으로 분산되어 Ewald 구의 중심 C와 역격자점 012로 정의된 방향으로 향하고 있다. 이 X-선은 (012) 반사로 측정된다. X-선 안에서 결정이 회전함으로써 여러 역격자점이 이 구와 접하게 되며, 그러면 각 역격자점은 반사구의 중심 C로부터 구에 접해 있는 역격자점을 통해서 나오는 선의 방향으로 회절 X-선을 만든다.

그림 4.2.4에서 역격자점 $P(hkl)$이 그 구에 접해 있을 때 발생하는 반사는 (hkl) 반사라고 부르고, 이 반사는 Bragg 모델에 따라 실제 결정 내에서 같은 면간 거리를 갖는 모든 (hkl)로부터의 반사에 의해 얻어진 것이다. 이 회절 모델은 반사의 수와 반사의 방향은 단위 세포의 크기에 관계될 뿐 회절 모델이 단위 세포의 내용에는 무관함을 암시한다. 왜냐하면 앞에서 나타낸 것과 같이 반사 (hkl)의 강도는 전자 밀도의 크기 또는 (hkl)면 상에 있는 $\rho(x, y, z)$의 평균치에 의존하기 때문이다. 5장에서 반사의 강도가 구조적인 정보를 제공한다는 것을 보일 것이다.

② 측정할 수 있는 반사 (hkl)의 수

그림 4.2.6에서와 같이 $1/\lambda$의 반경을 갖는 Ewald 구 표면상에 있는 원점 000에 대하여 그 결정이 회전한다면, 원점으로부터 제한구의 반경 $2/\lambda$의 거리 내에 있는 모든 역격자점은 Ewald 구와 접하게 된다. 제한구의 체적은 X-선의 파장이 결정되면 일정하다.

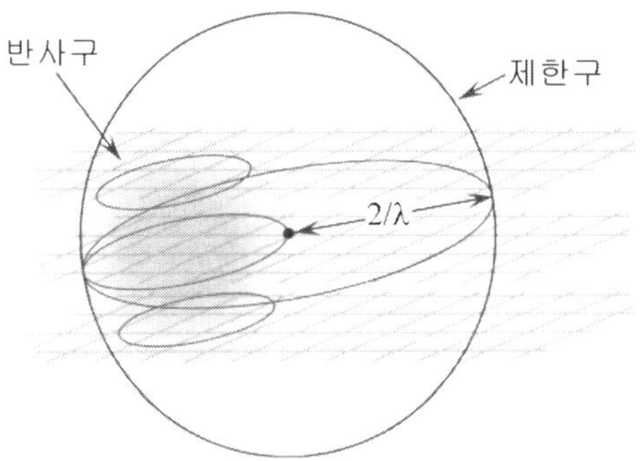

그림 4.2.6 제한구 | 반경이 2/λ인 제한구 내에 있는 모든 역격자점은 결정을 회전시키므로 Ewald 구의 표면에 닿게 된다.

이 제한구 내에 있는 역격자점의 수가 X-선 내에 있는 모든 가능한 방향으로 결정을 회전시켜 얻을 수 있는 반사의 수이다. 측정 가능한 반사의 수는 단위 세포의 크기와 X-선의 파장이 결정한다는 것을 보인다. 파장이 짧을수록 $2/\lambda$가 커져 제한구의 체적이 증가하므로, 측정할 수 있는 영역으로 많은 반사를 가져오고, 큰 단위 세포는 작은 역격자의 단위 세포를 의미하여 이것은 제한구를 역격자의 단위 세포가 더 조밀하게 들어차게 하여 측정할 수 있는 반사의 수를 증가시킨다. 모든 역 단위 세포 하나에 한 개의 역격자점이 있다(한 개의 단위 세포는 8개의 격자점으로 이루어져 있으나 그 단위 세포에 속한 격자점은 1개이다). 제한구 내에 있는 반사의 수는 대략 이 구 내에 있는 역격자점의 수이다. 그래서 가능한 반사의 수 N은 제한구의 체적을 한 개의 역격자 단위 세포의 체적 V_{recip}로 나눈 것과 같다. 반지름이 r인 구의 체적은 $\frac{4\pi}{3}r^3$이며, 제한구의 반지름은 $r^* = \frac{2}{\lambda}$이므로 다음과 같은 식이 얻어진다.

$$N = \frac{(\frac{4\pi}{3})(\frac{2}{\lambda})^3}{V_{recip}}$$

실제 단위 세포의 체적과 역 단위 세포의 체적 간에는 $V_{real} = V_{recip}^{-1}$[30]의 관계가 있으므로 다음과 같이 나타낼 수 있다.

$$N = \frac{33.5\ V}{\lambda^3}$$

30) 기초 X-선 결정학, 강상욱, 서일환, 2007, p. 57, 고려대학교출판부

위 식은 제한구 내의 전체에서 얻을 수 있는 반사 수를 가리키며, 그 수는 다만 단위 세포의 부피 V와 X-선의 파장 λ에만 의존한다는 것을 보인다. 일반적으로, 제한구 내에 있는 전체의 반사를 측정하지 않고, 필요로 하는 반경인 $r^* = \frac{2}{\lambda}\sin\theta$까지 측정하므로 이 경우의 반사 수는 다음과 같이 나타낼 수 있다.

$$N = \frac{33.5\,V}{\lambda^3}(\sin\theta)^3$$

실제로 사용되는 반사 (hkl)의 비대칭 단위는 대상 시료가 속한 공간군의 반사 조건에 따라 훨씬 줄어들 수 있다.

4.2.3 단위 세포의 크기 측정

단위 세포의 크기를 결정하는 방법에는 X-선 카메라를 이용하는 방법과 검출기를 이용하는 방법이 있다.

① X-선 카메라를 이용한 방법

여기서는 계산을 쉽게 하기 위하여 orthorhombic인 결정을 택한다. 이 결정의 0-층 면의 한 X-선 필름 상에서 반사의 간격을 측정하여 단위 세포의 크기를 결정하는 가장 간단한 방법을 설명한다. 식 (4.2.5)에 의하여 역격자의 간격은 실제 격자 간격의 역이다. 그래서 역격자의 간격으로부터 단위 세포의 크기를 결정하는 것은 아주 간단한 기하학적 문제이다.

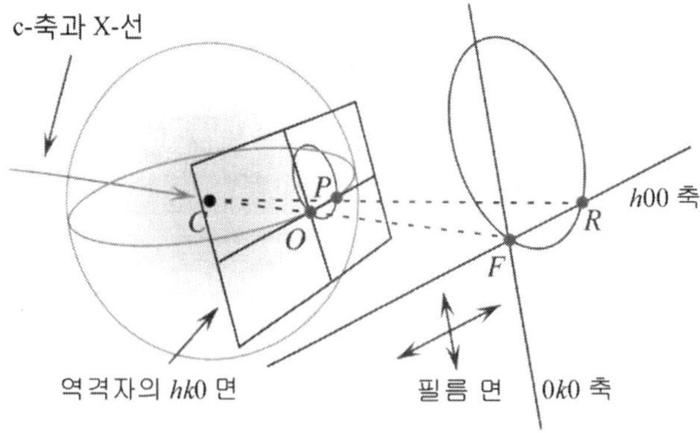

그림 4.2.8 필름의 평면 위에 있는 반사의 간격은 역격자의 간격에 직접 비례하므로, 역격자 간격은 단위 세포의 크기에 역비례한다.

그림 4.2.8의 C점에 있는 결정의 c-축의 방향이 X-선의 방향과 나란하도록 정렬이 완성된 상태에서 세차운동을 한다고 가정한다. 따라서 X-선 필름에는 $(hk0)$ 반사가 기록되어 $(h00)$ 면은 수평방향으로, $(0k0)$면은 수직방향으로 기록된다고 가정한다. O는 원점이고 점 P는 Ewald 구에 접해 있는 (100)면의 역격자점이다. 점 F는 검출기인 필름 위의 원점이고 R은 필름 위에 기록된 반사 (100)의 회절점이다. 거리 OP는 거리 $d(100)$의 역이며 $d(100)$은 단위 세포의 a-축의 길이이다. 삼각형 CRF와 CPO는 닮은 꼴 삼각형이며 그 Ewald 구의 반지름이 $1/\lambda$이므로 다음과 같은 식이 성립한다.

$$\frac{RF}{CF} = \frac{PO}{CO} = \frac{PO}{1/\lambda} = PO \times \lambda$$

따라서 $PO = \dfrac{RF}{CF \times \lambda}$

식 (4.2.5)에 의하여 $d_{100} = \dfrac{1}{PO}$이므로 다음 식으로부터 CF와 RF의 길이를 측정하면 그 결정의 a-축의 길이 $d(100)$을 계산할 수 있다.

$$d_{100} = \frac{CF \times \lambda}{RF}$$

$(hk0)$층 사진에서 같은 방법으로 b-축의 길이가 얻어진다. 다음에는 X-선과 a^*-축 또는 b^*-축을 나란하게 맞춘 후 $(0kl)$ 또는 $(h0l)$층의 세차운동 사진을 촬영하면 X-선 사진에서 c-축의 길이를 얻을 수 있다.

② 검출기를 이용한 방법

근래 들어, 소프트웨어는 신틸레이션(scintillation) 또는 CCD(charge-coupled device)와 같은 검출기를 사용하여 결정이 부착된 고니오미터(goniometer)를 움직이면서 신틸레이션에서는 25개 반사를, CCD일 때는 50~100개 정도의 강도가 강한 반사를 찾아서 그들의 Bragg 각도(θ)를 얻는다. 이때 얻은 θ와 실험에 사용한 X-선 파장 λ를 Bragg 식에 대입하여 각 반사의 면간 거리 d를 얻게 된다. 이 d 값을 면간 거리 $d(hkl)$가 단위 세포 상수 a, b, c, α, β, γ와 Miller 지수 (hkl)의 함수로 표현된 다음 식에 대입하여 최소자승 정밀화법으로 가장 잘 맞는 단위 세포 상수 a, b, c, α, β, γ와 함께 각 반사의 Miller 지수를 결정하는 것이다.

$$d^*(hkl) = \frac{1}{d(hkl)} = [h^2b^2c^2\sin^2\alpha + k^2a^2c^2\sin^2\beta + l^2a^2b^2\sin^2\gamma c^*$$ [31]

$$+ 2hkabc^2(\cos\alpha\cos\beta - \cos\gamma) + 2hlab^2c(\cos\gamma\cos\alpha - \cos\beta)$$

$$+ 2kla^2bc(\cos\beta\cos\gamma - \cos\alpha)]^{1/2}/V$$

$$V = abc(1 - \cos^2\alpha - \cos^2\beta - \cos^2\gamma + 2\cos\alpha\cos\beta\cos\gamma)^{1/2}$$

이렇게 예비로 결정된 단위 세포 상수를 사용하여 결정 구조 해석을 위한 수천 개 반사의 회절 강도를 측정한 다음, 이들 중에서 좋은 강도를 갖는 수천 개의 반사를 사용하여 또 다시 최소자승 정밀화법으로 최종의 단위 세포 상수를 결정한다.

31) 기초 X-선 결정학, 강상욱, 서일환, 2007, Section 1.4, p. 50, 고려대학교출판부

Chapter 05

회절 강도와 공간군 결정

(Diffraction intensity and space group determination)

X-선 회절 강도는 구조 인자의 절대치의 제곱에 비례하는데, 그 구조 인자는 파동으로 표시된다. 구조 인자 식에는 위상 항이 포함되어 있어 구조를 밝힌다는 것은 이 위상을 결정하는 것이며 다시 말해 원자의 위치를 찾는 것이다. 위상의 결정 과정을 밟기 전에 먼저 대상 시료의 공간군을 결정해야 하는데 공간군의 결정에는 주로 구조 인자의 규칙적인 소멸 법칙을 이용한다. 특별히 카이랄 분자들에 속한 공간군은 65개로 제한된다.

5.1 구조 인자(Structure factor)

5.1.1 단진동 운동과 파동(Simple harmonic motion and wave)

이 절에서는 X-선 같은 모든 파동들을 복소수 $\exp i\theta$로 쓸 수 있음을 보인다.

그림 5.1.1에서 입자 P는 반지름 A인 원주 위를 등각속도 ω(rad / sec)로 회전운동을 하고 있고, 동시에 입자 Q는 직선 RS를 상하로 왕복운동을 하여 P와 Q의 $y-$ 좌표는 항상 서로 같다. 그림 5.1.1에서와 같이 입자 Q의 왕복운동을 단진동 운동(simple harmonic motion)이라고 한다.

$t=0$일 때 $\theta=0$이었다면 임의의 순간 t에서의 θ(radian)는 다음과 같이 나타낼 수 있다.

$$\theta(\text{rad}) = \omega(\text{rad/s})t(\text{s})$$

원의 중심이 원점이면, 입자 P의 $x-$ 및 $y-$ 좌표는 다음과 같다.

$$x(t) = A\cos\,\omega t\,,\; y(t) = A\sin\,\omega t$$

이러한 단진동 운동의 예는 용수철에 매달린 추의 운동에서 볼 수 있다. 그림 5.1.2에서와 같이 일정한 속도로 이동하는 종이 위에 용수철에 달린 토막의 운동을 기록하면, 종이 위에는 sine(또는 cosine) 형태의 변위가 나타나고, 마찰이 없을 때 토막은 $x=+A$와 $-A$의 두 극값들 사이를 진동하게 되는데 A를 진동의 진폭(amplitude)이라고 부른다.

위상 ωt의 단위는 radian이므로, x가 분수좌표라면 ωt를 $2\pi x$(radian)로 변경하여 그림 5.1.1에서 $x-$ 및 $y-$ 성분의 좌표들을 다음과 같이 쓸 수 있다.

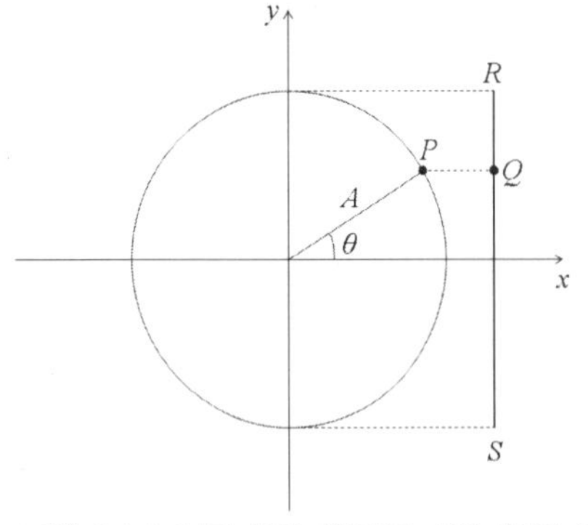

그림 5.1.1 입자 P가 반지름 A인 원주 위를 등각속도로 원운동을 하고 있다.

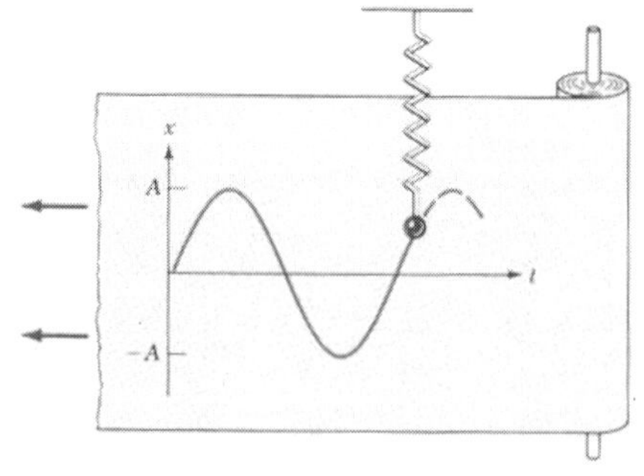

그림 5.1.2 진동하는 토막은 일정한 속도로 이동하는 종이 위에 sine 곡선을 남긴다.

$$A(x) = A\cos 2\pi x \qquad (5.1.1)$$

$$A(y) = A\sin 2\pi y \qquad (5.1.2)$$

식 (5.1.1)과 (5.1.2)를 파동으로 나타내면 각각 그림 5.1.3의 (1), (2)와 같다. 그림 5.1.3의 (5)를 제외한 모든 파동들은 진폭 $A = 1$이고, $x = 0.0 \sim 1.0$ 사이에 진동수가 1이다.

그림 5.1.3의 (3)번과 (4)번은 위상이 다른 sine 곡선들인데, (1)번과 (3)번은 동일한 곡선으로 다음 식을 이용하여 증명한다:

$$\sin(2\pi x + 90^\circ) = \sin 2\pi x \cos 90^\circ + \cos 2\pi x \sin 90^\circ = \cos 2\pi x$$

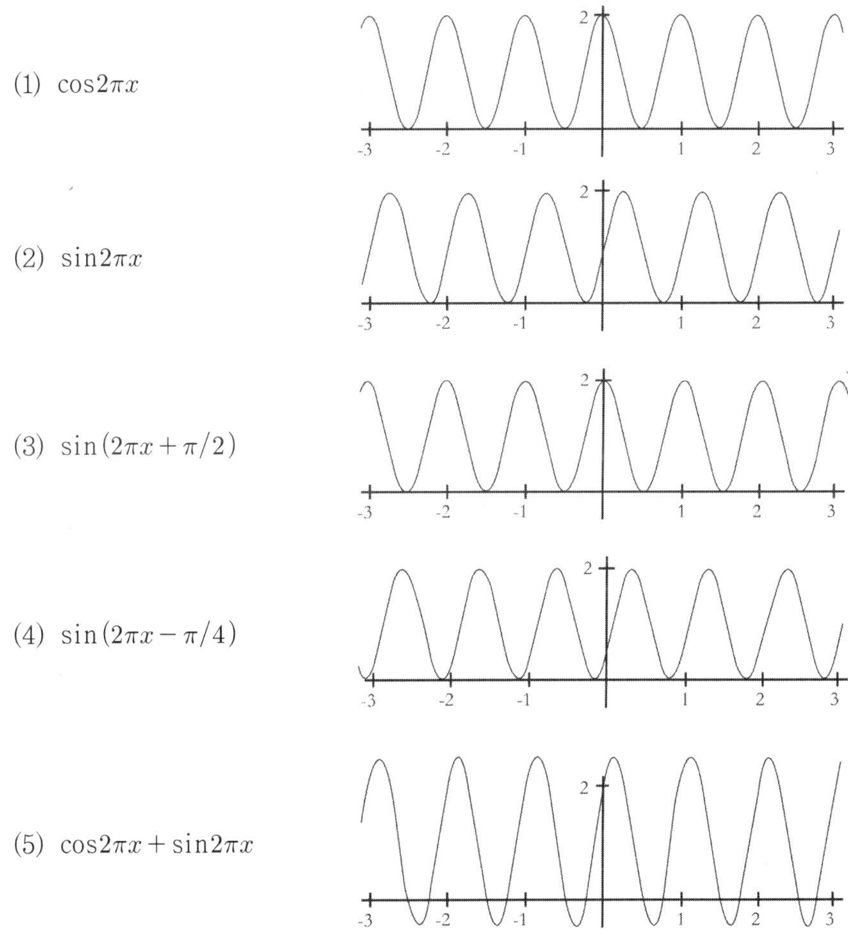

그림 5.1.3 5가지 사인곡선(sinusoidal)의 모양 | 모든 함수에는 1이 가해져서 (1) ~ (4)까지는 모든 함수가 양의 값을 갖는다.

그림 5.1.3의 (5)번은 sine과 cosine의 합산으로 진폭이 달라 위의 어느 곡선과도 일치하지 않지만 주기는 같다. 그림 5.1.3에 있는 함수들을 정현상(sinusoidal)의 함수라고 부른다.

지금까지는 그림 5.1.1에서 단진동 운동을 하는 P점의 x-성분과 y-성분을 분리하여 따로 취급하였다. 이제부터는 그림 5.1.1의 단진동 운동을 하는 P점의 x-성분과 y-성분을 한 개의 식으로 나타내어 설명하고자 한다.

해석 기하학(analytic geometry)에서는 평면상에 있는 한 점 (5, 3)을 그림 5.1.4와 같이 (5, 3)으로 나타내며, 복소평면(complex plane)에서는 그 같은 점을 복소수(complex numbers) $5+3i$로 나타낸다. 복소평면에서 x-축을 실축(real axis), y-축을 허축(imaginary axis)이라 부르는데 허축이라 해서 iy를 그리는 것이 아니라 그저 y를 그릴 뿐이다.

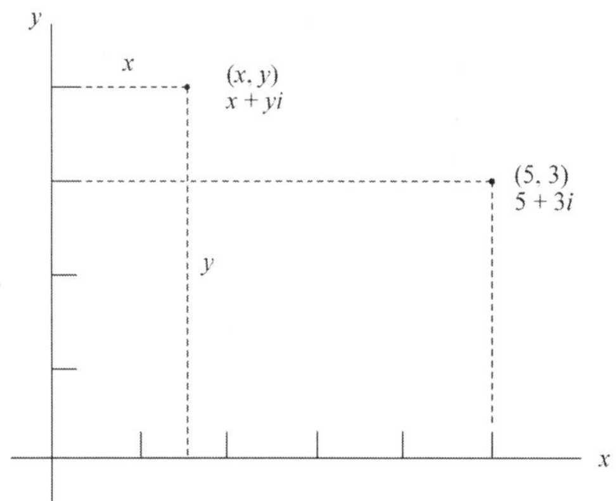

그림 5.1.4 복소평면(complex plane).

그림 5.1.1의 P점의 좌표인 식 (5.1.1)과 (5.1.2)를 +를 사용하여 복소평면에서 나타내는 식으로 표시하면 식 (5.1.3)과 같이 한 개의 식이 된다.

$$x + iy = A(\cos\theta + i\sin\theta) = A\exp i\theta \qquad (5.1.3)$$

식 (5.1.3)의 θ에 표 5.1.1의 값을 대입하면 그림 5.1.1의 원이 얻어지며, 식 (5.1.3)은 그림 5.1.3 (5)와 같다. 여기서 $i = \sqrt{-1}$ 이다.

표 5.1.1 7개의 θ값에 대한 cosine과 sine의 값들. ($\sqrt{3}/2 = 1.73205/2 = 0.866$)

θ (°)	0	30	60	90	120	150	180
θ (rad)	0	$\pi/6$	$\pi/3$	$\pi/2$	$2\pi/3$	$5\pi/6$	π
$\cos\theta$	1.0	$\sqrt{3}/2$	1/2	0.0	−1/2	$-\sqrt{3}/2$	−1.0
$\sin\theta$	0.0	1/2	$\sqrt{3}/2$	1.0	$\sqrt{3}/2$	1/2	0.0

결론적으로 모든 단진동 운동은 식 (5.1.3)과 같이 복소수로 나타낼 수 있다. 여기서 주목할 것은 복소수 중에서 실수 성분은 직교 좌표계에서 단진동 운동의 x-성분이고, 허수 성분은 y-성분이어서 이들이 벡터적으로 합산될 수 있다. 그리고 파동의 강도(intensity)는 이 복소수의 크기를 제곱하여 얻어진다. 결정학에서 주기적인 파동함수인 구조 인자는 복소수 $F(hkl) = \sum_{j=1}^{N} \exp 2\pi i r_j$로 표시되며 이 식에는 x-성분과 y-성분이 함께 포함되어 있어서 매우 유용하다.

5.1.2 2개 산란파들 간의 위상 차이(Phase difference between two scattered waves)

단색 복사선이 결정에 입사하여 단위 세포 내의 원점 (0, 0, 0)과 임의의 (x, y, z) 점에 있는 두 개의 원자들에서 회절할 때 생기는 위상 차이를 두 가지로 설명하고자 한다.

① 파동적 개념

4.1.1절에서 언급한 바와 같이 Miller 지수의 정의에 의하여 한 면 (hkl)은 a-, b-, c-축 각각을 h, k, l 등분한다. Bragg 법칙, $\lambda = 2d(hkl)\sin\theta(hkl)$에 따라 (hkl)의 연속적인 반사 사이에는 1개 파장 λ, 즉 2π radian의 위상차가 있다. a-, b-, c-축 방향으로 $F(x) = \cos 2\pi x (h=1)$, $F(y) = \cos 2\pi 2y (k=2)$, $F(z) = \cos 2\pi 3z (l=3)$의 파가 지나간다고 할 때 원점 (0, 0, 0)으로부터 (1, 0, 0), (0, 1, 0), (0, 0, 1)점까지의 위상차는 그림 5.1.5와 같이 각각 $\delta(a) = 2\pi$, $\delta(b) = 4\pi$, $\delta(c) = 6\pi$의 위상차가 있다.

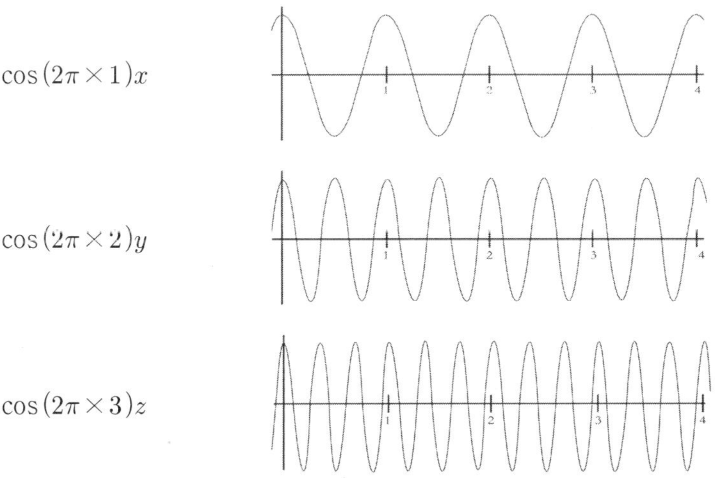

그림 5.1.5 좌측 3개의 파동 각각에서 $x = 0.0 \sim 1.0$ 사이에 진동수가 각각 1, 2, 3이어서 그 사이의 위상차는 2π, 4π, 6π radian이다.

따라서 X-선이 (hkl)면에 대하여 회절할 때 두 점 $(0,0,0)$와 (x,y,z) 사이의 위상차는 그림 5.1.6에 나타낸 $(0,0,0)$에서 $(x,0,0)$까지 $(2\pi h)x$, $(x,0,0)$에서 $(x,y,0)$까지 $(2\pi k)y$, 그리고 $(x,y,0)$에서 (x,y,z)까지 $(2\pi l)z$를 합한 값 $\delta(hkl) = 2\pi(hx+ky+lz)$이다.

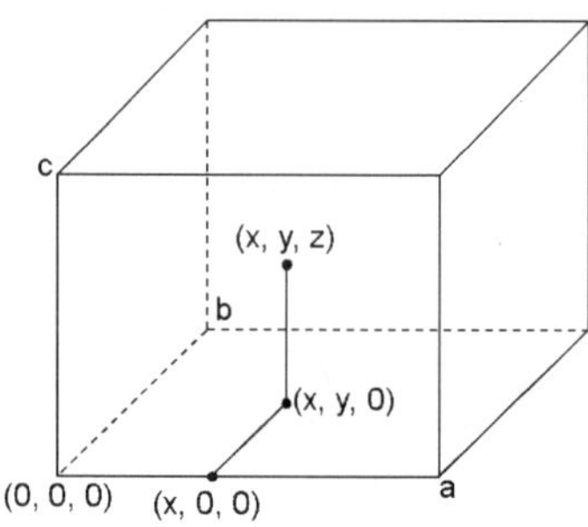

그림 5.1.6 평행육면체(parallelepiped) 내의 *x*-축 위의 점 (*x*, 0, 0), *ab*면상의 점 (*x*, *y*, 0), 그리고 체내의 점 (*x*, *y*, *z*)로 나타나 있다.

② 역격자 개념

그림 5.1.7에서는 평행한 2개의 단색파(monochromatic wave)가 한 평면에서 입사하여 반사하는 것을 보인다. 반사에서는 입사각과 반사각이 같다. 입사파가 A 점과 B 점까지 같은 거리를 진행한 다음 반사할 때 C 점과 D 점에서 동시에 출발하였다. 따라서 두 개의 파 사이의 경로차는 AD 와 CB 이다. 그런데 그 차에는 $\mathrm{AD} = \mathrm{CB} = \mathrm{AC}\sin\theta\,(\theta = \theta')$식이 성립하여 같은 거리 AC 에 같은 $\sin\theta$를 곱한 것이어서 두 개의 파 사이의 행로 차이가 없다. 이 결과는 단색파가 한 평면상의 어느 점에서 반사하더라도 위상차가 없음을 의미한다.

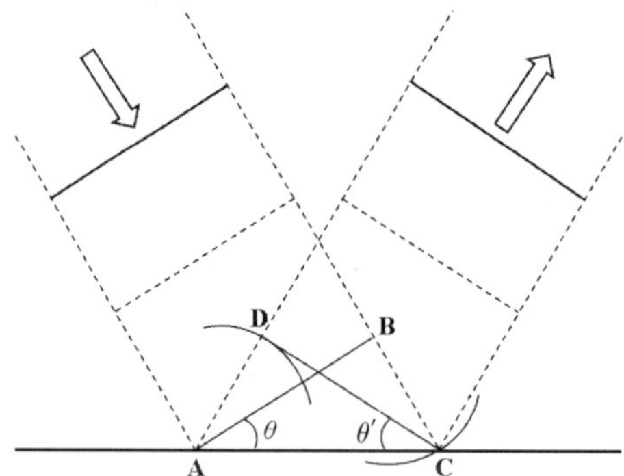

그림 5.1.7 $\theta = \theta'$ 이다.(여기서 θ와 θ'은 Bragg의 각이 아니다.) 따라서 $\mathrm{AD} = \mathrm{CB} = \mathrm{AC}\sin\theta$가 성립하므로 두 개의 파장 사이의 위상차는 없다.

그림 5.1.8에서는 파장이 λ인 파동 $\exp ikr$(여기서 $k=2\pi/\lambda$이다.)이 (hkl)면에 Bragg 각도 $\theta(hkl)$의 방향으로 입사하여 **Bragg 법칙** $2d(hkl)\sin\theta(hkl)=\lambda$을 따라 회절되는 것을 나타내었다. 단위 세포의 원점 (0,0,0)에 고정되어 있는 원자와 단위 세포 내 임의의 점 $P(x, y, z)$에 고정되어 있는 두 원자가 만드는 위상차 $\delta(hkl)$을 계산하고자 한다.

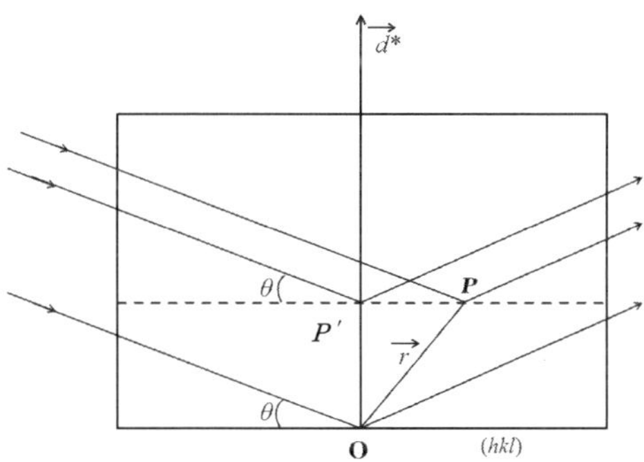

그림 5.1.8 단위 세포 내에 있는 O점과 P점에서 회절된 두 파동을 보인다. 여기서 역격자 벡터 $\vec{d^*}(hkl)=h\vec{a^*}+k\vec{b^*}+l\vec{c^*}$이다.

그림 5.1.8에서 벡터 $\vec{r}$는 $\vec{r}(x,y,z)=\vec{a}x+\vec{b}y+\vec{c}z$로 표시되며, 역격자 벡터 $\overrightarrow{d^*}(hkl)=h\overrightarrow{a^*}+k\overrightarrow{b^*}+l\overrightarrow{c^*}$는 원점에서 역격자점 (hkl)까지의 벡터로 면 (hkl)에 수직이다. 그림 5.1.7에서와 같이 한 평면상의 모든 점에서 반사하는 파동 사이에는 위상차가 없으므로 그림 5.1.8 내의 $P(x, y, z)$점을 $\overrightarrow{d^*}(hkl)$의 선상에 투영하면 두 파동 사이의 행로차를 쉽게 계산할 수 있다. 즉 $\overrightarrow{d^*}(hkl)$의 단위 벡터 $\overrightarrow{d^*}(hkl)/d^*(hkl)$와 $\vec{r}(x,y,z)$를 스칼라 곱을 하면 원점 O에서 면 (hkl) 상의 P'점까지의 거리가 다음과 같이 계산된다.

$$\frac{\overrightarrow{d^*}}{d^*}\bullet\vec{r}(xyz)=\frac{1}{d^*}(h\overrightarrow{a^*}+k\overrightarrow{b^*}+lc^*)\bullet(x\vec{a}+y\vec{b}+z\vec{c})=d(hkl)(hx+ky+lz)$$

이 값이 (hkl)면의 면간 거리이다.

O점과 P'점에서 반사하는 두 개 파동 사이의 행로 차이는 Bragg 식에 의해 다음과 같다.

$$2d(hkl)(hx+ky+lz)\sin\theta(hkl)=\lambda(hx+ky+lz)$$

따라서 경로차를 radian으로 표현하기 위하여 $2\pi/\lambda$를 곱하면 다음과 같다.

$$\delta(hkl)=2\pi(hx+ky+lz) \qquad (5.1.4)$$

$\delta(hkl)$은 각 원자에 의한 위상의 차이로, 사용하는 파장과 무관하고 다만 Miller 지수 (hkl)와 각 원자의 좌표 (x, y, z)에만 의존함을 알 수 있다.

예제 5.1.1 단위 세포 내에 2개 원자들 C1과 C2가 좌표 (1/6 0 0)과 (1/3 0 0)에 위치하고 있다. 각 원자의 원점에 대한 위상(phase) 차이 $\delta(200)$를 계산하여라.

해답 식 (5.1.4)에 $h=2$와 $x=\frac{1}{6}$ 또는 $\frac{1}{3}$을 대입하면 답이 얻어진다.

$$\delta_{C1}(200) = 2\pi(2\times\frac{1}{6}) = \frac{2\pi}{3} = 120^{\circ}$$

$$\delta_{C2}(200) = 2\pi(2\times\frac{1}{3}) = 240^{\circ}$$

5.1.3 구조 인자와 Friedel 법칙(Structure factor and Friedel's law)

그림 5.1.9에서와 같이 X-선이 결정의 (hkl)면에 θ방향으로 입사하여 Bragg 회절을 할 때 한 단위 세포의 원점에 대한 거리 r_1, r_2, r_3의 함수인 원자 1, 2, 3 등이 만드는 위상차를 $\delta_1, \delta_2, \delta_3$라고 하면, 회절된 각 파동들 exp $i(kr+\delta_j)$의 위상이 다르다는 것을 알 수 있다.

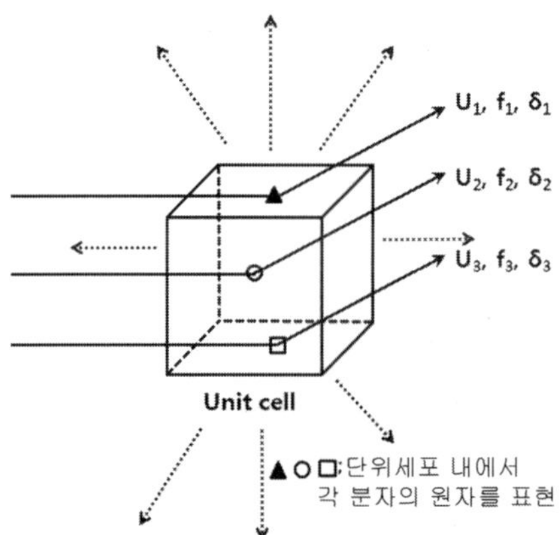

그림 5.1.9 한 결정의 단위 세포 내에 있는 3개 원자에 의한 X-선 산란.

단위 세포 내에 있는 모든 N개의 원자에서 회절된 N개의 파동을 결합하면 다음과 같이 표현됨을 알 수 있다.

$$u_1 + u_2 + u_3 + \cdots + u_N = (f_1 \exp i\delta_1 + f_2 \exp i\delta_2 + f_3 \exp i\delta_3 + \cdots + f_N \exp i\delta_N) \exp ikr$$

$$= \sum_j^N f_j \exp(i\ \delta_j) \exp ikr = F(hkl) \exp ikr$$

이 합성파동의 진폭인 $F(hkl)$를 구조 인자라고 하며, 여기에 식 (5.1.4)를 대입하면 다음과 같이 된다:

$$F(hkl) = \sum_j^N f_j(x_j, y_j, z_j) \exp 2\pi i(hx_j + ky_j + lz_j) \qquad (5.1.5)$$

식 (5.1.5)는 수학적으로 Fourier 변환(transform)이라 불린다. 즉 (x_j, y_j, z_j)의 함수인 $f_j(x_j, y_j, z_j)$에 $\exp 2\pi i(hx_j + ky_j + lz_j)$을 곱하여 합산한 것이 $f_j(x_j, y_j, z_j)$의 Fourier 변환이고, 그 결과로 얻어진 것이 (hkl)의 함수인 $F(hkl)$이다. 바꾸어 말하면 산란 인자 f_j를 Fourier 변환한 것이 구조 인자 $F(hkl)$이다(6.2.1절 참조). Euler의 공식에 의하여 식 (5.1.5)는 다음과 같이 나타낼 수 있으며 이 식은 대표적인 비대칭 중심 공간군 $P1(1)$의 구조 인자식이다.

$$F(hkl) = \sum_j^N f_j [\cos 2\pi(hx_j + ky_j + lz_j) + i \sin 2\pi(hx_j + ky_j + lz_j)]$$

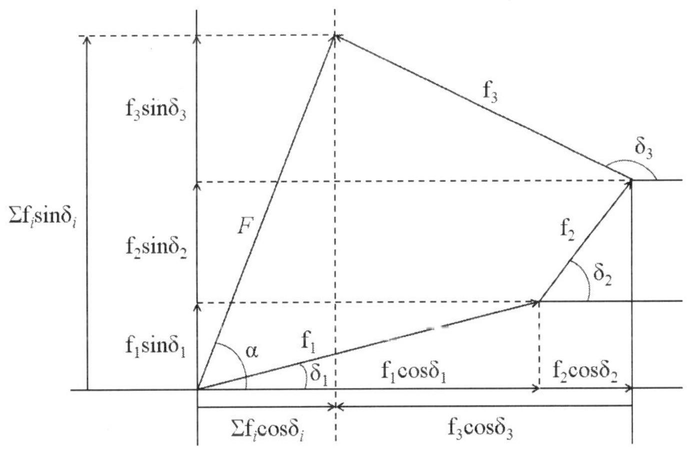

그림 5.1.10 벡터의 합산 F의 두 좌표축 상으로의 성분은 각 벡터 성분의 합과 같다.

그림 5.1.10에 나타낸 것과 같이 구조 인자의 위상 $\alpha(hkl)$는

$$\tan\alpha(hkl) = \frac{\sum_j f_j \sin\delta_j}{\sum_j f_j \cos\delta_j}$$

$$\alpha(hkl) = \arctan\frac{\sum_j f_j \sin\delta_j}{\sum_j f_j \cos\delta_j} \qquad (5.1.6)$$

인데 sine은 홀수 함수이므로 다음과 같은 식이 성립한다.

$$\alpha(hkl) = -\alpha(\bar{h}\bar{k}\bar{l}) \qquad (5.1.7)$$

따라서 식 (5.1.4)와 똑같이 구조 인자의 위상 $\alpha(hkl)$는 Miller 지수와 원자들의 좌표에만 의존하고 사용되는 파장에는 무관하다.

비대칭 중심 공간군에 속한 구조 인자의 위상 $\alpha(hkl)$는 0°부터 360°까지 임의의 값을 가질 수 있다. 이에 대하여 대칭 중심 공간군에서는 일반 등가 좌표에 항상 $\pm x$, $\pm y$, $\pm z$가 동시에 존재하여 이를 구조 인자 식에 대입하면 구조 인자 식에 있는 sine 항이 없어지고 다음과 같이 cosine 항만 남는다. 이 식이 대표적인 대칭 중심 공간군 $P\bar{1}$(2)의 구조 인자식이다.

$$F(hkl) = 2\sum_{j=1}^{N/2} f_j \cos 2\pi(hx_j + ky_j + lz_j) \qquad (5.1.8)$$

따라서 그림 5.1.10에서 구조 인자는 x-성분만 남게 되어 대칭 중심 공간군의 위상 $\alpha(hkl)$는 0°이거나 180°이므로 구조 인자의 부호는 (+)이거나 (−)이다.

구조 인자 $F(hkl)$은 X-선이 결정의 (hkl)면에 Bragg 각도 θ의 방향으로 입사할 때, 단위 세포 내에 있는 모든 원자들이 Bragg 회절을 한 합성파의 진폭인데, 실험실에서 측정되는 X-선의 회절 강도는 그 진폭 크기의 제곱에 비례한다. 따라서 복소수인 구조 인자의 절대치의 제곱은 다음과 같이 나타낼 수 있다.

$$I(hkl) \propto |F(hkl)|^2 = F(hkl)F^*(hkl) \qquad (5.1.9)$$

$I(hkl)$는 X-선 회절기의 검출기에서 측정되는 회절 강도이다. 즉 회절 강도 $I(hkl)$는 구조 인자의 크기를 제곱한 것이다. 따라서 변칙적인 산란을 무시할 때 X-선의 회절 강도는 다음과 같이 항상 'centrosymmetric하다'라는 결과가 얻어진다.

$$I(hkl) = I(\bar{h}\bar{k}\bar{l}) \tag{5.1.10}$$

식 (5.1.10)을 Friedel **법칙**이라고 한다.

예제 5.1.2 비대칭 중심 공간군 $P1$에 속한 한 단위 세포 내에 2개 탄소 원자들 C1과 C2가 좌표 (1/6 0 0)과 (2/6 0 0)에 위치하고 있다. 2개 탄소 원자의 산란 인자를 각각 f_{C1}과 f_{C2}라 하자. (a) 각 원자의 구조 인자 $F(100)$, $\alpha(100)$, 회절 강도 $I(100)$를 계산하여라. (b) 두 원자를 합성한 $F(100)$, $\alpha(100)$, 회절 강도 $I(100)$를 계산하여라.

해답 (a) 식 (5.1.4) → 위상: $\delta(100)_{C1} = 2\pi(1/6) = 60^\circ$

식 (5.1.5) → 구조 인자: $F(100)_{C1} = f_{C1} \exp i 60^\circ$

식 (5.1.9) → 회절 강도: $I(100)_{C1} = f_{C1}^2$

식 (5.1.4) → 위상: $\delta(100)_{C2} = 2\pi(1/3) = 120^\circ$

식 (5.1.5) → 구조 인자: $F(100)_{C2} = f_{C2} \exp i 120^\circ$

식 (5.1.9) → 회절 강도: $I(100)_{C2} = f_{C2}^2$

(b) 식 (5.1.5) → 2개 원자 C_1과 C_2를 합한 구조 인자:

$$\begin{aligned} F(100)_{C1+C2} &= f_{C1} \exp i 60^\circ + f_{C2} \exp i 120^\circ \\ &= f_{C1}(\cos 60^\circ + i \sin 60^\circ) + f_{C2}(\cos 120^\circ + i sin 120^\circ) \\ &= f_{C1} \cos 60^\circ + f_{C2} \cos 120^\circ + i(f_{C1} \sin 60^\circ + f_{C2} \sin 120^\circ) \\ &= \frac{f_{C1} - f_{C2}}{2} + i\frac{\sqrt{3}}{2}(f_{C1} + f_{C2}) \end{aligned}$$

식 (5.1.6) → $F(100)_{C1+C2}$의 합성 위상 $\alpha(100)_{C1+C2}$은 다음과 같다.

$$\alpha(100)_{C1+C2} = \arctan\frac{\sqrt{3}(f_{C1} + f_{C2})}{f_{C1} - f_{C2}}$$

식 (5.1.9) → 2개 원자 $C1$과 $C2$를 합한 회절 강도:

$$I(100)_{C1+C2} = \left|\frac{f_{C1} - f_{C2}}{2} + i\frac{\sqrt{3}}{2}(f_{C1} + f_{C2})\right|^2$$

예제 5.1.3 대칭 중심 공간군 $P\bar{1}$에 속한 한 단위 세포 내에 2개 탄소 원자들 C1과 C2가 좌표 (±1/6 0 0)과 (±2/6 0 0)에 위치하고 있다. 2개 탄소 원자의 산란 인자를 각각 f_{C1}과 f_{C2}라 하자. (a) 각 원자의 구조 인자 $F(100)$, $\alpha(100)$와 회절 강도 $I(hkl)$를 계산하여라. (b) 두 원자를 합성한 $F(100)$, $\alpha(100)$와 회절 강도 $I(hkl)$를 계산하여라.

해답 (a) 식 (5.1.4) → 위상: $\delta(100)_{C1} = 2\pi(1/6) = 60^\circ$

식 (5.1.8) → 구조 인자: $F(100)_{C1} = 2f_{C1}\cos 60° = f_{C1}$

식 (5.1.9) → 회절 강도: $I(100)_{C1} = f_{C1}^2$

식 (5.1.4) → 위상: $\delta(100)_{C2} = 2\pi(1/3) = 120°$

식 (5.1.8) → 구조 인자: $F(100)_{C2} = 2f_{C2}\cos 120° = -f_{C2}$

식 (5.1.9) → 회절 강도: $I(100)_{C2} = f_{C2}^2$

(b) 식 (5.1.5) → 2개 원자 $C1$과 $C2$를 합한 구조 인자:

$F(100)_{C1+C2} = f_{C1} - f_{C2}$

그림 5.3.1에 의하면 원자 산란 인자 f값은 Bragg 각 θ가 클수록 작아 $f_{C1} > f_{C2}$ 이므로 $(f_{C1} - f_{C2}) > 0$이다.

따라서 $F(100)_{C1+C2}$의 합성 위상은 $\alpha(100)_{C1+C2} = 0$이다.

식 (5.1.9) → 2개 원자 $C1$과 $C2$를 합한 회절 강도:

$I(100)_{C1+C2} = (f_{C1} - f_{C2})^2$

5.1.4 온도 인자(Temperature factor)

5.1.2절에서 그림 5.1.8의 $P(x, y, z)$점에 있는 원자가 정지해 있다고 가정하였다. 그러나 실제로 모든 원자는 열 에너지에 의해 움직이고 있다. 따라서 원자가 열적 진동 때문에 생기는 미소변위를 분수좌표를 써서 $u_x/a, u_y/b, u_z/c$ 라고 한다면, 원자의 좌표는 $x + u_x/a$, $y + u_y/b$, $z + u_z/c$ 로 변하므로 이를 구조 인자 식 (5.1.5)에 대입하면 $F(hkl)$은 다음과 같이 나타낼 수 있다.

$$F(hkl) = \sum_{j=1}^{N} f_j \exp\left[2\pi i\left(hx_j + h\frac{u_{x_j}}{a} + ky_j + k\frac{u_{y_j}}{b} + lz_j + l\frac{u_{z_j}}{c}\right)\right]$$

$$= \sum_{j=1}^{N} f_j \exp[2\pi i(hx_j + ky_j + lz_j)] \exp\left[2\pi i\left(h\frac{u_{x_j}}{a} + k\frac{u_{y_j}}{b} + l\frac{u_{z_j}}{c}\right)\right]$$

위 식의 첫 번째 지수 항은 식 (5.1.5)로, 이는 원점으로부터 정지해 있는 원자의 위치까지의 거리에 의한 위상차에 의해 생긴 구조 인자이고, 두 번째 지수 항은 원자를 이룬 전자 밀도가 열 에너지에 의해 원자의 중심으로부터 변위된 거리에 의한 위상차가 구조 인자에 기여한 항으로 이 항을 온도 인자라고 한다.

반사의 회절 강도를 측정할 때는 매 반사마다 일정 시간(예를 들면 20초) 동안 측정을 하는데 원자는 이 시간 동안에도 계속 진동 운동을 하고 있으므로 원자 위치의 시간 평균값을 계산해야 한다. 이 평균값은 정확히 계산할 수 없어 근사치를 계산해야 하는데, 이 과정에서 온도 인자를 나타내는 지수 항에 (−)가 붙게 되어 구조 인자는 다음 식으로 나타난다.

$$F(hkl) = \sum_{j=1}^{N} f_j \exp\left[2\pi i(hx_j + ky_j + lz_j)\right] \exp\left[-B_j \frac{\sin^2\theta(hkl)}{\lambda^2}\right]$$

여기서 $\exp\left[-B_j \frac{\sin^2\theta(hkl)}{\lambda^2}\right]$를 등방성 온도 인자(isotropic temperature factor)라고 부르며, $B = 8\pi u^2$으로 유기분자에서 B의 값은 보통 2~5 Å 이며[32], 원자의 동일한 등방성 진동 진폭 u의 제곱인 $u^2 = 0.0254 \sim 0.0634$ Å ^{2}이다. $-B$ 때문에 온도 인자는 분모가 되어 이 값이 증가할수록 반사의 회절 강도를 약하게 만드는 영향을 끼친다. 이렇게 온도 인자가 커지면 구조의 신뢰도인 R-인자가 증가하는 것은 물론 하나의 원자가 두 개의 다른 위치를 점유하는(disordered) 경우가 발생한다. 그림 5.1.11 (a)와 그림 5.1.11 (b)에는 각각 등방성 온도 인자와 비등방성 온도 인자로 작도한 $C_{38}H_{34}B_{10}N_2$ 분자의 ORTEP(Oak Ridge Thermal Ellipsoid Plot) 도해(diagram)[33]이다.

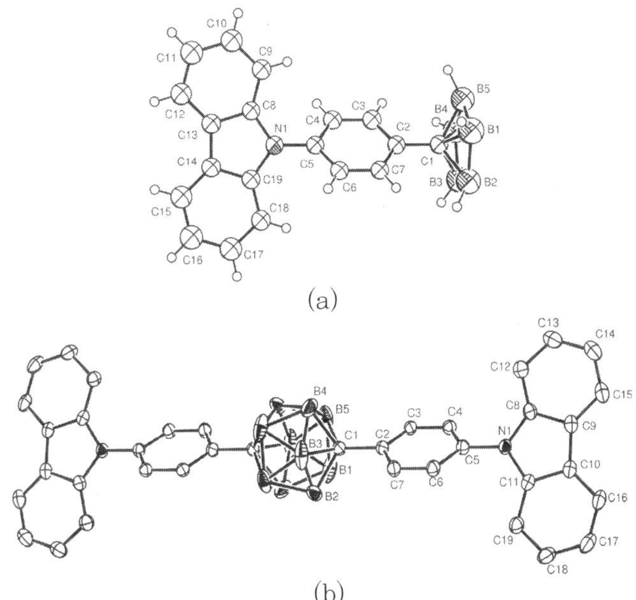

그림 5.1.11 (a) 등방성 온도 인자와 30%의 확률을 갖는 $C_{38}H_{34}B_{10}N_2$ 분자의 비대칭 단위인 반 분자의 ORTEP 도면이다. 방향족(aromatic) H 원자들은 C-H = 0.93 Å을 갖는 이상화된 sp^2 기하 도형적 배열과 $U_{iso} = 1.2U_{eq}(C)$를 갖는, 그리고 카보레인(carborane)의 H 원자는 C-H = 1.1 Å과 $U_{iso} = 1.2U_{eq}$를 갖는 모델에 포함되었다. 공간군은 $Pbca$(61)이다.
(b) 비등방성 온도 인자들을 갖는 한 분자 $C_{38}H_{34}B_{10}N_2$의 ORTEP 도면이다. 원자 이름이 붙은 반 분자가 비대칭 단위이고, 완전한 한 분자는 카보레인의 중앙에 있는 대칭 중심에 의하여 옮겨진 이름이 없는 다른 반 분자에 의하여 이루어졌다. 수소 원자는 생략되었다(위경량,. et al.).

32) Stout & Jensen, X-ray Structure Determinations, p. 226, John Wiley & Sons, New York, 1989
33) Johnson, C.K., ORTEP, Report ORNL-3794, Oak Ridge National Laboratory, Oak Ridge, Tennessee (1965)

그림 5.1.12와 5.1.13은 $C_{24}H_{24}O_5$와 $C_{26}H_{26}Br_2O_5$의 ORTEP 도해로 disordered된 탄소 원자가 나타나 있다.

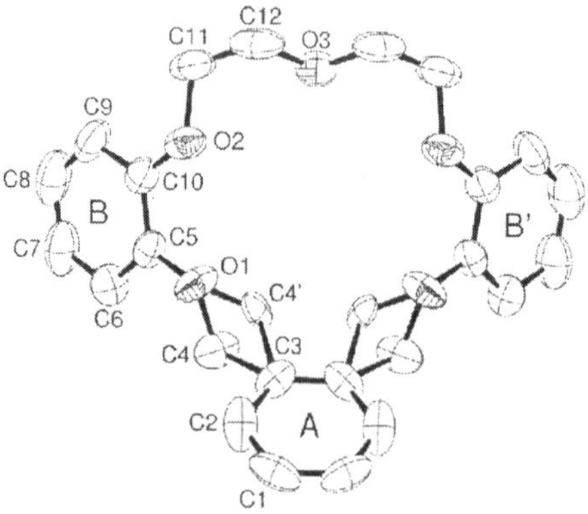

그림 5.1.12. 한 분자 $C_{24}H_{24}O_5$의 ORTEP 도형 | 탄소 C4 원자는 C4, C4'으로 disordered되어 있다.[34]

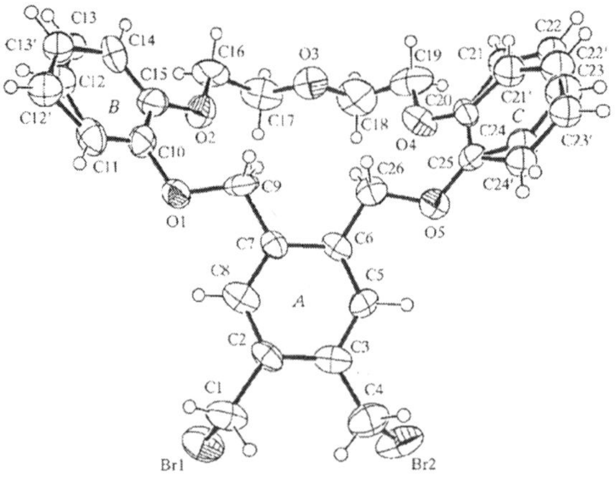

그림 5.1.13. 원자의 이름이 있는 $C_{26}H_{26}Br_2O_5$의 ORTEP 도형 | 2개의 phenyl 고리 B와 C에 있는 몇 개의 탄소 원자들(B: C12, C12'; C13, C13'; C: C21, C21'; C22, C22'; C23, C23'; C24, C24')은 disordered되어 있다.[35]

34) Acta Cryst. (2001). E57, o416-o418. Jong Seung Kim., et al.
35) Acta Cryst. (2001). C57, 293-294. Jong Seung Kim., et al.

5.2 공간군의 결정(Space group determination)

5.2.1 회절 강도의 대칭성

결정 구조를 해석하기 위해서는 회절 강도의 비대칭 단위만 필요하다. 회절 강도의 비대칭 단위는 7개 결정계에 속한 11개 대칭 중심 점군의 대칭이 결정한다.

Miller 지수 h, k, l의 대칭성은 '표 3.2.1 결정계에 따라 배열된 32개 삼차원적 결정학적 점군'에 보인 32개 점군의 대칭성과 같다. 그러나 X-선 회절기의 검출기에서 측정되는 회절 강도 $I(hkl)$는 Friedel 법칙에 의하여 식 (5.1.10)에서와 같이 중심 대칭성을 갖고 있어

$$I(hkl) = I(\bar{h}\bar{k}\bar{l})$$

측정된 회절 강도 $I(hkl)$는 표 3.2.1에 보인 11개 Laue 군의 대칭성을 갖는다.[36] 따라서 각 결정계에 속한 X-선 회절 강도의 비대칭 단위를 구할 수 있다.[37] 7개 결정계의 Laue 군에 속한 회절 강도의 비대칭 단위는 다음과 같다.

(1) Triclinic의 Laue 군 $\bar{1}$:

$I(hkl) = I(\bar{h}\bar{k}\bar{l})$, $I(\bar{h}kl) = I(h\bar{k}\bar{l})$, $I(h\bar{k}l) = I(\bar{h}k\bar{l})$, $I(hk\bar{l}) = I(\bar{h}\bar{k}l)$

비대칭 단위: $I(hkl)$, $I(\bar{h}kl)$, $I(h\bar{k}l)$, $I(hk\bar{l})$로 제한구의 1/2

(2) Monoclinic Laue 군 $2/m$:

$I(hkl) = I(\bar{h}\bar{k}\bar{l}) = I(h\bar{k}l) = I(\bar{h}k\bar{l})$

$I(\bar{h}kl) = I(h\bar{k}\bar{l}) = I(hk\bar{l}) = I(\bar{h}\bar{k}l)$

비대칭 단위: $I(hkl)$, $I(\bar{h}kl)$로 제한구의 1/4

(3) Orthorhombic Laue 군 mmm:

$I(hkl) = I(\bar{h}kl) = I(h\bar{k}l) = I(hk\bar{l}) = I(\bar{h}\bar{k}l) = I(\bar{h}k\bar{l}) = I(h\bar{k}\bar{l}) = I(\bar{h}\bar{k}\bar{l})$

비대칭 단위: $I(hkl)$로 제한구의 1/8

(4) Tetragonal Laue 군 $4/m$의 비대칭 단위: 제한구의 1/8

Laue 군 $4/mmm$의 비대칭 단위: 제한구의 1/16

36) 기초 X-선 결정학, 강상욱, 서일환 저, 2007, p. 211, 고려대학교출판부

37) Il-Hwan Suh, et al. Acta Cryst. (1993). A49, 36.

(5) Trigonal Laue 군 $\bar{3}(R)$의 비대칭 단위: 제한구의 1/6
Laue 군 $\bar{3}m(R)$의 비대칭 단위: 제한구의 1/12
(6) Hexagonal Laue 군 $6/m$의 비대칭 단위: 제한구의 1/12
Laue 군 $6/mmm$의 비대칭 단위: 제한구의 1/24
(7) Cubic Laue 군 $m\bar{3}$의 비대칭 단위: 제한구의 1/24
Laue 군 $m\bar{3}m$의 비대칭 단위: 제한구의 1/48

5.2.2 회절 강도의 반사 조건(reflection conditions)

회절 강도의 규칙적인 소멸이라는 것은 X-선이 결정에 입사하여 회절되어 나올 때 어떤 규칙적인 조건에서 그 X-선의 강도가 없어지는 것이다. 그 강도는 구조 인자의 절대치(크기)의 제곱에 비례한다. 따라서 회절 강도가 소멸되기 위해서는 그 구조 인자가 0이 되어야 한다. 구조 인자는 반사면을 가리키는 Miller 지수 (hkl)과 원자의 좌표 (x, y, z)의 함수이다. (hkl)은 결정 내에서 X-선이 반사되는 면이므로 그 반사면이 없어질 수는 없다. 결국 반사면의 구조 인자가 없어지는 것은 단위 세포 안에 있는 원자 또는 분자의 좌표에 의존할 수밖에 없다. 그런데 각 공간군에서 원자 또는 분자의 좌표를 만드는 32개 점군(표 3.2.1 참조)은 고정점에 대한 대칭일 뿐 병진변위가 없어서 반사 조건을 만들지 못한다.

규칙적인 소멸 법칙이 일어나기 위해서는 병진변위를 포함하는 대칭이 있어야 한다. 다시 말하면 규칙적인 소멸 법칙을 소유한 공간군은 병진변위를 포함한 다음의 3가지 대칭들을 포함한 공간군이다.

① 3개의 Miller 지수 모두에 관련되는 반사 조건

면 중심, 전면 중심, 또는 체심에 격자점이 있는 세포에서 발생되는 반사 조건은 반사 (hkl)의 Miller 지수 3개 모두에 적용되므로 이것을 일반적인 소멸 법칙(general extinction rule)이라고 부른다.

공간군 $C2(5)$ (b-축이 특수 축)을 통해 소멸 법칙을 알아보자. 표 3.1.4에서와 같이 C-면 중심 격자에는 2개의 격자점 0,0,0; 1/2,1/2,0이 있어서 다음과 같은 4개의 일반좌표가 생긴다:

(a) x, y, z (b) $-x, y, -z$
(c) $1/2+x,\ 1/2+y, z$ (d) $1/2-x, 1/2+y, -z$

좌표 (a)는 기본 좌표이고, 좌표 (b)는 좌표 (a)에 b-축을 따르는 2-회 회전 대칭을 작용시킨 좌표로 회전이 포함되어 있어 이것은 변위(displacement)[38]이다. 이러한 변위는 반사의 소멸 법칙을 일으키지 못한다. 좌표 (c), (d)는 (a)와 (b)에 C-중심 격자라는 병진변위(translation)[39] 1/2,1/2,0을 가하여 나온 것으로 이들이 반사의 소멸 법칙을 일으키는 것이다. 이것은 다음과 같이 증명할 수 있다.

좌표 (a), (b), (c), (d)를 구조 인자 식 (5.1.5)에 대입한다.

$$\begin{aligned} F(hkl) &= \exp 2\pi i(hx+ky+lz) + \exp 2\pi i(-hx+ky-lz) \\ &\quad + \exp 2\pi i(h/2+hx+k/2+ky+lz) + \exp 2\pi i(h/2-hx+k/2+ky-lz) \\ &= \exp 2\pi i(hx+ky+lz)[1+\exp 2\pi i(h+k)/2] \\ &\quad + \exp 2\pi i(-hx+ky-lz)[1+\exp 2\pi i(h+k)/2] \end{aligned}$$

$F(hkl)$은 $h+k=2n+1$일 때 0이 된다.

따라서 공간군 $C2(5)$의 반사 조건은 $hkl: k+l=2n$으로 Miller 지수 3개 모두에 관련되는 소멸 법칙이다. A-, B-, C-, F- 그리고 I-중심 격자가 이에 해당한다. 일반적인 소멸 법칙은 표 5.2.2에 나와 있다.

표 5.2.2 Miller 지수 3개에 관련되는 반사 조건[40]

반사 조건	세포의 중심 형태	중심 기호
없음	Primitive	P R (rhombohedral 축)
$h+k=2n$	C-면 중심	C
$k+l=2n$	A-면 중심	A
$h+l=2n$	B-면 중심	B
$h+k+l=2n$	체심 중심	I
$h+k, h+l, k+l=2n$ 또는 h,k,l 모두 홀수 또는 짝수	전면 중심	F
$-h+k+l=3n$	Rhombohedral 중심(순설정)	R (hexagonal 축)[†]
$h-k+l=3n$	Rhombohedral 중심(역설정)	
$h-k=3n$	Hexagonal 중심	H[†]

[†]강상욱, 서일환, 기초 X선 결정학, pp222~223, 고려대학교출판부

38) 변위: displacement(물리), 분자가 회전운동을 하면서 이동하는 것도 포함

39) 병진변위: translation(물리), 분자 전체의 위치가 동일하게 변하는 것

40) 표 5.2.2, 5.2.3, 5.2.4은 International Tables for Crystallography, Vol. A, edited by Theo Hahn, Fourth, revised edition, 1995에서 발췌하였다.

② Miller 지수 2개에 관련된 반사 조건

영진면에 의하여 발생되는 반사 조건은 $hk0$, $h0l$, $0kl$, hhl과 같이 두 가지 Miller 지수에만 적용되므로 구역 소멸 법칙(zonal reflection conditions 또는 zonal extinction rule)이라 불린다.

공간군 Pc (7) (b-축이 특수축)에 대해 알아보자. Pc의 c는 표 3.3.1에서와 같이 기본 좌표 (a) x, y, z를 ⊥ [010]인 면, 즉 면의 방향이 [010]의 방향과 나란한 거울면에 반사시키면 x, $-y$, z가 되며, 이 좌표에 $c/2$를 가하면 (b) x, $-y$, $1/2+z$로 되어 공간군 Pc에는 2개의 좌표만이 있다.

(a) x, y, z (b) x, $-y$, $1/2+z$

좌표 (b)에서 $-y$는 m변위에서 얻어진 것이므로 소멸 법칙을 일으키지 못하고, $1/2+z$는 병진변위에서 얻어진 것으로 이 좌표가 소멸 법칙을 유발시킨다. 이를 다음과 같이 증명할 수 있다.

좌표 (a), (b)를 구조 인자 식 (5.1.5)에 대입한다.

$$F(hkl) = \exp 2\pi i(hx+ky+lz) + \exp 2\pi i(hx-ky+l/2+lz)$$

변위에서 얻은 $-y$를 없애기 위해서는 $k=0$이 되어야 한다.

$$\begin{aligned} F(h0l) &= \exp 2\pi i(hx+lz) + \exp 2\pi i(hx+l/2+lz) \\ &= \exp 2\pi i(hx+lz)[1+\exp 2\pi i(l/2)] = 0, \text{ 이때 } l = 2n+1 \end{aligned}$$

따라서 공간군 Pc (7)의 반사 조건은 $h0l : l=2n$으로 Miller 지수 2개에 관련되는 소멸 법칙이다. 모든 영진면이 이에 해당한다. 구역 소멸 법칙은 표 5.2.3에 기록되어 있다. 영진면에는 a, b, c, n, d와 같이 5종류가 있다.

③ Miller 지수 1개에만 관련된 반사 조건(축에서의 반사 조건)

나선축에 의하여 발생되는 반사 조건은 $h00$, $0k0$, $00l$과 같이 원점을 포함하는 역격자 행, 즉 반사의 일차원적 집합에만 적용되므로 축에서의 소멸 법칙이라고 불리며 이들은 표 5.2.4에 기록되어 있다. 나선축에는 2_1, 3_1, 3_2, 4_1, 4_2, 4_3, 6_1, 6_2, 6_3, 6_4, 6_5 등 11가지가 있다. 나선축이 a-, b-, c-축이면 ($h00$), ($0k0$), ($00l$)에 영향을 미친다.

표 5.2.3 Miller 지수 2개에 관련된 반사 조건[†]

반사 형태	반사 조건	영진면			주어진 조건이 적용되는 결정학적 좌표계
		면의 방향	영진 벡터	기호	
$0kl$	$k = 2n$	(100)	b/2	b	Monoclinic (a 유일), tetragonal; Orthorhombic, cubic
	$l = 2n$		c/2	c	
	$k + l = 2n$		b/2 + c/2	n	
	$k + l = 4n$ ($k, l = 2n$)*		b/4 ± c/4	d	
$h0l$	$l = 2n$	(010)	c/2	c	Monoclinic (b 유일), tetragonal; Orthorhombic, cubic
	$h = 2n$		a/2	a	
	$l + h = 2n$		c/2 + a/2	n	
	$l + h = 4n$ ($l, h = 2n$)*		c/4 ± a/4	d	
$hk0$	$h = 2n$	(001)	a/2	a	Monoclinic (c 유일), tetragonal; Orthorhombic, cubic
	$k = 2n$		b/2	b	
	$h + k = 2n$		a/2 + b/2	n	
	$h + k = 4n$ ($h, k = 2n$)*		a/4 ± b/4	d	
$h\bar{h}0l$, $0k\bar{k}l$, $\bar{h}0hl$	$l = 2n$	$(11\bar{2}0)$, $(\bar{2}110)$, $(1\bar{2}10)$ $\{11\bar{2}0\}$	c/2	c	Hexagonal
$hh.\overline{2h}.l$, $\overline{2h}.hhl$, $h.\overline{2h}.hl$	$l = 2n$	$(1\bar{1}00)$, $(01\bar{1}0)$, $(\bar{1}010)$ $\{1\bar{1}00\}$	c/2	c	Hexagonal
hhl, hkk, hkh	$l = 2n$	$(1\bar{1}0)$, $(01\bar{1})$, $(\bar{1}01)$ $\{1\bar{1}0\}$	c/2	c, n	Rhombohedral
	$h = 2n$		a/2	a, n	
	$k = 2n$		b/2	b, n	
$hhl, h\bar{h}l$	$l = 2n$	$(1\bar{1}0)$, (110)	c/2	c, n	Tetragonal; Cubic
	$2h + l = 4n$		a/4 ± b/4 ± c/4	d	
$hhk, hk\bar{k}$	$h = 2n$	$(01\bar{1})$, (011)	a/2	a, n	Cubic
	$2k + h = 4n$		± a/4 + b/4 ± c/4	d	
$hkh, \bar{h}kh$	$k = 2n$	$(\bar{1}01)$, (101)	b/2	b, n	Cubic
	$2h + k = 4n$		± a/4 ± b/4 + c/4	d	

[†] International Tables for Crystallography, Vol. A, p. 28 (1995).

표 5.2.4 Miller 지수 1개에 관련된 반사 조건[†]

반사 형태	반사 조건	나선축			주어진 조건이 적용되는 결정학적 좌표계	
		축 방향	나선 벡터	기호		
$h00$	$h=2n$	[100]	a/2	2_1	Monoclinic (a 유일), orthorhombic, tetragonal	Cubic
				4_2		
	$h=4n$		a/4	4_1, 4_3		
$0k0$	$k=2n$	[010]	b/2	2_1	Monoclinic (b 유일), orthorhombic, tetragonal	Cubic
				4_2		
	$k=4n$		b/4	4_1, 4_3		
$00l$	$l=2n$	[001]	c/2	2_1	Monoclinic (c 유일), orthorhombic	Cubic
				4_2	Tetragonal	
	$l=4n$		c/4	4_1, 4_3		
$000l$	$l=2n$	[001]	c/2	6_3	Hexagonal	
	$l=3n$		c/3	3_1, 3_2, 6_2, 6_4		
	$l=6n$		c/6	6_1, 6_5		

[†] International Tables for Crystallography, Vol. A, p. 29 (1995).

공간군 $P2_1(4)$ (b-축이 특수축)에 대하여 설명한다. $P2_1$의 2_1은 3.3.2절에서와 같이 기본 좌표 (a) x, y, z를 b-축 주위로 180° 회전하여 $-x, y, -z$를 얻은 후 b-축 방향으로 $b/2$를 옮겨서 얻은 (b) $-x, 1/2+y, -z$의 2개 좌표만 있다.

$$\text{(a) } x, y, z \qquad\qquad \text{(b) } -x, 1/2+y, -z$$

좌표 (b)에서 $-x, -z$는 2-회 회전 변위에서 얻어진 것이므로 소멸 법칙을 일으키지 못하고, $1/2+y$는 병진변위에서 얻어진 것으로 이 좌표가 소멸 법칙을 일으킨다. 이를 다음과 같이 증명할 수 있다.[41)]

좌표들 (a), (b)를 구조 인자 식 (5.1.5)에 대입한다.

$$F(hkl) = \exp 2\pi i(hx+ky+lz) + \exp 2\pi i(-hx+k/2+ky-lz)$$

41) 기초 X-선 결정학, 강상욱, 서일환, 2007, 고려대학교출판부, pp. 218-228에 일정 부분의 소멸 법칙들이 수식적으로 증명되어 있다.

변위에서 얻어진 $-x$와 $-z$를 없애기 위해서는 $h=l=0$이 되어야 한다.

$$F(0k0) = \exp 2\pi i(ky) + \exp 2\pi i(ky + k/2)$$
$$= \exp 2\pi i(ky)[1 + \exp 2\pi i(k/2)] = 0 \quad \text{이때,}\ k = 2n+1$$

따라서 공간군 $P2_1$(5)의 반사 조건은 $0k0 : k = 2n$으로 Miller 지수 1개에 관련되는 소멸 법칙이다. 모든 나선축이 이에 해당된다. "International Tables for Crystallography, Vol. A, Edited by Theo Hahn, Fourth, revised edition, Kluwer Academic Publishers, 1995"에 나타난 각 공간군의 반사 조건은 그 공간군의 일반 좌표와 특수 좌표의 오른쪽 행에 기록되어 있는데 이들 조건들은 종종 규칙적인 소멸(systematic absences)이라고 인용된다.

5.2.3 공간군 결정(Space group determination)

230개 공간군 중 58개는 결정계와 5.2.2절에서 논한 규칙적인 반사 조건을 알면 유일하게 결정될 수 있고[42] 나머지 172개의 공간군은 시행착오법으로 찾아야 한다. 다행히도 유기 화합물에서 가장 흔한 공간군인 $P2_1/c$ (14)와 $P2_12_12_1$(19)는 그들의 반사 조건으로 유일하게 결정된다. 표 5.2.5에 나타낸 것과 같이 1981년까지의 통계자료에 의하면 유기 화합물 결정은 5개 공간군이 75%, 16개 공간군이 90% 정도 집중되어 있는 것으로 보고되었다.[43]

표 5.2.5 1891년까지 29059개의 유기 화합물에서 발견된 공간군의 백분비

공간군	$P2_1/c$	$P\bar{1}$	$P2_12_12_1$	$P2_1$	$C2/c$
백분비(%)	36.0	13.7	11.6	6.7	6.6

표 5.2.6은 자주 사용하는 병진변위 대칭(translation symmetry) 요소와 그 대칭 요소로부터 유도되는 규칙적인 소멸을 전부 하나의 표로 묶어 나타낸 것이다.

42) Fundamentals of Crystallography, Edited by C. Giacobazzo, p. 161, Oxford University Press, 1992
43) X-Ray Structure Determination by Stout and Jensen, p. 143, John Wiley & Sons, 1989

표 5.2.6 병진변위 대칭 요소와 그들에 의한 소멸 법칙(extinction rule)

대칭 요소	영향을 주는 반사	반사의 규칙적인 소멸 조건
a 를 따르는 2-회 나선(2_1)	*h*00	*h* = 2*n* + 1 = 홀수
b 를 따르는 4-회 나선(4_2)	0*k*0	*k* = 2*n* + 1
c 를 따르는 6-회 나선(6_3)	00*l*	*l* = 2*n* + 1
**c*를 따르는 3-회 나선(3_1, 3_2), 6-회 나선(6_2, 6_4)	00*l*	*l* = 3*n* + 1, 3*n* + 2
a 를 따르는 4-회 나선(4_1, 4_3)	*h*00	*h* = 4*n* + 1, 2, 또는 3
b 를 따르는 4-회 나선(4_1, 4_3)	0*k*0	*k* = 4*n* + 1, 2, 또는 3
c 를 따르는 4-회 나선(4_1, 4_3)	00*l*	*l* = 4*n* + 1, 2, 또는 3
**c*를 따르는 6-회 나선(6_1, 6_5)	00*l*	*l* = 6*n* + 1, 2, 3, 4 또는 5
*a*에 수직한 영진면		
b/2(*b* 영진) 병진변위	0*kl*	*k* = 2*n* + 1
c/2(*c* 영진) 병진변위		*l* = 2*n* + 1
b/2 + *c*/2(*n* 영진) 병진변위		*k* + *l* = 2*n* + 1
b/4 + *c*/4(*d* 영진) 병진변위		*k* + *l* = 4*n* + 1, 2, 또는 3
*b*에 수직한 영진면		
a/2(*a* 영진) 병진변위	*h*0*l*	*h* = 2*n* + 1
c/2(*c* 영진) 병진변위		*l* = 2*n* + 1
a/2 + *c*/2(*n* 영진) 병진변위		*h* + *l* = 2*n* + 1
a/4 + *c*/4(*d* 영진) 병진변위		*h* + *l* = 4*n* + 1, 2, 또는 3
*c*에 수직한 영진면		
a/2(*a* 영진) 병진변위	*hk*0	*h* = 2*n* + 1
b/2(*c* 영진) 병진변위		*k* = 2*n* + 1
a/2 + *b*/2(*n* 영진) 병진변위		*h* + *k* = 2*n* + 1
a/4 + *b*/4(*d* 영진) 병진변위		*h* + *k* = 4*n* + 1, 2, 또는 3
A-중심 격자(*A*)	*hkl*	*k* + *l* = 2*n* + 1
B-중심 격자(*B*)		*h* + *l* = 2*n* + 1
C-중심 격자(*C*)		*h* + *k* = 2*n* + 1
전면 중심 격자(*F*)		*h* + *k* = 2*n* + 1, *h* + *l* = 2*n* + 1, *k* + *l* = 2*n* + 1 (*h*, *k*, *l*은 모두 짝수 또는 홀수가 아니다.)
체심 격자(*I*)	*hkl*	*h* + *k* + *l* = 2*n* + 1

※ 결정계에서 3-과 6-회 나선이 일어나는 축의 경우 관례상 *c*로 표시한다. 이런 이유로 00*l* 반사만을 고려한다.

나선축은 그 축 방향을 따르는 특정 반사가 소멸됨을 보인다. 2-회 나선은 그 효과가 매우 간단하여 그에 대응하는 축 상에서 홀수 지수를 갖는 반사에 소멸을 일으킨다.

영진면은 그에 대응하는 면에 있는 반사에 영향을 미친다. 영진면은 좀 복잡하여 a-축에 수직한 a-영진면은 $(0kl)$ 반사에, b-축에 수직한 b-영진면은 $(h0l)$ 반사에, 그리고 c-축에 수직한 c-영진면은 $(hk0)$에 영향을 끼친다. 중심 격자에서 생기는 소멸은 광범위하여 Miller 지수 3개 h, k, l이 전부 포함된 일반적인 반사에서 발생한다. 전면 중심 격자(F-centering)일 때는 (hkl)에서 h, k, l이 모두 짝수이거나 또는 모두 홀수일 때 소멸이 발생하며, 체심 격자(I-centering)에서는 (hkl)에서 $h+k+l=2n+1$, 즉 홀수일 때 소멸이 발생한다. C-면 중심 격자(C-centering)일 때는 (hkl)에서 $h+k=2n+1$, 즉 홀수일 때 소멸이 일어난다.

표 5.2.6을 이용하여 표 5.2.5에 있는 5개 공간군의 반사 조건을 구해 보자.

① $P2_1/c(14)$

- 이 공간군은 primitive이므로 Miller 지수 3개 모두를 갖는 면에서 소멸 법칙이 없다.
- $c-glide//b$로부터 $(h0l)$면 중에서 $l=2n+1$면은 소멸되며, 같은 조건으로부터 $(00l)$ 중에서 $l=2n+1$면은 소멸됨을 알 수 있다.
- $b//2_1$ 나선축으로부터 $(0k0)$면 중에서 $k=2n+1$면은 소멸된다.

따라서 이 공간군의 반사 조건은 다음과 같다.

$h0l: l=2n \qquad 0k0: k=2n \qquad 00l: l=2n$

② $P\bar{1}(2)$

- 이 공간군은 primitive이므로 Miller 지수 3개 모두를 갖는 면에서 소멸 법칙이 없다.
- $\bar{1}$ 대칭에는 병진변위가 없어 반사 조건이 없다. 따라서 이 공간군에는 반사 조건이 없다.

③ $P2_12_12_1(19)$

- 이 공간군은 primitive이므로 Miller 지수 3개 모두를 갖는 면에서 소멸 법칙이 없다.
- $2_1-screw//a$로부터 $(h00)$면 중 $h=2n+1$면은 소멸된다.
- $2_1-screw//b$로부터 $(0k0)$면 중 $k=2n+1$면은 소멸된다.
- $2_1-screw//c$로부터 $(00l)$면 중 $l=2n+1$면은 소멸된다.

따라서 이 공간군의 반사 조건은 다음과 같다.

$h00: h=2n \qquad 0k0: k=2n \qquad 00l: l=2n$

④ $P2_1(4)$

- 이 공간군은 primitive이므로 Miller 지수 3개 모두를 갖는 면에서 소멸 법칙이 없다.

- $2_1-screw//b$로부터 $(0k0)$면 중에서 $k=2n+1$면은 소멸된다. 따라서 이 공간군의 반사 조건은 다음과 같다.

$$0k0 : k=2n$$

⑤ $C2/c(15)$

- C-면 중심 격자이므로 (hkl)에서 $h+k=2n$인 면들만 모두 반사된다. 따라서 제한구(limiting sphere) 내에 있는 반사면들 중 절반만이 반사되는 것이다. 또한 이 조건으로부터 다음의 반사 조건이 자연히 얻어진다.
  $(hk0): h+k=2n$; $(h0l): h=2n$; $(0kl): k=2n$; $(h00): h=2n$.
- $b//c$-glide로부터 $(h0l)$면들 중에서 $l=2n$인 반사면들만 반사된다. 이 조건으로부터 $(00l)$들 중에서 $l=2n$인 면들만 반사됨을 알 수 있다.
- 2-회 회전 대칭에는 분자들의 병진변위가 없어 반사 조건이 없다. 따라서 이 공간군의 반사 조건은 다음이다.

$hkl: h+k=2n$ $\quad$ $0k0: k=2n$

$h0l: h=2n, l=2n$ $\quad$ $h00: h=2n$

$0kl: k=2n$ $\quad$ $00l: l=2n$

$hk0: h+k=2n.$

▶ 공간군 $C2/c(15)$에서 2-회 회전 대칭은 어떤 반사 조건도 만들지 못한다. 따라서 2-회 회전 대칭이 없는 공간군 $Cc(9)$의 소멸 법칙도 $C2/c(15)$의 것과 같다.

다음에는 결정계와 규칙적인 소멸만으로는 결정되지 않는 공간군의 예를 고려해 보자. 만일 결정계가 monoclinic이며 아무런 규칙적인 반사 조건이 없다면 그것은 나선축이나 영진면과 같은 병진변위 대칭 요소가 없는 primitive 격자이다. 그 공간군은 $P2(3)$, $Pm(6)$ 또는 $P2/m(10)$일 수 있으며 구조를 풀지 않고는 확실한 공간군을 알 수 없다.

이러한 경우 다음과 같이 부가적인 정보를 얻을 수 있다.

(1) 단위 세포 내에 있는 분자의 수(Z)

단위 세포 내 분자의 비대칭 단위 수인 다중도(등가위치의 좌표 수 × Bravais 격자점 수) Z를 다음과 같이 계산한다.

첫째, 단결정을 이룬 화합물의 화학 성분이 원소 분석 등에 의하여 알려지고 그 밀도 $\rho(\mathrm{kg/m^3})$가 부유법(flotation method) 또는 hydrometer 등의 방법으로 측정되며, X-선 사진법이나 X-선 회절계 등에 의하여 그 단결정의 단위 세포의 체적 V(단위: $\mathrm{Å^3}$)가 알려지면 단위 세포 내의 분자 수 Z는 다음과 같이 계산된다.

$$Z = 0.623 \times \frac{\rho(\mathrm{kg/m^3}) \times \mathrm{V}(\mathrm{Å^3})}{W(\mathrm{kg})}$$

(단, W는 분자 질량, $1\,\mathrm{Å} = 0.1\,\mathrm{nm} = 10^{-10}\mathrm{m}$, $1\frac{\mathrm{g}}{\mathrm{cm^3}} = 10^3\frac{\mathrm{kg}}{\mathrm{m^3}}$이다.)

둘째, 대표적인 유기 화합물에 대하여 수소 원자가 아닌 원자가 대략 $18\,\mathrm{Å^3}$을 차지한다고 가정하여 Z 값을 다음과 같이 계산할 수 있다.

$$Z = \frac{V(\mathrm{Å^3})}{18\,\mathrm{Å^3} \times \text{비 수소 원자 수}}$$

또는 $$Z = \frac{V(\mathrm{Å^3})}{10\,\mathrm{Å^3} \times \text{수소를 포함한 원자 수}}$$

한 예로 '1.4.4. CIF 기재사항'에 나타난 자료를 사용하여 계산하면 다음과 같다:
분자식: $C_{32}H_{34}Cl_3CrN_2P_2$, 비 수소 원자 수 = 40, 수소를 포함한 원자 수 = 74

$V = 3189.3\,\mathrm{Å^3}$, $Z = 4$

$$Z = \frac{V(\mathrm{Å^3})}{18\,\mathrm{Å^3} \times \text{비 수소 원자 수}} = \frac{3189.3}{18 \times 40} = 4.429$$

$$Z = \frac{V(\mathrm{Å^3})}{10\,\mathrm{Å^3} \times \text{수소를 포함한 원자 수}} = \frac{3189.3}{10 \times 74} = 4.309$$

이 분자는 무거운 원자를 많이 포함하고 있어 $Z = 4$로부터 큰 차이가 있으나 $Z = 4$라는 것을 추측케 한다.

앞에 언급한 monoclinic의 예로 돌아가서 공간군 중 하나를 결정하기 위하여 다중도의 정보를 이용할 수 있다. 즉, 공간군 $P2$와 Pm은 $Z = 2$이고, 공간군 $P2/m$은 $Z = 4$이다. 만일 어떤 시료의 단위 세포가 4개의 분자를 포함하고 있으면 그 시료의 공간군은 $P2/m$일 가능성이 크다. 반면에 그 단위 세포가 2개의 분자를 포함하고 있으면 분자 자신이 2-회 회전축, 거울면 또는 반전 중심을 포함하는 경우에 공간군 $P2/m$이 가능하다. 그러면 공간군은 비대칭 단위에 반 분자를 갖는 $P2/m$일 것이다. 만일 분자가 $P2/m$ 대칭을 갖고 있지 않으면 그 분자가 disorder된 극히 드문 경우를 제외하고는 해당 분자의 공간군이 $P2/m$일 수 없다. 7개 결정계의 다중도 Z는 표 5.2.7과 같다.

표 5.2.7 7개 결정계의 다중도 Z

triclinic	1	2(1)				
monoclinic	2(1)	4(1)	8(2)			
orthorhombic	4(1)	8(2)	16(2)	32(4)		
tetragonal	4(1)	8(1)	16(1)	32(2)		
trigonal	3(1)	6(1)	9(3)	12(1)	18(3)	36(3)
hexagonal	6(1)	12(1)	24(1)			
cubic	12(1)	24(1)	48(1)	96(2)	192(4)	

(2) 화합물의 유용한 물리적 성질

어떤 경우에는 그 대상 화합물의 물리적 성질이 공간군을 결정하는 데 도움이 된다. 어떤 결정이 비대칭 중심 공간군인가 또는 대칭 중심 공간군인가를 결정하는 것이 중요한데 X-선 회절 강도는 항상 대칭 중심인 Laue 군만을 가리키므로 21개 비대칭 중심 점군 중 하나에 속하는 것을 얻는 것은 극히 드물다. 이 때문에 극성 방향(polar direction)을 갖는 특정 점군의 성질은 공간군의 결정에 유용하다. 수정이나 전기석(tourmaline) 같은 결정은 역학적 스트레스(mechanical stress)가 가해지면 한쪽 끝에는 양의 전하가, 다른 쪽 끝에는 음의 전하로 대전되는 성질을 갖는데 이러한 성질을 압전기(piezoelectricity)(또는 압전기 효과, piezoelectric effect)라고 한다.

압전기 효과가 있다는 것은 그 결정에 대칭 중심이 없다는 것을 의미한다. 왜냐하면 한 결정 내에 대칭 중심이 있으면 결정 내의 한 방향과 그의 반대 방향의 두 끝이 동등해야 하므로 역학적 스트레스가 가해졌을 때 그 두 끝이 서로 다르게 행동해서는 안 되기 때문이다. 따라서 압전기가 있다는 것은 그 화합물이 비등방적인 성질을 갖고 있다는 것을 의미하므로 이 효과는 21개 비대칭 점군 중 하나에서만 관측될 수 있다는 것이 명백하다. 그런데 예외로 높은 대칭 점군인 432에는 압전기 효과가 있을 수 없어서 실제로 20개의 점군만이 남는다.[44)]

상기한 결정은 가열되거나 냉각되면 역시 반대쪽 끝이 다르게 대전되는데 이와 같은 현상을 초전기(pyroelectricity 또는 초전기 효과, pyroelectric effect)라고 한다. 여기서 pyro는 불

44) Modern X-Ray Analysis on Single Crystals by Peter Luger. p. 162, Walter de Gruyter, Berlin, New York 1980

(fire) 또는 열(heat)을 의미한다. 압전기나 초전기는 대칭 중심이 없는 점군에만 존재하므로 점군의 결정에 도움이 된다. 그러나 이들 효과는 관측하기에 너무나 약하기 때문에 이 효과가 없다고 해도 아무 결론을 내릴 수 없는 것이다.

(3) 좌우상(Enantiomorphy)

표 3.2.3의 마지막 열에 21개의 비대칭 중심 점군(noncentrosymmetrical point group) 중 11개가 나타나 있는데 이들은 거울면과 대칭 중심을 포함하고 있지 않은 비대칭 중심 점군이다. 즉 그들은 한 무늬의 거울상을 만드는 대칭 요소를 포함하지 않는다. 예를 들어, 만일 어떤 화합물의 구조가 광학적 활성을 갖는 좌우상으로 구성되어 있다면 이 화합물은 11개의 좌우상적 점군에 속하는 65개 공간군 중 하나를 갖는다. Monoclinic 예에서 그러한 화합물이 있다면 Pm이나 $P2/m$은 제외되고 이 경우 $P2$일 가능성이 높다.

공간군의 결정은 다음 순서로 이루어진다.

① 섬광(scintillation) 검출기나 CCD 검출기를 장착한 회절계(diffractometer)가 단위 세포 변수와 함께 결정계를 정한다.

② 다른 계로 변환되는지 여부를 확인한다.

③ 결정 시료의 결정 상태가 양호하지 않으면 동일한 시료에도 불구하고 X-선이 조사되는 방향에 따라 다른 세포 상수가 얻어질 수 있다. 따라서 X-선 회절계로부터 단위 세포 변수와 체적이 주어지면 회절 강도 측정을 시작하기 전에 (1)에서 제시한 방법으로 다중도 Z를 계산하여 상기한 표 5.2.7의 Z값과 일치 여부를 확인한다. 만일 일치하지 않으면 시료를 약간 움직인 다음 다시 세포 변수를 결정하여 앞서 나온 값과 동일 여부를 확인한다. 분자 자체에 대칭이 있어 어떤 원자가 특수 위치에 놓이면 표 5.2.7의 Z값이 보통의 다중도 값으로부터 괄호 내의 다중도 값까지 작아질 수 있다.

④ 회절 강도 자료에 있는 규칙적인 소멸을 조사하여 공간군을 예측한다.

⑤ 자료 정리(data reduction) 과정에서 컴퓨터 프로그램이 결정계와 규칙적인 소멸 규칙의 정보를 가지고 공간군을 결정해 주지만 항상 정확한 것은 아니다.

회절 강도 자료의 규칙적인 소멸 규칙을 보아서 공간군을 결정할 때는 "International Tables for Crystallography, Vol. A. edited by Theo Hahn, Rourth, revised edition, 1995에 기록된 Table 3.2. Reflection conditions, diffraction symbols and possible space groups(pp. 41-47)"을 참조해야 한다.

5.3 원자 산란 인자와 변칙적 산란(Atomic scattering factor and anomalous dispersion)

5.3.1 원자 산란 인자(Atomic scattering factor)

전자기 파동인 X-선이 자유 전자에 입사하면 이 파동은 전자기적 벡터(electromagnetic vector)이기 때문에 Newton 제 2법칙에 의하여 전자(전하 e, 질량 m)는 $\vec{a}=\dfrac{\vec{F}}{m}=\dfrac{e\vec{E}}{m}$의 가속도를 얻으며, J. C. Maxwell의 고전 전기 역학 이론(classical electrodynamic theory)에 의하여 가속된 전자는 모든 방향으로, 입사 광선과 동일한 파장과 동일한 진동수를 갖는 전자기 파동을 방사하는데 이 종류의 상호작용을 가(可)간섭성의 산란(coherent scattering)이라고 한다. 전하 e(Coulomb)와 m (kg)의 질량을 갖는 어떤 전자에 강도 I_o의 전자기 파동이 입사할 때 그 전자로부터 r 미터 떨어진 곳에서 그 전자가 산란시킨 강도 I는 다음과 같다는 것을 J. J. Thomson이 발견하였다.[45)]

$$I = I_o \frac{e^4}{r^2 m^2 c^4}\left(\frac{1+\cos^2 2\theta}{2}\right)$$

여기서 c는 전자기 파동의 속도이며, θ는 Bragg 각이고 괄호 내의 양은 편광 인자(polarization factor)이다. 강도 I는 질량의 제곱(m^2)에 반비례하므로 핵에 의한 효과는 무시된다. 왜냐하면 핵의 질량은 전자 질량의 1850배로 크기 때문이다.

원자 주위에 있는 전자의 결합 에너지(수소에서 전자의 결합 에너지 13.6eV)는 X-선 광자(photon) 에너지($E_{\mathrm{CuK}\alpha}=8.04\,\mathrm{eV}$, $E_{\mathrm{MoK}\alpha}=17.45\,\mathrm{keV}$)에 비하여 매우 작기 때문에 자유 전자와 같아서 원자에 입사하는 X-선은 그 전자에 의하여 Thomson 식으로 산란한다. 그러므로 한 원자에 의한 X-선의 산란 강도는 원자 내에 있는 전자 수, 즉 원자 번호에 비례한다.

어떤 원자의 산란 인자는 그 원자로부터 산란되는 X-선의 진폭 f_a를, 같은 조건 하에 있는 한 개 전자의 산란 진폭(scattering amplitude) f_e로 나눈 것으로 다음과 같이 나타낸다.

$$f = \frac{f_a}{f_e}$$

핵 주위의 전자 밀도 분포는 양자역학적으로 연속적임을 고려하여 계산하면, 핵을 중심한 구대칭인 Coulomb 장 내에서 움직이는 한 개의 전자를 갖는 수소 원자에 대해서만 정확하게 증명할 수 있으며 바닥 상태(ground state)에 있는 수소 원자에 대한 값은 다음과 같다.[46)]

45) Fundamentals of Crystallography by C. Giacovazzo, Oxford University Press, p. 142, 1992
46) Azaroff, L.V. Elements of X-ray Crystallography, McGRAW-HILL book company, p.158, (1968)

$$f_H = \frac{1}{\left[1+\left(\frac{2\pi a_B \sin\theta}{\lambda}\right)^2\right]^2}$$

따라서 수소 원자의 원자 산란 인자는 $\frac{\sin\theta}{\lambda} = s$ 에만 의존하므로 산란각 θ가 커지면 산란 진폭이 작아진다. 다시 말하면, s의 함수로 나타낸 $f(s)$를 보면 그림 5.3.1과 같이 Bragg 법칙에 의하여 $s = \frac{\sin\theta}{\lambda} = \frac{1}{2d(hkl)}$이므로 원자 산란 인자는 각 결정 면간 거리 $d(hkl)$이 결정되면 일정하고 실제로 파장에 관계없다.

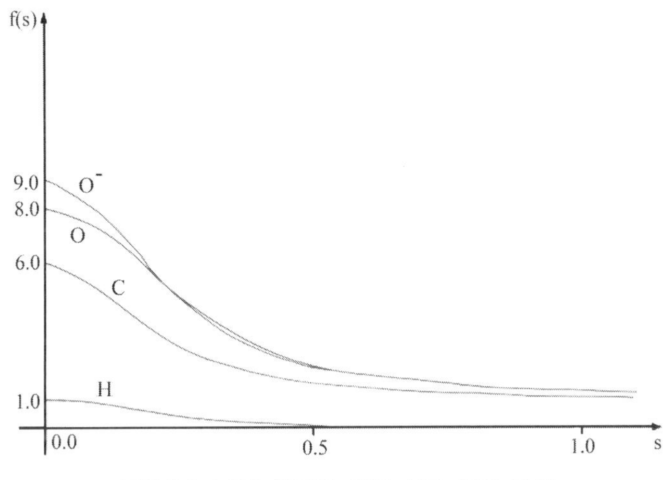

그림 5.3.1 3개 원자의 원자 산란 인자 곡선

원자 산란 인자는 두 개 이상의 전자를 갖는 원자의 경우 정확한 계산이 불가능하여 특정 어림셈을 해야 하는데 D. R. Hartree가 1928년 처음으로 자기-모순없는 장 근사(self-consistent field approximation)를 사용하여 성공적으로 계산하였고, 1931년 R. W. James와 G. W. Brindley가 Hartree 모델을 써서 많은 원자의 원자 산란 인자(atomic scattering factor)를 게신하였다. "International Tables for X-ray Crystallography Vol. III, Edited by Kathleen Lonsdale. pp. 201-216 (1983)"에는 모든 원자에 대한 $s = \frac{\sin\theta}{\lambda}$ 대 f 값이 계산되어 발표되었다. 그림 5.3.1에서와 같이 어느 원자에서도 $\theta = 0$일 때는 f의 크기가 원자 번호 Z이고 s가 커짐에 따라 비슷한 형태로 감소한다. 이 때문에 X-선 회절 강도는 Bragg 각 θ가 커짐에 따라 약해진다.

5.3.2 변칙적인 분산(산란)(Anomalous dispersion)

원자 내에 있는 전자가 자유 전자같이 산란한다는 가정은 중원자(heavy atom)의 외부 원자가 껍질(outer valence shell)에 있는 전자와 경원자(light atom)의 중심부 전자(core electron)에 대해서만 옳다. 그러나 중원자 내에 있는 중심부 전자는 원자핵에 강하게 끌리기 때문에 그들은 자유 전자같이 산란하지 않는다. 이 점을 고려하여 계산한 결과 원자의 변칙적 산란 인자(anomalous scattering factor)는 다음과 같은 식으로 표시된다.[47]

$$f = f_o + \Delta f' + i\Delta f''$$

여기서 f_o는 앞에서 논한 대로 전자 분포가 구 대칭이라고 가정했을 때의 보통의 산란 인자이고, $\Delta f'$은 실수 수정(correction) 항으로 대부분 음수이며, $\Delta f''$은 허수 성분으로서 항상 양수이므로 복소평면에서 f_o와 $\Delta f'$에 대하여 반시계 방향으로 90° 회전한다. 분산 산란(dispersive scattering) 효과는 X-선 흡수와 함께 일어난다. ${}_{29}$CuKα로 조사된 ${}_{26}$Fe에는 강한 분산도 있고 역시 흡수도 있다. 왜냐하면 파장 1.54Å인 X-선은 ${}_{26}$Fe의 K-흡수 가장자리(1.74Å)에 가깝기 때문이다. 이들 X-선 광자는 ${}_{26}$Fe로부터 K-전자를 떼어 내는 데 충분한 에너지를 갖고 있다.

싱크로트론 원(synchrotron source)은 입사 X-선을 특정 흡수 가장자리에 매우 가까운 파장으로 맞출 수 있게 한다. 그러면 매우 강한 분산이 얻어진다. 예를 들면, Zn^{2+}의 K-흡수 가장자리보다 0.005Å 짧은 파장이면 $\Delta f = -0.5$ 그리고 $\Delta f'' = 10.0$인 분산이 일어난다. 싱크로트론 복사선을 가지면 Fe^{2+}와 Fe^{3+}의 분산 산란의 작은 차이를 이용하여 같은 결정 구조 내의 다른 위치에 있는 Fe^{2+}와 Fe^{3+}를 구별하는 것이 가능하다. 분산 항은 정확한 구조 인자 값을 얻기 위하여 항상 포함시켜야 한다. 대칭 중심 결정 구조에 대해서도 $\Delta f'$ 값이 구조 인자의 값에 현저한 차이를 유발할 수 있기 때문에 그 분산 항을 포함시켜야 한다. 변칙 분산의 효과는 입사 X-선의 파장과 함께 증가하며 일반적으로 X-선 관의 표적 물질의 원자 번호에 가까운 원자 번호를 갖는 산란 물질의 원소에 대해서만 현저하다.

Cr, Cu, 그리고 Mo의 Kα선에 대한 대부분 원자의 보정값 $\Delta f'$와 $\Delta f''$이 표에 나와 있다. 그들은 s에는 영향을 받지 않아 실제로 그러한 보정이 필요할 때는 $s = 0$에 대한 값을 사용해도 대부분의 경우 충분하다.

CuKα와 MoKα에 대한 $s = \sin\theta/\lambda = 0$에서의 몇 개 원자의 $\Delta f'$과 $\Delta f''$값은 다음과 같다.[48]

47) see International Tables for X-ray Crystallography, Vol. III, pp.213-216, Reidel Publishing Company, 1983
48) see International Tables for X-ray Crystallography, Vol. III, pp.213-216, Reidel Publishing Company, 1983

	원자	$_{7}N$	$_{8}O$	$_{9}F$	$_{10}Ne$	$_{11}Na$	$_{14}Si$	$_{15}P$	$_{16}S$	$_{26}Fe$	$_{79}Au$
$_{29}CuK\alpha$	$\Delta f'$	0.0	0.0	0.0	0.1	0.1	0.2	0.2	0.3	−1.1	−5
	$\Delta f''$	0.0	0.1	0.1	0.2	0.2	0.4	0.5	0.6	3.4	8

	원자	$_{10}Ne$	$_{11}Na$	$_{12}Mg$	$_{13}Al$	$_{14}Si$	$_{15}P$	$_{16}S$	$_{17}Cl$	$_{26}Fe$	$_{79}Au$
$_{42}MoK\alpha$	$\Delta f'$	0.0	0.0	0.0	0.1	0.1	0.1	0.1	0.1	0.4	−2.2
	$\Delta f''$	0.0	0.1	0.1	0.1	0.1	0.2	0.2	0.2	1.0	10.1

일반적으로, 한 개의 인($_{15}P$)이나 그보다 무거운 원자는 CuKα 복사선으로 절대 구조(absolute structure)를 결정할 수 있게 하며, Friedel의 다른 한쪽(opposites)을 포함하는 정확하고 높은 고해상도 저온 데이터(accurate high-resolution low-temperature data)를 가지면 Mo 복사선으로도 가능할 수 있다.[49] 변칙 분산의 효과는 비대칭 중심 공간군에서 Friedel 법칙을 파괴하는 중요한 결과를 가져온다.

① 비대칭 중심 공간군에 변칙 산란체가 존재할 때

그림 5.3.2에 나타낸 것과 같이 비대칭 중심 공간군에 속한 화합물에 변칙 산란을 하지 않는 원자와 변칙 산란을 하는 원자가 함께 있으면 Friedel 법칙이 성립하지 않는다.

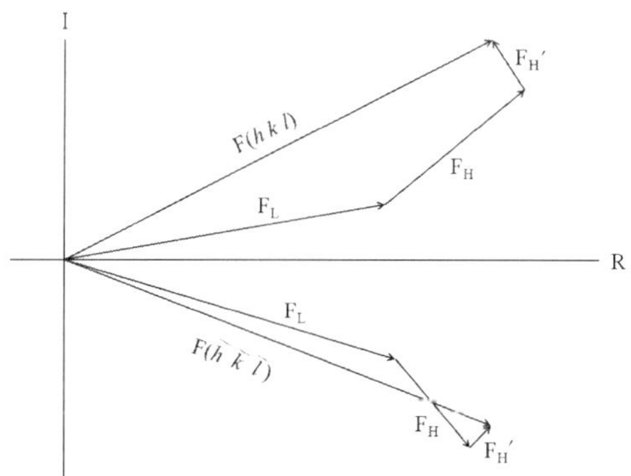

그림 5.3.2 $|F(hkl)| \neq |F(\bar{h}\bar{k}\bar{l})|$ | F_L은 가벼운 원자의 산란 인자이고, F_H는 무거운 원자의 산란 인자이다.

따라서 비대칭 중심 공간군에 속하며, 가벼운 원자 및 변칙적 산란 인자를 포함한 화합물의 구조를 밝힐 때는 반사의 Bijvoet 쌍을 사용하여 절대구조를 확인해야 한다.

49) SHELX-97 해설집, 6.2절 완전한 구조(Absolute structure) 참조

Friedel 쌍과 Bijvoet 쌍의 차이

(a) Friedel 쌍: 어떤 화합물이 변칙 산란체를 포함하지 않으면 모든 공간군에서 Friedel 법칙인 $|F(hkl)| = |F(\bar{h}\bar{k}\bar{l})|$가 성립하는데 여기서 $(hkl) = (\bar{h}\bar{k}\bar{l})$를 Friedel 쌍이라 하며 구조를 밝힐 때는 이들의 평균치만을 사용한다.

(b) Bijvoet 쌍 : 어떤 화합물이 변칙 산란체를 포함하고 비대칭 중심 공간군에 속하면 Friedel 법칙이 성립하지 않아 $|I(hkl)| \neq |I(\bar{h}\bar{k}\bar{l})|$인데 여기서 (hkl)와 $(\bar{h}\bar{k}\bar{l})$를 Bijvoet 쌍이라 하며, 이러한 경우는 Bijvoet 쌍을 모두 사용하여 절대구조를 결정해야 한다.

② 대칭 중심 공간군에 변칙 산란체가 존재할 때

① 변칙 분산이 무시될 때

대칭 중심 공간군들의 구조 인자는 실수항만 남아서 Friedel 법칙이 성립한다.

② 변칙 분산을 고려할 때[50)]

F_{hkl}에 대한 분산(dispersion)의 효과는 Argand diagram(=complex plane)으로 설명될 수 있다.

그림 5.3.3은 분산을 나타내지 않는 다수의 원자들과 분산을 나타내는 한 쌍의 원자로 구성된 대칭 중심 구조인 경우를 보인다. 그림 5.3.3(a)는 양수의 Miller 지수 hkl의 것이고 그림 5.3.3(b)는 음수의 Miller 지수 $\overline{hkl}$의 것이다. F_W는 분산이 없는 원자들로 부터의 산란의 결과이고, f'과 f''은 분산을 하는 각 원자의 산란 인자들(scattering factors)의 실수와 허수부들이다. 반사(reflection)들의 위상(phase)들은 같음에도 불구하고 그 위상 값들이 0 또는 π는 아니며 F_{hkl}들은 복소수이지만 $|F_{hkl}| = |F_{\overline{hkl}}|$ 이어서 Friedel의 법칙이 성립한다.

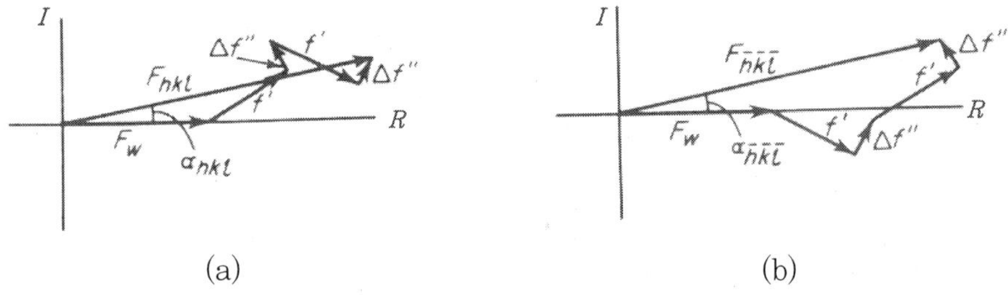

그림 5.3.3 한 대칭중심 구조에서 Friedel 쌍에 대한 비정상산란(anomalous scattering)을 보이는 vector 표현으로 $F_{hkl} = F_{\overline{hkl}}$ 임을 나타낸다.

50) X-ray structure determination by George H. Stout & Lyle H. Jensen. 2nd edition. p. 220, 1989. John Wiley & Sons, Inc.

5.4 변칙적인 산란의 응용

5.4.1 절대적 원자 배열

그림 5.4.1에서와 같이 왼손잡이 분자(left-handed molecule) (a)를 거울에 반사시키면 오른손잡이 분자(right-handed molecule) (b)가 생긴다. 거울에 수직한 축 방향으로 (b)를 180° 회전시키면 분자 (c)가 생기는데 (b)와 (c)는 2-회 회전 대칭의 관계에 있으므로 같은 원자 배열인 오른손잡이 분자이다. 여기서 (a)와 (b)는 중첩되지 않는 거울상(non-superimposable mirror images)이고 (a)와 (c)는 서로 중심 대칭상(centrosymmetric images)으로 (a)와 (b) 또는 (a)와 (c)를 좌우상의 enantiomorphic(= enantiomeric) 쌍이라고 한다. 따라서 중심 대칭 공간군에서는 L-구조와 D-구조가 함께 존재한다.

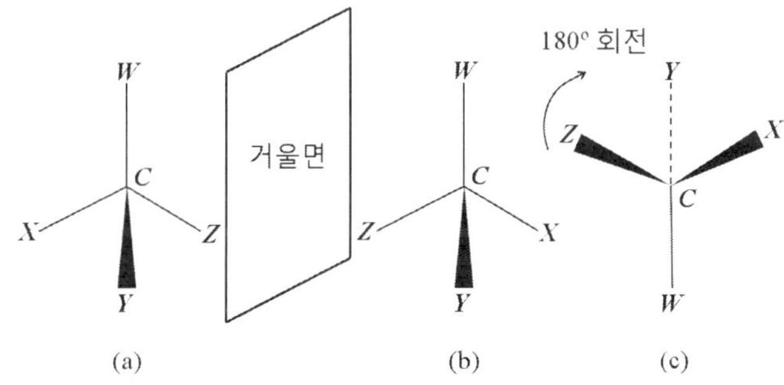

그림 5.4.1 좌우상들 간의 관계

변칙 분산의 특성은 좌우상 구조의 문제를 논의하는 데 응용할 수 있다. Friedel 법칙이 유효한 L-구조와 D-구조의 구별은 X-선 방법으로는 불가능하다. Friedel 법칙이 성립하지 않을 때, 즉 비중심 대칭 공간군일 때만 변칙 분산의 효과는 올바른 절대적인 원자 배열을 유도하는 데 사용될 수 있다. 왜냐하면 비중심 대칭 공간군에 속하며 변칙 산란체를 포함한 화합물의 경우, L-구조인지 D-구조인지에 따라 같은 (hkl) 면임에도 불구하고 다음에 나타낸 식과 같이 그 면의 회절 강도가 다르다는 것이다:

$$I_{AR}(hkl) \neq I_{AL}(hkl)$$

이 차이는 올바른 절대적인 원자 배열을 결정하는 데 사용될 수 있다는 결론이 얻어진다.

5.4.2 변칙 분산의 응용

① 점군의 결정(Determination of point group)

예를 들면, triclinic에서 공간군들 $P1$(비중심 대칭)과 $P\bar{1}$(중심 대칭), monoclinic에서 공간군 $P2$(비중심 대칭), Pm(비중심 대칭), $P2/m$(중심 대칭), orthorhombic에서 공간군 $Pmmm$(중심 대칭), $Pmm2$(비중심 대칭), $P222$(비중심 대칭) 등에는 반사의 규칙적인 소멸 법칙이 없어 공간군을 구별할 수 없다. 그러나 변칙 분산의 효과가 있는 경우, 비중심 대칭 공간군의 회절 강도는 Friedel 법칙을 만족하지 않고 각각의 비중심 대칭 점군의 대칭과 동일하므로 Ewald 구 내의 8개의 다른 역격자점의 회절 강도의 대칭성을 관찰하여 각 점군의 대칭과의 일치성 여부를 보아 공간군을 구별할 수 있다.

② 변칙 산란체의 좌표 결정(The coordinate determination of anomalous scatterer)

변칙 산란은 원자에 입사하는 X-선이 그 원자 내에 있는 전자의 양자 상태를 변화시킬 수 있을 때 생기는 것으로 그 원자의 흡수 가장자리에 해당하는 파장이 실험에 사용하는 X-선의 파장보다 약간 큰 경우이다. 변칙 산란체가 없을 때는 Friedel 법칙이 성립하나, 변칙 산란체를 포함하는 비중심 대칭 결정에서는 Friedel 법칙이 성립하지 않음을 이용하여 단백질같은 거대분자에 변칙 산란체가 없을 때 회절 강도를 측정하고 또 변칙 산란체를 첨가한 이질동상의 유도체(isomorphous derivative)의 단결정을 성장시켜 회절 강도를 측정한다. 변칙 분산 때문에 같은 값을 가질 수 없는 면 사이의 회절 강도(이들을 각각 I_+, I_- 라 하자)의 차이 ΔI를 계산한 다음 $(\Delta I)^2$을 계수로 하여 Patterson 법으로 변칙 산란체인 중원자의 위치를 찾고 이 중원자의 위상을 토대로 하여 단백질 내의 다른 원자의 위치를 찾는다.

$$\Delta I = I_+ - I_-$$

③ 카이랄 분자가 가질 수 있는 65개 공간군

'표 3.2.3 극성, 비극성 그리고 카이랄성 점군에 따라 분류된 21개 비대칭 중심 점군'과 같이 32개 점군 중에는 거울 대칭과 중심 대칭을 포함하지 않은 11개의 카이랄성 점군이 있으며 이들 점군으로부터 표 5.4.1에 보인 65개의 카이랄성 공간군이 유도된다. 카이랄 분자는 이들 65개 공간군 중 하나에 속한다.

표 5.4.1 카이랄 분자가 가질 수 있는 65개 공간군

결정계	공간군		
Triclinic	$P1(1)$		
Monoclinic	$P2(3)$	$P2_1(4)$	$C(2)(5)$
Orthorhombic	$P222(16)$	$P222_1(17)$	$P2_12_12(18)$
	$P2_12_12_1(19)$	$C222_1(20)$	$C222(21)$
	$F222(22)$	$I222(23)$	$I2_12_12_1(24)$
Tetragonal	$P4(75)$	$P4_1(76)$	$P4_2(77)$
	$P4_3(78)$	$I4(79)$	$I4_1(80)$
	$P422(89)$	$P42_12(90)$	$P4_122(91)$
	$P4_12_12(92)$	$P4_222(93)$	$P4_22_12(94)$
	$P4_322(95)$	$P4_32_12(96)$	$I422(97)$
	$I4_122(98)$		
Trigonal	$P3(143)$	$P3_1(144)$	$P3_2(145)$
	$R3(146)$	$P312(149)$	$P321(150)$
	$P3_112(151)$	$P3_121(152)$	$P3_212(153)$
	$P3_221(154)$	$R32(155)$	
Hexagonal	$P6(168)$	$P6_1(169)$	$P6_5(170)$
	$P6_2(171)$	$P6_4(172)$	$P6_3(173)$
	$P622(177)$	$P6_122(178)$	$P6_522(179)$
	$P6_222(180)$	$P6_422(181)$	$P6_322(182)$
Cubic	$P23(195)$	$F23(196)$	$I23(197))$
	$P2_13(198)$	$I2_13(199)$	$P432(207)$
	$P4_232(208)$	$F432(209)$	$F4_132(210)$
	$I432(211)$	$P4_332(212)$	$P4_132(213)$
	$I4_132(214)$		

표 5.4.1에서 발췌한 11개의 좌우상 공간군 쌍이 표 5.4.2에 기록되어 있다. 이들은 서로 중심 대칭 관계에 있어 한 쪽의 구조가 L-형이면 다른 한쪽의 구조는 D-형이다. 변칙 분산의 효과는 대상 화합물이 변칙 분산 산란체를 포함하고 비중심 대칭 공간군에 속하는 경우에만 유효하고 다음의 결과에 이르게 한다.

$$I_L(hkl) \neq I_D(hkl)$$

표 5.4.2 8개의 카이랄성 점군과 그들에 속한 11개의 좌우상 쌍의 공간군

점군	공간군
4	$P4_1$(76), $P4_3$(78);
422	$P4_122$(91), $P4_322$(95); $P4_12_12$(92), $P4_32_12$(96);
3	$P3_1$(144), $P3_2$(145);
312	$P3_112$(151), $P3_212$(153);
321	$P3_121$(152), $P3_221$(154);
6	$P6_1$(169), $P6_5$(170); $P6_2$(171), $P6_4$(172);
622	$P6_122$(178), $P6_522$(179); $P6_222$(180), $P6_422$(181);
432	$P4_132$(213), $P4_332$(212);

즉, 같은 반사임에도 불구하고 대상 화합물이 L-구조인지 D-구조인지에 따라 그 회절 강도가 다르다. 따라서 가능한 한 많은 Bijvoet 쌍 반사를 사용하여 최소자승 정밀화법을 수행한 후 Flack 파라미터 x가 0에 가까운 값을 갖는 구조를 택해야 한다.[51]

부록에 수록한 논문 '공간군 $P6_122$를 가진 $C_{56}H_{56}Cl_2Cr_2P_4$의 절대구조'에서는 변칙 분산 효과를 이용하여 화합물 $C_{56}H_{56}Cl_6Cr_2P_4$의 공간군이 $P6_522$(179)가 아니고 $P6_122$(178)이라는 절대 구조를 밝힌 예를 제시하였다. 이 논문에서는 $P6_122$와 $P6_522$들의 12개 일반좌표 사이에 반전대칭 관계가 있다는 것도 증명하였다.

51) Flack, H. D. Acta Cryst. A39, 876-881, 1983.

Chapter 06

위상 결정
(Phase determination)

현재의 어떤 최첨단 기술로도 단결정을 이룬 분자 구조를 직접 볼 수는 없다. 6장에서는 구조 인자와 전자 밀도가 서로의 Fourier 변환이라는 개념을 컴퓨터를 통하여 실현함으로서 분자 구조를 나타낼 수 있음을 보인다. 이어서 결정 구조 해석을 시작하는 데 필요한 초기 정보를 제공하는 중원자법(heavy atom method)과 직접법(direct method)을 소개하고 추가로 각 공간군의 구조 인자 식을 쉽게 계산하는 방법을 제시한다.

6.1 Fourier 변환(transform)

어떤 분자의 단결정에서 얻어지는 X-선 회절 무늬로부터 분자의 구조를 결정하는 문제는, 역 공간에서 실험적으로 입수할 수 있는 회절 무늬라는 정보를 실제 공간인 단위 세포 안에 있는 분자 구조라는 정보로 전환하는 일이다. 이 전환 작업을 수행하는 컴퓨터 프로그램은, 마치 현미경에서 미세한 물체로부터 회절되어 나온 광선을 큰 상(image)으로 재구성하는 렌즈와 같은 역할을 하는 것이다. 각각의 반사는 전자파인 X-선에 의해 만들어진다. 그래서 그 프로그램의 계산은 각각의 반사를 파동으로 취급하여 그 단위 세포 속에 있는 분자의 형태로 만들기 위하여 이들 파동을 재결합하는 것이다.

6.1.1 파동(Wave)

각각의 반사는 파동인 X-선이 단위 세포 내에 있는 복잡한 분자로부터 회절되어 나온 것이므로, 회절된 파동 역시 복잡하다. 가시광선이나 X-선과 같이 간단한 파동은 다음과 같은 형태의 주기함수로 기술될 수 있다.

$$F(x) = A\cos 2\pi(hx+\alpha) \qquad (6.1.1)$$

또는 $$F(x) = A\sin 2\pi(hx+\alpha) \qquad (6.1.2)$$

각각의 함수에서 $F(x)$는 파동을 따르는 임의의 수평위치 x에서 파동의 수직 높이를 가리킨다. 상수 α는 $x=0$로부터 파동의 위상차를 가리킨다. 즉, 파동이 그려져 있는 좌표계의 원점으로부터 이 파동이 얼마나 옮겨져 있는가를 나타내는 위치이다. 그림 6.1.1에 주어진 가장 간단한 파동의 수학적인 기술을 생각해 보자. 그 변수 x와 상수 α는 분수(fractional number)로 $x=1$은 원점으로부터 한 파장(2π radian 또는 $360°$)의 위치를 암시한다. 상수 A는 진폭(amplitude)이다. 예를 들면, 파동 $F2 = 3\cos 2\pi x$의 진폭은 파동 $F1 = \cos 2\pi x$보다 3배나 크다. 이 파동에서 상수 h는 그 파동의 진동수(frequency)를 가리킨다. 예를 들면, 파동 $F3 = \cos 2\pi(3x)$는 $x=0$과 1 사이에 3개의 진동수가 있어 $F1 = \cos 2\pi x$의 진동수의 3배이고 따라서 파장은 $F1 = \cos 2\pi x$의 1/3이다. 이 교재의 파동방정식에서 h는 정수이다.

마지막으로, 파동 $F4 = \cos 2\pi(x+1/4) = \cos(2\pi x + 90°)$와 $F5 = \cos(2\pi x - 90°)$와는 180°의 위상차가 있다. 파동은 한 파장의 거리 또는 2π radian을 가지고 되풀이하므로, 파장의 $\frac{1}{4}$

$(=90°)$에서의 위상은 $1\frac{1}{4}(=450°)$ 또는 $2\frac{1}{4}(=810°)$ 또는 $3\frac{1}{4}(=1170°)$에서의 위상과 동일하다. 마찬가지로 라디안 단위로 나타내면 0 라디안에서의 위상은 2π, 4π, 6π 라디안의 위상과 같다. 수학적으로 위상은 한 지정된 원점에 대한 파동의 x 방향의 위치를 가리킨다.

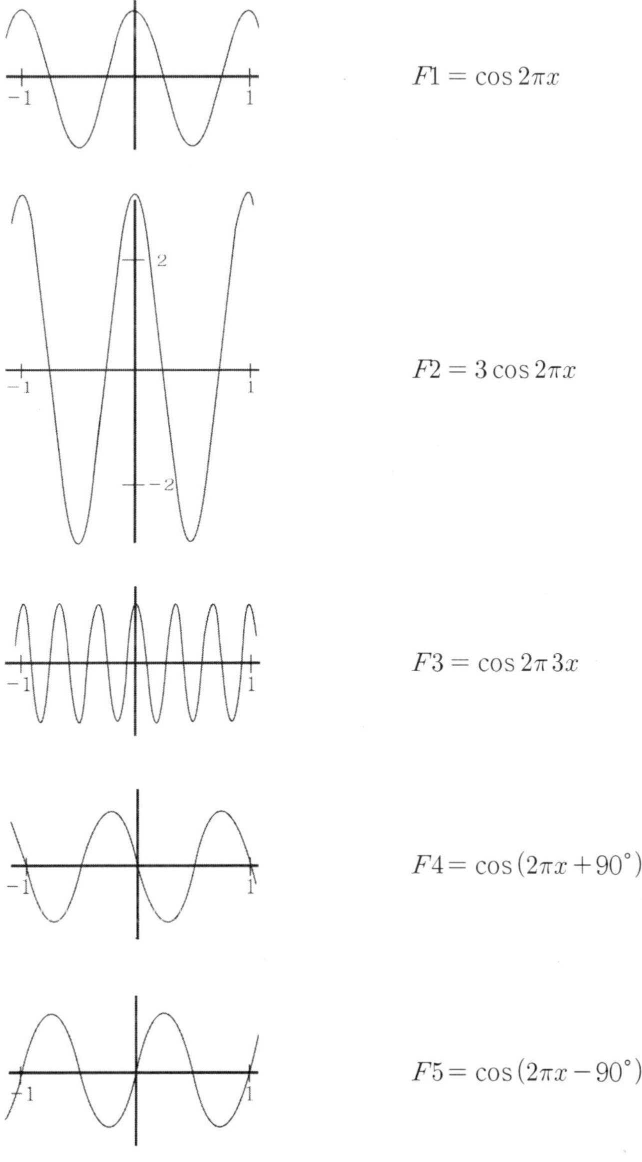

그림 6.1.1 5개의 간단한 파동

6.1.2 복잡한 주기함수들: Fourier 급수 및 합산

6.1.1에서 논한 바와 같이 임의의 간단한 sine 또는 cosine 파동은 3개의 상수인 진폭 F, 진동수 h, 위상 α로 기술될 수 있다. 프랑스 수학자 Fourier(Jean Baptiste Joseph Fourier, 1768~1830)는 아무리 복잡한 주기함수일지라도 간단한 sine과 cosine 함수의 합으로 기술될 수 있는 것을 보였다. 이 sine과 cosine 함수들의 파장은 그 복잡한 함수의 파장의 간단한 분수이다. 그러한 합산을 Fourier 급수(series)라 하며 Fourier 합성(synthesis)이라고도 한다. 그 합산 안에 있는 각각의 간단한 sine과 cosine 함수는 하나의 Fourier 항이라 불린다.

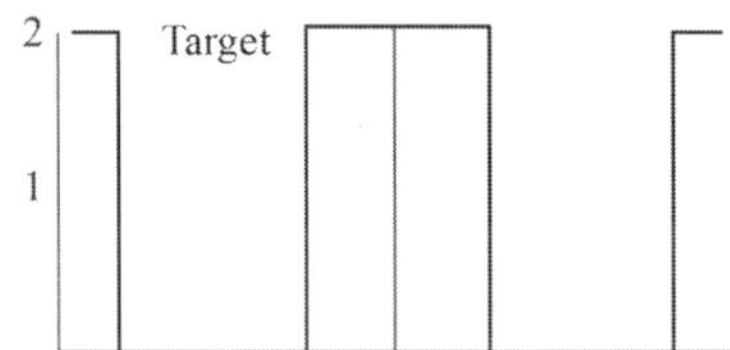

그림 6.1.2 한 개의 계단함수(step function 또는 square wave)로 목표 함수이다.

그림 6.1.2는 한 개의 계단함수(step function 또는 square wave)라 불리는 주기함수인데 이 계단함수를 닮은 Fourier 급수를 구해 보자. Fourier 합성이라 불리는 방법은 한 복잡한 파동을 기술하는 Fourier 급수의 항인 sine 및 cosine 항들을 계산하는 데 사용되므로 그 항들을 계산하는 것이 합성의 목표이다.

그림 6.1.3의 제 1열(column)에는 Fourier 급수에 사용될 다음 6개 항의 그림이다. 눈금이 잘 보이게 하기 위하여 모든 함수들은 1만큼 위로 옮겨놓았다. 따라서 각 함수들은 그 표적함수와 같이 모두 양의 값을 갖는다.

$F1 = \cos 2\pi x$ $\qquad$ $F2 = (-1/3)\cos 2\pi(3x)$

$F3 = (1/5)\cos 2\pi(5x)$ $\qquad$ $F4 = (-1/7)\cos 2\pi(7x)$

$F5 = (1/9)\cos 2\pi(9x)$ $\qquad$ $F6 = (-1/11)\cos 2\pi(11x)$

파동 $F1$에서 $F6$으로 갈수록 진폭이 1, −1/3, 1/5, −1/7, 1/9, −1/11로 줄어들었고, 진동수는 1, 3, 5, 7, 9, 11로 증가하여 그림 6.1.3의 제 1열에서 나타난 것 같이 $x = 0.0 \sim 1.0$ 사이에 이러한 진동수가 있음을 알 수 있다. 따라서 $F1$ 파동은 목표 함수인 계단함수와 같은 파장을 갖고 있고, $F2$의 파장은 표적함수 파장의 1/3이고, $F3$의 파장은 표적함수의 1/5, $F4$, $F5$, $F6$은 각각 1/7, 1/9, 1/11이어서 그들의 파장이 그 표적인 계단함수 파장의 간단한 분수이다.

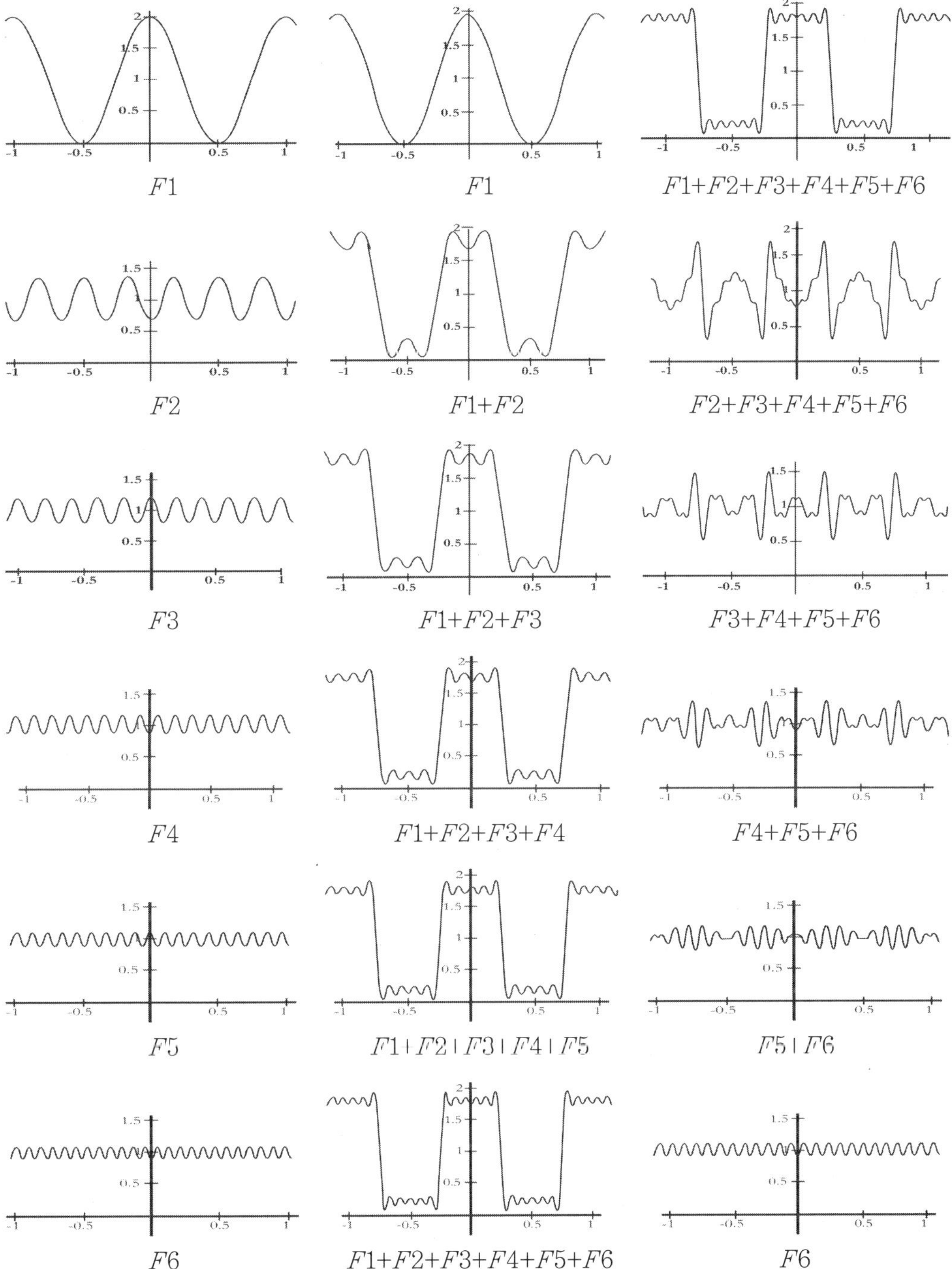

그림 6.1.3 한 표적함수인 계단함수로 접근시키기 위한 Fourier 급수의 합산 | 제 1열에는 Fourier 급수에 사용될 6개 항들이 있고, 제 2열과 제 3열은 그 6개 항의 합산 순서를 반대로 하여 합산한 결과이다.

이 값들은 X-선을 결정에 조사하여 얻은 구조 인자 식과 유사하다. 점점 증가하는 진동수들은 구조 인자식의 Miller 지수 (hkl)에 해당되어 이 지수가 커질수록 Bragg 각이 커지며 그에 따라 원자의 산란 인자 값은 그림 5.3.1에 보인 것과 같이 작아진다. 원자의 산란 인자는 이 식들의 진폭에 해당되는데 원자의 산란 인자는 음수일 수 없다. 그러나 이 식에서는 임의로 음수도 넣었다.

제 2열의 각 그림 아래에 쓰여 있는 것 같이 위에서 아래쪽으로 다음과 같이 합산한 결과를 보여 준다.

$F1$
$F1+F2$
$F1+F2+F3$
$F1+F2+F3+F4$
$F1+F2+F3+F4+F5$
$F1+F2+F3+F4+F5+F6$

여기서는 첫 번째 파동 $F1$식으로부터 표적함수의 대략적인 모양을 보여 주며, $F1+F2$에서는 표적함수의 진동수가 1이라는 것을 확신하게 한다. 이 결과로 보아 낮은 진동수와 큰 진폭을 갖는 항은 목표 파동의 대략적인 모양에 접근하고, 높은 진동수 항은 목표함수의 예리한 모퉁이를 더 좋게 만들므로 미세한 부분을 채움으로서 근사치로 개량한다는 것을 알 수 있다. 주목할 것은 처음의 1개부터 6개의 Fourier 항들을 더할수록 표적함수에 접근한 것으로 미루어 보아, 만일 더 짧은 파장의 충분한 항이 가해지면 표적 파동 형태에 도달할 수 있다는 것이 증명된다. 따라서 완전한 목표물을 만들기 위해서는 이 함수를 무한히 늘리는 것이 필요한 것이다.

제 3열에서는 Fourier 급수의 합산 순서를 제 2열과는 반대로 하여 이 열 아래의 첫 번째가 $F6$로부터 시작하여, 아래에서 두 번째가 $F5+F6$의 순서로 하여 맨 위가 $F1+F2+F3+F4+F5+F6$이다. 여기서는 5개 항을 합산하였을 때도 표적함수를 확인하기가 어려웠다. 제 2열에서는 파동 $F6$를 제외한 $F1+F2+F3+F4+F5$에도 목표함수에 매우 가깝게 접근하고 있으나, 제 3열에서 $F1$을 제외한 $F2+F3+F4+F5+F6$의 그림에서는 목표 함수에 접근해 있는지를 확인할 수가 없다.

총체적으로 표현하면 표적함수에 크게 기여하는 파동은 큰 진동수와 작은 진폭을 갖는 파동보다, 작은 진동수와 큰 진폭을 갖는 파동이라는 것을 알 수 있다. 이러한 현상은 X-선 결정 구조 해석에 그대로 적용되어 진폭이 크며(따라서 Bragg 각도가 작음), 진동수가 작은(따라서 Miller 지수가 작음) 구조 인자가 전자 밀도에 보다 크게 기여한다.

6.1.3 Fourier 합산(Fourier sums)의 표현 식

6.1.1절에서 파동은 주기함수로 기술되며 간단한 파동방정식은 cosine이나 sine을 사용하여 다음과 같은 식으로 쓸 수 있음을 알았다.

$$F(x) = A\cos 2\pi(hx+\alpha) \qquad (6.1.1)$$

$$F(x) = A\ \sin 2\pi(hx+\alpha) \qquad (6.1.2)$$

식 (6.1.1)을 사용하여 N 항들의 Fourier 합산을 다음과 같이 쓸 수 있다.

$$F(x) = A_0\cos 2\pi(0x+\alpha_0) + A_1\cos 2\pi(1x+\alpha_1) + A_2\cos 2\pi(2x+\alpha_2) + \dots + A_N\cos 2\pi(Nx+\alpha_N)$$

또는 동등하게 다음과 같이 나타낼 수도 있다.

$$F(x) = \sum_{h=0}^{N} A(h)\cos 2\pi(hx+\alpha_h)$$

Fourier 이론에 따르면 아무리 복잡한 주기함수라도 각 항에 알맞는 h, $A(h)$ 그리고 α_h 값을 넣어서 합산을 하여 표적함수에 가깝게 만들 수 있다는 것이다. 그리고 기본 파동형으로 cosine이나 sine 어느 것을 써도 임의의 주기함수를 만들 수 있다는 것이다[$(\sin(\theta+90°) = \cos\theta$].

5.1.1절에서 언급한 바와 같이 매우 유용한 기본적인 파동 형태는 $\cos 2\pi(hx) + i\sin 2\pi(hx)$이다. 여기서 그 파동 형태는 cosine과 sine이 결합된 한 복소수로, 이들의 일반적인 형태는 $a+ib$이며, 여기서 $i=\sqrt{(-1)}$인 허수이다. 비록 이 파동 형태에 그 위상 α는 없지만, α는 cosine과 sine의 결합 안에 내재하는 것이고 그것은 h와 x의 값에만 의존하는 것이다.

이러한 식으로 쓰인 항들을 갖는 일반적인 Fourier 합산은 다음과 같다.

$$F(x) = \sum_{h=1}^{N} A(h)[\cos 2\pi(hx) + i\ \sin 2\pi(hx)]$$

앞에서 말한 것과 같이, 이 합산은 $h=1$로부터 시작하여 N에서 끝나는 h의 각 정수값에 대하여 한 개씩인 N개의 단순한 Fourier 항으로 구성되었다. 각 항은 그 자신의 진폭 $F(h)$, 그 자신의 진동수 h 그리고 암시적으로 그 자신의 위상 α를 갖는 간단한 파동이다.

Euler의 공식에 의하여

$$\cos\theta + i\ \sin\theta = \exp(i\theta)$$

그 Fourier 합산은 다음과 같다.

$$F(x) = \sum_{h=0}^{N} A(h) \exp 2\pi (ihx)$$

또는 간단히 다음과 같이 표현할 수 있다.

$$F(x) = \sum_{h} A(h) \exp 2\pi (i hx)$$

여기서 합산은 모든 h에 대한 것이고 그 항의 수를 명시하지 않았다. 이 합산의 h번째 항 $A(h)\exp 2\pi(ihx)$는 $A(h)[\cos 2\pi(hx) + i \sin 2\pi(hx)]$로 펼칠 수 있으며 h번째 항은 진폭 $A(h)$, 진동수 h, 그리고 은연중 내포하는 위상이 $\alpha(h)$인 단순한 파동임을 명백히 한다.

3-차원적 파동은 x-, y-, z-축 각각을 따라 한 개씩 있어 3개의 진동수를 갖는다. 그래서 그 3개 방향의 각각에 진동수를 명기하기 위하여 3개의 변수 h, k, l이 필요하다. 간결하게 쓴 파동 $F(x,y,z)$의 일반적인 Fourier 합산은 식 (6.1.3)과 같다.

$$F(x,y,z) = \sum_{h}\sum_{k}\sum_{l} A(hkl) \exp 2\pi i (hx + ky + lz) \qquad (6.1.3)$$

다시 말하면, 식 (6.1.3)은 복잡한 3-차원 파동 $F(x,y,z)$가 한 개의 Fourier 합산으로 표현될 수 있다는 것을 보인다. 그 합산 내에 있는 각 항은 하나의 단순한 3-차원적 파동으로 그 진동수는 x- 방향에 h, y- 방향에 k, z- 방향에 l이다. 각각의 가능한 값 h, k, l과 관련된 파동은 진폭 $F(hkl)$과 암시적으로 위상 $\alpha(hkl)$을 갖는다. 그 삼중 합산은 단순히 정수인 h, k, l의 모든 가능한 집합을 나타내는 항을 합산하는 것을 의미한다. h, k, l 값의 범위는 각자가 필요한 정확도까지, 그리고 그 복잡한 파동 $F(x,y,z)$를 나타내기 위하여 얼마나 많은 항이 요구되느냐에 의존한다.

6.1.4 Fourier 변환(Fourier transform, FT)

프랑스의 수학자인 Fourier는 임의의 함수 $f(x)$에 대하여 식 (6.1.4)를 만족하는 다른 함수 $F(h)$가 존재한다는 것을 증명하였다.[52)]

$$F(h) = \int_{-\infty}^{+\infty} f(x) \exp 2\pi i\, hx\, dx \qquad (6.1.4)$$

52) 기초 X-선 결정학, 강상욱, 서일환, pp. 319-328, 2007, 고려대학교출판부

식 (6.1.4)는 다음 식 (5.1.5)와 동일한 구조 인자식이다.

$$F(hkl) = \sum_{j}^{N} f_j(x_j, y_j, z_j)\exp 2\pi i(hx_j + ky_j + lz_j) \tag{5.1.5}$$

식 (6.1.4)에서 $F(h)$는 $f(x)$의 FT라 불리며 변수 h의 단위는 x의 단위의 역이다. 만일 x가 Å으로 표시된 거리라면, h는 Å^{-1}인 길이의 역이다. 그래서 이것은 실제 공간과 역 공간을 연결짓는 매우 유용한 수학적 형태임을 알 수 있다. 실제로, 앞에서 언급한 대로 FT는 X-선 회절에 관한 정확한 수학적 기술인 것이다. 식 (6.1.4)에 따르면, $f(x)$의 FT인 $F(h)$를 계산하기 위해서는, 그 함수 $f(x)$에 $\exp 2\pi i\,hx$를 곱하여 결합된 함수 $f(x)\exp 2\pi i\,hx$를 x에 관하여 적분하면 그 결과가 $f(x)$의 FT인 새로운 함수 $F(h)$인 것이다. 함수 $f(x)$의 FT를 컴퓨터가 계산하는 과정은 결정학적 소프트웨어의 매우 유용한 도구 중 하나이다.

그 FT의 계산은 가역적이다. 즉, $f(x)$로부터 $F(h)$를 얻는 수학적 계산은, 반대로 $F(h)$에서 $f(x)$로 가는 방향으로 수행될 수 있다. 구체적으로 말하면 식 (6.1.5)이다.

$$f(x) = \int_{-\infty}^{+\infty} F(h)\exp(-2\pi i\,hx)\,dh \tag{6.1.5}$$

다시 말하면, 만일 $F(h)$가 $f(x)$의 FT이면, $f(x)$는 차례로 $F(h)$의 FT이다. 이러한 상황에서 $f(x)$는 때때로 $F(h)$의 역 변환(back transform)이라 불린다. 식 (6.1.4)와 식 (6.1.5) 사이의 차이는 지수항(exponential term)의 부호뿐이다. 앞서 언급한 함수 $f(x)$와 $F(h)$는 1-차원이다. 이를 3-차원으로 기술하면 식 (6.1.6)과 식 (6.1.7)이 된다.

$$F(h,k,l) = \int_x\int_y\int_z f(x,y,z)\exp 2\pi i\,(hx+ky+lz)\,dx\,dy\,dz \tag{6.1.6}$$

앞에서 나타낸 것과 같이 $F(h,k,l)$은 $f(x,y,z)$의 Fourier 변환이라 불리며 차례로 $f(x,y,z)$는 다음과 같은 $F(h,k,l)$의 Fourier 변환이다.

$$f(x,y,z) = \int_h\int_k\int_l F(h,k,l)\exp[-2\pi i(hx+ky+lz)]\,dh\,dk\,dl \tag{6.1.7}$$

식 (6.1.6)은 구조 인자 식에, 그리고 식 (6.1.7)은 전자 밀도식에 대응한다.

6.2 구조 인자와 전자 밀도

6.2.1 전자 밀도의 Fourier 합산인 구조 인자

여기서는 alanine 분자를 이용하여 구조 인자 식을 유도하고자 한다.

구조 인자와 전자 밀도는 양쪽이 모두 Fourier 합산으로 표현할 수 있다고 말해 왔다. 구조 인자는 검출기에서 측정되는 반사를 생기게 하는 회절된 X-선을 기술하는 것이다. 그림 6.2.1에 있는 원자 A에 의한 X-선의 회절을 f_A로 나타내면, 그림 6.2.1의 단위 세포 안에 있는 모든 원자가 (hkl)면으로 회절한 구조 인자는 식 (6.2.1)로 쓰여진다.

$$F(hkl) = f_A + f_B + ... + f_{A'} + f_{B'} + ... + f_{F'} \qquad (6.2.1)$$

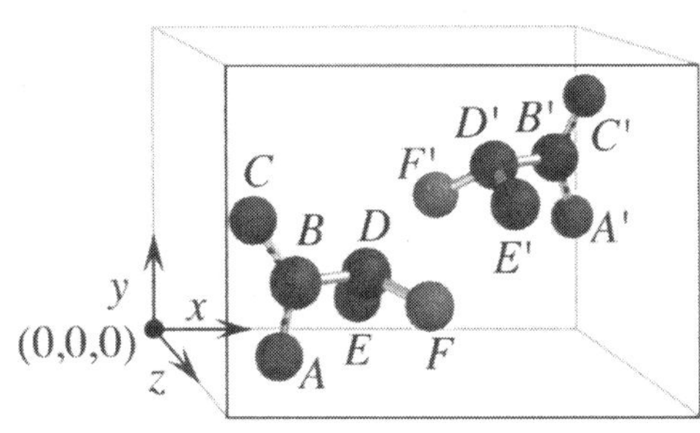

그림 6.2.1 단위 세포 내에 2개의 alanine $C_3H_7NO_2$ 분자(수소는 생략) | 단위 세포 내에 있는 모든 원자들은 회절 무늬에 있는 모든 반사에 기여한다.

구조 인자 $F(hkl)$은 각 원자에 의하여 회절되어 생긴 많은 각각의 파 f_j의 중첩된 한 파동이다. 그래서 구조 인자는 각 원자에 의해 회절된 많은 파동방정식의 합산이다.

식 (6.2.1)에 있는 한 개의 항 $f_j(hkl)$는 반사(hkl)에 j 원자의 산란 인자 $f_j(x_j, y_j, z_j)$가 기여한 구조 인자로 식 (6.2.2)이다.

$$f_j(hkl) = f_j(x_j, y_j, z_j)\exp 2\pi i(hx_j + ky_j + lz_j) \qquad (6.2.2)$$

이 식에서 j 원자의 산란 인자 $f_j(x_j, y_j, z_j)$의 값은 그림 5.3.1과 같이 Bragg 각 $\theta = 0$일 때는 j 원자의 원자 번호는 Z이고, $\sin\theta/\lambda$가 커짐에 따라 감소한다. 이 함수는 각 원소마다 다른데 그 이유는 각 원소가 X-선을 회절시키는 전자 수 Z가 다르기 때문이다.

x_j, y_j, z_j는 단위 세포 축 길이의 분수 형태로 나타낸 원자 j의 좌표이고 h, k, l은 x, y, z

방향에 있는 파동의 진동수의 역할을 하며 또한 역격자에 있는 특별한 반사의 지수이기도 하다. 이 파동의 위상은 구조 인자 식의 지수항에서 허수 i를 제외한 $2\pi(hx_j + ky_j + lz_j)$가 결정한다. 한 예로 좌표 (0, 1/2, 0)에 있는 원자가 반사 (220)에 기여하는 위상을 계산해 보자. 그 위상은

$$2\pi(hx_j + ky_j + lz_j) = 2\pi(2\times 0 + 2\times 1/2 + 0\times 0) = 2\pi$$

로 되어 0 위상과 같다. 5장의 그림 5.1.7에 의해 (220)면 위에 놓여 있는 모든 원자는 반사 (220)에 0 위상을 기여한다.

4.1.1질에서 언급한 바와 같이 결정에는 많은 (220)면의 등가 면이 존재하는데 이들 면상에 놓여 있는 모든 원자는 Bragg 법칙에 따라 같은 위상을 제공한다. N개 원자를 포함한 한 단위 세포에 대한 구조 인자 $F(hkl)$은 각 원자의 $f_j(hkl)$의 합산으로 다음과 같이 나타낼 수 있다.

$$F(hkl) = \sum_{j=1}^{N} f(x_j, y_j, z_j)\exp 2\pi i(hx_j + ky_j + lz_j) \qquad (6.2.3)\ [\text{식 (5.1.5)와 같다}]$$

바꾸어 말하면, 반사 (hkl)을 기술하는 그 구조 인자는 하나의 Fourier 합산인데 그 안에 있는 각 항은 한 원자의 기여이다. 그래서 각 원자 j의 $F(hkl)$에의 기여는 두 가지에 의존하는데 첫째, 원자가 어떤 원소인가 하는 것으로 구조 인자의 진폭 $f(x_j, y_j, z_j)$를 결정한다. 둘째, 세포 내의 원자의 위치 (x_j, y_j, z_j)로서 구조 인자의 위상을 결정한다.

지금까지는 구조 인자 $F(hkl)$을 원자의 산란 인자로 나타내었는데, 그 산란 인자가 적은 곳에서는 전자 밀도도 작고, 산란 인자가 큰 곳에서는 전자 밀도도 크므로 다음과 같이 구조 인자를 전자 밀도 $\rho(x, y, z)$로도 나타낼 수 있다. 즉, 구조 인자 $F(hkl)$은 그림 6.2.2에 보인 단위 세포 내에 있는 전자 밀도의 각 체적 요소의 기여의 합산으로 나타낼 수 있다.

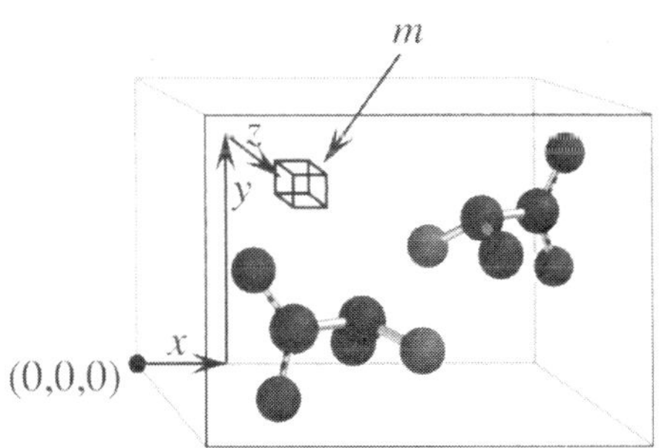

그림 6.2.2 단위 세포 내에 있는 m은 부피 요소이고, m 내의 평균 전자 밀도는 $\rho_m(x, y, z)$이다. 이 모든 부피 요소는 모든 반사에 기여한다.

점 (x,y,z)에 중심을 둔 한 부피 요소의 전자 밀도는 대략 그 영역에 있는 평균치 $\rho(x,y,z)$이다. 그 부피 요소를 작게 만들수록 이 평균치는 모든 점에 대해 더 정확한 $\rho(xyz)$값에 도달한다. 평균값을 합산하기보다는 실제로 부피 요소를 무한히 작게 만들어 함수 $\rho(xyz)$를 적분함으로써 모든 점에서 그 실제 값에 가깝게 할 수 있다. 이렇게 만든 작은 체적 요소의 무한수 기여의 합산을 적분을 사용하여 다음과 같이 표현할 수 있다.

$$F(hkl) = \int_x \int_y \int_z \rho(x, y, z) \exp 2\pi i (hx + ky + lz)\, dx\, dy\, dz \qquad (6.2.4)$$

또는 간단하게 다음과 같이 표현할 수 있다.

$$F(hkl) = \int_V \rho(x, y, z) \exp 2\pi i\, (hx + ky + lz) dV \qquad (6.2.5)$$

여기서 단위 세포의 체적 V에 대한 적분은 단위 세포 내에 있는 $(x,\ y,\ z)$의 모든 값에 대한 적분의 속기(shorthand)이다. 각 체적 요소는 그 좌표 (x, y, z)에 의하여 결정되는 위상을 가지고 $F(hkl)$에 기여하는데, 이것은 원자의 위상에 기여가 원자 좌표에 의존하는 것과 같다.

식 (6.2.4)는 식 (6.1.6)과 같은 모양이다. 따라서 6.1.4절 Fourier 변환에 의하여 식 (6.1.6)의 FT가 식 (6.1.7)인 것과 같이, 식 (6.2.4)의 $F(hkl)$은 $\rho(x, y, z)$의 FT라는 것을 알 수 있다. 더 정확히 표현하면 구조 인자 $F(hkl)$은 실격자 평면 (hkl)상에 놓여 있는 전자 밀도 $\rho(xyz)$의 FT이다. 또한 전자 밀도 $\rho(xyz)$는 구조 인자 $F(hkl)$의 FT라고 예상할 수 있다.

6.2.2 전자 밀도 지도

X-선을 한 결정에 조사할 때 X-선의 실제적인 회절체는 결정을 이루고 있는 분자 내 원자를 둘러싼 전자 구름이다. 그래서 X-선 회절은 전자의 분포 또는 전자 밀도의 분포를 나타내는 것이다. 물론 전자 밀도는 분자의 모양을 나타내며 실제로 분자를 둘러싸고 있는 van der Waals 표면 또는 전자 구름의 표면으로서의 분자의 경계라고 생각할 수 있다. 단결정 내에서 분자들은 잘 정돈된 배열 상태를 이루고 있어 한 결정 내의 전자 밀도는 수학적인 주기함수로 기술될 수 있다.

만일 전자 밀도를 측정하는 장비로 그림 6.2.3에 보인 세포의 한 축을 따라 가면 전자 밀도가 복잡하게 변하므로 분자를 통과하면 전자 밀도가 상승하고, 분자 사이의 공간에서는 전자 밀도가 떨어지며, 각 단위 세포를 통과하면 똑같은 변화를 되풀이할 것이다. 이와 같은 현상은 3개의 $a-$, $b-$, $c-$축을 따르는 선형통로에 대하여 똑같이 일어날 것이므로, 단위 세포 내에 있는 모든 분자의 표면 특성과 전체적인 모양을 기술하는 전자 밀도는 삼차원적인 주기함수이다. 이

함수를 $\rho(x, y, z)$로 나타내는데 이것은 단위 세포 내에 있는 각 점 (x, y, z)에서의 전자 밀도 ρ를 암시한다. 그 함수의 그래프는 단위 세포 내에 있는 분자를 둘러싸고 있는 전자 구름의 모습이다. 가장 쉽게 설명할 수 있는 그래프는 일정한 전자 밀도를 갖는 표면의 그림인 등고선 지도(contour map)이다. 이 그래프는 전자 밀도 지도라고 일컬어지는데, 이 지도는 본질적으로 단위 세포 안에 있는 윤곽이 뚜렷하지 않은 분자의 모습이다. 결정학의 목적은 우리가 필요로 하는 전자 밀도 지도를 그릴 수 있는 수학적인 함수를 얻는 것이다.

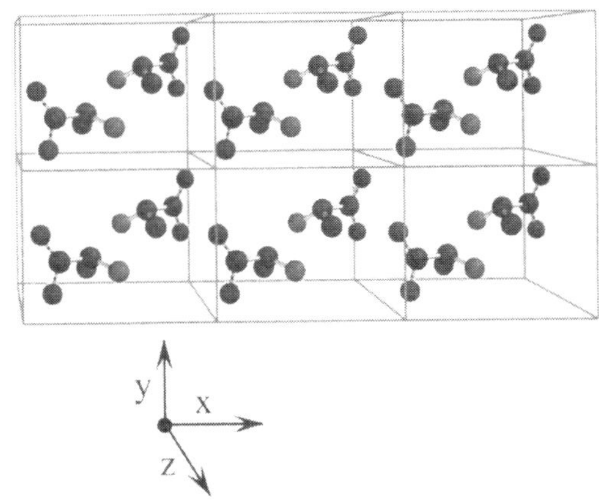

그림 6.2.3 결정질 격자를 이룬 6개의 단위 세포 | 각 단위 세포는 방향이 다른 2개의 alanine 분자(수소는 생략)를 포함하고 있다.

6.2.3 구조 인자의 Fourier 합산인 전자 밀도

우리가 찾는 전자 밀도는 복잡한 주기함수이므로 그것은 한 Fourier 합산으로 기술될 수 있다. X-선 회절 무늬에 있는 그 많은 회절 반점의 수와 똑같이 많은 구조 인자가 전자 밀도를 기술하는 Fourier 함수와 무슨 관련이 있는가? 이 측정한 반사로 전자 밀도 함수 $\rho(x, y, z)$를 기술할 수 있는가?

결정학자들이 알려고 하는 것이 바로 전자 밀도 $\rho(x, y, z)$인 것이다. 식 (6.1.6)과 (6.1.7) 사이에 서로 FT의 관계가 있는 것처럼, 구조 인자 식 (6.2.4)를 FT하면 전자 밀도 $\rho(x,y,z)$는 다음 식 (6.2.6)과 같이 구조 인자의 FT이다. 즉 식 (6.2.6)은 식 (6.1.7)과 같은 형태이다.

$$\rho(x,y,z) = \frac{1}{V}\sum_h \sum_k \sum_l F(hkl)\exp[-2\pi i(hx+ky+lz)] \qquad (6.2.6)$$

여기서 V는 단위 세포의 체적이다. 이 변환은 삼중 적분이라기보다는 삼중합이다. 왜냐하면 불연속한 역 격자점인 $F(hkl)$은 회절 무늬상의 반점이라는 불연속하고 일정하게 관련된 실체이기 때문이다. 각 $F(hkl)$은 일반 파동에 대하여 단순한 수로 표현된 진폭이 아니고, 회절 무늬에서 특수한 반사를 기술하는 Fourier 합산인 구조 인자이다. $\rho(x, y, z)$의 x, y, z는 결정학적 축의 분수를 나타내며, 식 (5.1.5)의 구조 인자 $F(hkl)$에 있는 x_j, y_j, z_j는 원자의 좌표들이다.

식 (6.2.6)은 구조 인자 $F(hkl)$을 Fourier 변환한 전자 밀도 $\rho(xyz)$이다. 따라서 식 (5.1.5)의 구조 인자와 전자 밀도 함수 $\rho(x,y,z)$는 서로의 Fourier 변환이다. 식 (6.2.6)에 있는 $F(hkl)$에는 원자 산란 인자와 위상이라는 정보가 포함되어 있어 이를 분리하여 표시하면 식 (6.2.6)은 다음과 같이 나타낼 수 있다.

$$\rho(xyz) = \frac{1}{V}\sum_{hkl=-\infty}^{\infty} |F(hkl)| \exp[i\,\alpha(hkl)]\,\exp[-2\pi i(hx+ky+lz)]$$

$\alpha(hkl) = -\alpha(\bar{h}\,\bar{k}\,\bar{l})$인 관계가 있으므로, 위의 식을 아래와 같이 나타낼 수 있다.

$$\begin{aligned}\rho(xyz) = \frac{1}{V}\sum_{hkl=0}^{\infty} &[|F(hkl)| \exp[i\,\alpha(hkl)]\,\exp[-2\pi i(hx+ky+lz)] \\ &+ |F(\bar{h}\,\bar{k}\,\bar{l})| \exp[i\,\alpha(\overline{hkl})]\,\exp[-2\pi i(\bar{h}x+\bar{k}y+\bar{l}z)]]\end{aligned}$$

$$\begin{aligned}\rho(xyz) = \frac{1}{V}\sum_{hkl=0}^{\infty} &[|F(hkl)| \exp[i\,\alpha(hkl)]\,\exp[-2\pi i(hx+ky+lz)] \\ &+ |F(\bar{h}\,\bar{k}\,\bar{l})| \exp[i\,\alpha(\overline{hkl})]\,\exp[2\pi i(hx+ky+lz)]]\end{aligned}$$

Friedel 법칙에 의하여 $|F(hkl)| = |F(\overline{hkl})|$이므로,

$$\begin{aligned}\rho(xyz) = \frac{1}{V}\sum_{hkl=0}^{\infty} &|F(hkl)|\,[\cos[-2\pi(hx+ky+lz)+\alpha(hkl)] \\ &+ i\sin[-2\pi(hx+ky+lz)+\alpha(hkl)] \\ &+ \cos[2\pi(hx+ky+lz)+\alpha(\overline{hkl})] \\ &+ i\sin[2\pi(hx+ky+lz)+\alpha(\overline{hkl})]]\end{aligned}$$

Sine항은 0이 되며 cosine은 우함수(even function)이므로 전자 밀도는 식 (6.2.7)로 표시된다.

$$\rho(x,y,z) = \frac{1}{V}\sum_{hkl=-\infty}^{\infty} |F(hkl)| \cos[2\pi(hx+ky+lz)-\alpha(hkl)] \qquad (6.2.7)$$

식 (6.2.7)의 x, y, z는 원자의 좌표가 아니고 전자 밀도 지도를 그리려는 그 영역의 분수 좌표이다.

그림 6.2.4 (a)는 1장에서 언급한 결정질 화합물 Ylid의 단위 세포를 [010] 방향으로 바라본 모습을 나타내었고 그의 Fourier 변환인 X-선 회절 무늬($h0l$)가 그림 6.2.4 (b)에 나타나 있다.

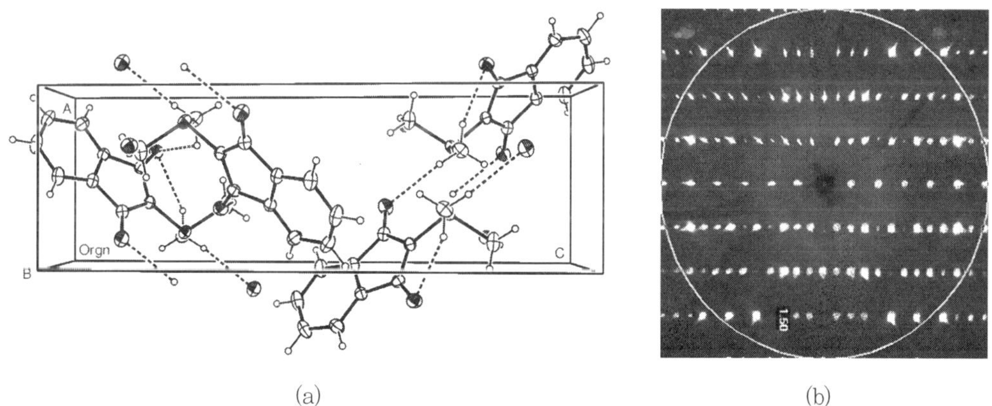

(a) (b)

그림 6.2.4 (a) [010] 방향으로 바라본 Ylid ($C_{11}H_{10}SO_2$, $P2_12_12_1$)의 단위 세포로 점선은 수소 결합을 나타낸다. (b) 이 분자의 X-선 회절 무늬($h0l$)로 c-축과 c^*-축이 나란하다.

FT는 한 결정질 화합물의 구조와 그의 회절 무늬 사이의 수학적인 연관관계를 정확히 기술한다. 다른 말로 하면, FT는 컴퓨터가 수많은 반사를 사용하여 결정 안에 있는 분자의 모습인 정확한 전자구름을 만들어 내는 것으로, 현미경에서의 렌즈와 같은 역할을 하는 것이다.

$\rho(x, y, z)$가 구조 인자의 FT라는 관점은 각 반사의 3개 변수, 즉 진폭, 진동수, 위상을 측정할 수 있으면 이 자료를 합하여 함수 $\rho(x, y, z)$를 얻어서 단위 세포 안에 있는 분자의 모습을 볼 수 있다는 것을 나타낸다.

다음 절에서는 식 (6.2.7)을 이용하여 실제로 전자 밀도를 계산해 보자. 실제로 전자 밀도를 계산해 보면 회절 강도와 구조 인자 간의 관계, 산란 인자, 그리고 위상이 무엇이며 어떻게 계산하는지를 이해하게 된다.

6.2.4 전자 밀도 지도의 시뮬레이션(Simulation of electron density map)

① Fourier 합산의 항인 반사

식 (6.2.7)은 전자 밀도 $\rho(x,y,z)$를 기술하는 Fourier 급수이다.

$$\rho(x,y,z) = \frac{1}{V}\sum_{hkl=-\infty}^{\infty} |F(hkl)| \cos[2\pi(hx+ky+lz) - \alpha(hkl)] \qquad (6.2.7)$$

이 식에 있는 각 항 $F(hkl)$은 단 하나의 X-선 반사를 나타내는 구조 인자로 그림 6.2.5에 보인 각 회절 반점의 것이다. 반사의 Miller 지수 hkl은 삼차원에서 각 차원을 한 개의 간단한 파동으로 나타내는 Fourier 항을 기술하는 데 필요한 3개의 진동수이다.

$F(hkl)$의 낮은 진동수 항은 X-선 회절 실험에서 진폭이 크고 파장도 길어 주기함수인 전자 밀도 $\rho(x, y, z)$의 전체적인 모양을 결정하는 한편, 높은 진동수 항은 진폭도 작고 파장도 짧아 섬세한 부분을 채워 근사를 개량한다는 것을 알았다. 식 (6.2.7)에서 알 수 있는 것은 전자 밀도 함수 $\rho(x, y, z)$를 기술하는 Fourier 합산에 있는 낮은 진동수 항은 낮은 Miller 지수를 갖는 반사로 그림 6.2.5에 보인 회절 무늬의 중심에 가까운 반사이다. 그래서 낮은 각(low-angle) 반사라 불리며, 면간 거리가 크다.

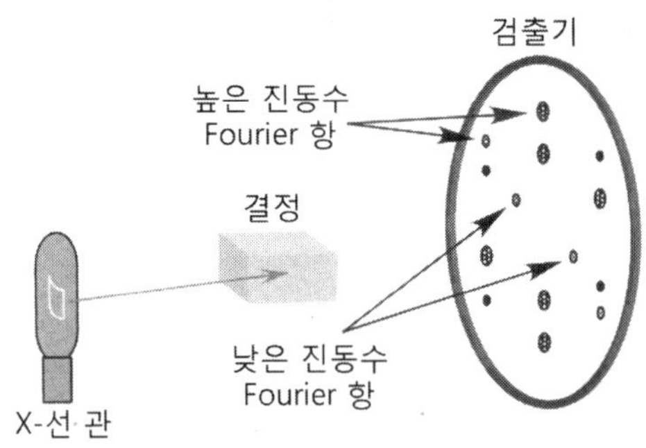

그림. 6.2.5 회절 무늬의 중심 가까이 있는 반사의 구조 인자는 전자 밀도 $\rho(x, y, z)$를 어림산하는 Fourier 합산 내에서 낮은 진동수 항이다. 회절 무늬의 중심으로부터 멀리 떨어져 가장자리에 있는 반사의 구조 인자는 높은 진동수 항이다.

높은 진동수 항은 높은 Miller 지수를 갖는 반사, 즉 회절 무늬의 중심으로부터 아주 멀리 있는 반사로 짧은 면간 거리를 갖는다. 만일 어떤 결정이 직사광선으로부터 멀리 떨어진 각, 즉 큰 Miller 지수를 갖는 반사에서 회절을 일으키지 않으면, 모든 측정 가능한 반사로부터 계산되어 나오는 Fourier 합산은 높은 진동수 항이 부족하며, 그 결과에서 얻어진 FT는 그다지 상세하지 못하여 거기에서 얻어진 결정 구조의 해상도(resolution)는 빈약하다. 이렇게 되면 Fourier 급수는 모서리가 잘려서 예리하고 자세한 부분에서 그 목표함수에 이르지 못하게 된다.

다음에는 가장 간단하며 대표적인 비대칭 중심 공간군 $P1(1)$과 대칭 중심 공간군 $P\bar{1}(2)$를 택하여 원자 번호가 큰 원자($^{79.9}_{35}\mathrm{Br}$)의 위치를 미리 가정하여 놓고, 다만 6개 반사에 대한 Br 원자의 산란 인자를 찾은 후 각 면의 위상을 계산하여 그 6개 면의 구조 인자 식들을 계산하고 그 값들을 전자 밀도 식 (6.2.7)에 대입하여 전자 밀도를 작도하여 Br 원자들의 위치를 찾았다.

② 비중심 대칭 공간군 $P1(1)$를 갖는 결정에서 Br 원자의 위치 찾기

공간군 $P1$에 속하며 $d(100) = 10$ Å인 한 단위 세포 내에 한 개의 $^{79.9}_{35}\mathrm{Br}$ 원자의 좌표가 (1/6, 0, 0)일 때 면 (100) ~ (600)의 위상과 구조 인자의 크기를 계산하고 전자 밀도 지도를 작도하여 Br 원자의 위치를 찾는다.

비대칭 중심 공간군의 구조 인자는 식 (5.1.5)에서 다음과 같다.

식 (5.1.5) → $F(hkl) = \sum_{j=1}^{N} f_j \exp 2\pi i (hx_j + ky_j + lz_j)$

(100):

원자 산란 인자 f_{100}는 그림 5.3.1에 나타난 $\frac{\sin\theta}{\lambda} = \frac{1}{2d(100)} = \frac{1}{20} = 0.05$에서 $f_1 = 34.22$ 이다.†

(†International Tables for X-Ray Crystallography, Vol. III, p. 211, edited by K. Lonsdale, D. Reidel Publishing Company, London, England, 1983.)

식 (5.1.4) → 위상 $\alpha(100) = 2\pi(1/6) = 60°$

식 (5.1.5) → 구조 인자

$$F(100) = 34.22(\cos 60° + i\sin 60°) = 34.22[(\frac{1}{2}) + i(\frac{\sqrt{3}}{2})]$$

$$|F(100)|^2 = [(34.22)^2][(\frac{1}{2} + i\frac{\sqrt{3}}{2})(\frac{1}{2} - i\frac{\sqrt{3}}{2})] = [(34.22)^2](\frac{1}{4} + \frac{3}{4})$$

$$|F(100)| = 34.22$$

(200):

원자 산란 인자는 $\frac{\sin\theta}{\lambda} = \frac{1}{2d(200)} = \frac{1}{2\times 5} = \frac{1}{10} = 0.1$일 때 $f_2 = 32.21$이다.†

식 (5.1.4) → 위상 $\alpha(100) = 2\pi hx = 2\pi(2/6) = 120°$

식 (5.1.5) → 구조 인자

$$F(200) = 32.21(\cos 120° + i\sin 120°) = 32.21[(-\frac{1}{2}) + i(\frac{\sqrt{3}}{2})]$$

$$|F(200)|^2 = (32.21)^2\left|-\frac{1}{2} + i\frac{\sqrt{3}}{2})\right|^2 = (32.21)^2(\frac{1}{4} + \frac{3}{4}) = 32.21$$

$$|F(200)| = 32.21$$

(300):

원자 산란 인자는 $\frac{\sin\theta}{\lambda} = \frac{1}{2d(300)} = \frac{1}{2\times(10/3)} = \frac{1}{6.67} = 0.15$일 때 $f_3 = 29.70$.[†]

식 (5.1.4) → 위상 $\alpha(300) = 2\pi hx = 2\pi(3/6) = 180^\circ$

식 (5.1.5) → 구조 인자

$$F(300) = 29.70(\cos 180^\circ + i\sin 180^\circ) = -29.70$$

$$|F(300)| = 29.70$$

(400):

원자 산란 인자는 $\frac{\sin\theta}{\lambda} = \frac{1}{2d(400)} = \frac{1}{2\times 0.25} = \frac{1}{5} = 0.2$ 일 때 $f_4 = 27.27$이다.[†]

식 (5.1.4) → 위상 $\alpha(400) = 2\pi hx = 2\pi(4/6) = 240^\circ$

식 (5.1.5) → 구조 인자

$$F(400) = 27.27(\cos 240^\circ + i\sin 240^\circ) = 27.27(-\frac{1}{2} - i\frac{\sqrt{3}}{2})$$

$$|F(400)|^2 = (27.27)^2(-\frac{1}{2} - i\frac{\sqrt{3}}{2})(-\frac{1}{2} + i\frac{\sqrt{3}}{2}) = (27.27)^2(\frac{1}{4} + \frac{3}{4})$$

$$|F(400)| = 27.27$$

(500):

원자 산란 인자는 $\frac{\sin\theta}{\lambda} = \frac{1}{2d(500)} = \frac{1}{2\times 2} = \frac{1}{4} = 0.25$ 일 때 $f_5 = 25.14$이다.[†]

식 (5.1.4) → 위상 $\alpha(500) = 2\pi hx = 2\pi(5/6) = 300^\circ$

식 (5.1.5) → 구조 인자

$$F(500) = 25.14(\cos 300^\circ + i\sin 300^\circ) = 25.14(\frac{1}{2} - i\frac{\sqrt{3}}{2})$$

$$|F(500)|^2 = (25.14)^2(\frac{1}{2} - i\frac{\sqrt{3}}{2})(\frac{1}{2} + i\frac{\sqrt{3}}{2}) = (25.14)^2(\frac{1}{4} + \frac{3}{4})$$

$$|F(500)| = 25.14$$

(600):

원자 산란 인자는 $\frac{\sin\theta}{\lambda} = \frac{1}{2d(600)} = \frac{1}{2\times(10/6)} = \frac{1}{2\times1.67} = \frac{1}{3.33} = 0.3$ 일 때 $f_6 = 23.24$ 이다.[†]

식 (5.1.4) → 위상 $\alpha(600) = 2\pi hx = 2\pi(6/6) = 360^\circ$

식 (5.1.5) → 구조 인자

$$F(600) = 23.24(\cos 360^\circ + i\sin 360^\circ) = 23.24$$

$$|F(600)| = 23.24$$

이상과 같이 비대칭 중심 공간군 $P1$에서 각 반사의 산란 인자 값은 Miller 지수가 커짐에 따라 작아지는 반면, 위상은 Miller 지수가 커짐에 따라 커지며 원자의 좌표에 따라 0° 부터 360° 까지 임의의 값을 갖는다. 위에서 얻은 값을 전자 밀도 지도 식 (6.2.7)에 대입하면 다음과 같다.

식 (6.2.7) → $\rho(xyz) = \frac{1}{V}\sum_{hkl=-\infty}^{\infty} |F(hkl)|\cos[2\pi(hx+ky+lz) - \alpha(hkl)]$

$$\begin{aligned}
\rho(x00) = \frac{1}{V}[&|F(100)|\cos\{2\pi x - \alpha(100)\} + |F(200)|\cos\{2\pi 2x - \alpha(200)\} \\
&+ |F(300)|\cos\{2\pi 3x - \alpha(300)\} + |F(400)|\cos\{2\pi 4x - \alpha(400)\} \\
&+ |F(500)|\cos\{2\pi 5x - \alpha(500)\} + |F(600)|\cos\{2\pi 6x - \alpha(600)\}] \\
= \frac{1}{V}[&34.22\cos(2\pi x - 2\pi/6) + 32.21\cos(4\pi x - 4\pi/6) \\
&+ 29.70\cos(6\pi x - 6\pi/6) + 27.27\cos(8\pi x - 8\pi/6) \\
&+ 25.14\cos(10\pi x - 10\pi/6) + 23.24\cos(12\pi x - 12\pi/6)] \\
= S&1 + S2 + S3 + S4 + S5 + S6 \quad (\text{여기서 } \tfrac{1}{V}\text{는 생략})
\end{aligned}$$

그림 6.2.6의 제 1열에는 Fourier 급수에 사용될 6개의 항인 파동 $S1$, $S2$, $S3$, $S4$, $S5$, $S6$ 의 그림이다.

$S1 = 34.22\cos(2\pi x - 2\pi/6)$ $S2 = 32.21\cos(4\pi x - 4\pi/6)$

$S3 = 29.70\cos(6\pi x - 6\pi/6)$ $S4 = 27.27\cos(8\pi x - 8\pi/6)$

$S5 = 25.14\cos(10\pi x - 10\pi/6)$ $S6 = 23.24\cos(12\pi x - 12\pi/6)$

파동은 $S1$에서 $S6$으로 갈수록 입사 Bragg 각도가 증가하므로 그림 5.3.1에서 나타낸 것과 같이 진폭인 산란 인자가 감소하는데 이들의 실제 값은 모두 양수이다. 진동수는 Miller 지수 h가 증가할수록 증가하여 한 주기 $x = 0.0 \sim 1.0$ 사이에 진동수는 1, 2, 3, 4, 5, 6 으로 증가하였음을 알 수 있다. 그림 6.2.6에 보인 그림에는 대칭성이 없다.

제 2열의 각 그림 밑에 설명되어 있는 것과 같이 위에서 아래쪽으로 가면서 다음과 같이 Fourier 합산 결과를 보여 준다:

$S1$, $S1 + S2$

$S1 + S2 + S3$

$S1 + S2 + S3 + S4$

$S1 + S2 + S3 + S4 + S5$

$S1 + S2 + S3 + S4 + S5 + S6$

여기서는 첫 번째 파동 $S1$부터 Br의 위치인 $x = 1/6$ 근처에 높은 봉우리가 있어 Br의 대략적인 위치를 보여 주며, $S1 + S2$ 에서는 Br의 위치가 $x = 1/6$이라는 것을 확신하게 한다. 주목할 것은 처음의 1개부터 6개의 Fourier 항을 취할수록 봉우리의 넓이가 좁아져서 뚜렷한 Br 원자의 위치를 알려줄 뿐만 아니라 작은 물결 모양의 봉우리의 높이도 작아지는 것을 볼 때 큰 Miller 지수를 갖는 많은 반사를 추가하면 깨끗한 전자 밀도 그림을 얻으리라는 것을 알 수 있다.

제 3열에서는 Fourier 급수의 합산 순서를 제 2열과 반대로 하여, 맨 아래 첫 번째가 $S6$, 두 번째가 $S6 + S5$, 마지막이 맨 위의 $S1 + S2 + S3 + S4 + S5 + S6$이다. 여기서는 4개 항을 Fourier 합산했을 때 $_{35}$Br의 위치를 확인할 수 있다. 35개의 전자를 갖는 원자임에도 이와 같은 결과를 얻는 것을 볼 때 가벼운 원자(전자 개수가 적은 원자)라면 그 위치를 찾기가 더 어려울 것이 확실하다.

제 2열과 제 3열을 비교할 때 Fourier 합성의 결과가 뚜렷이 다름을 알 수 있으며 결정 구조 해석을 위해서는 Miller 지수가 작은 반사가 Miller 지수가 큰 반사보다 더 중요하다는 것을 알 수 있다.

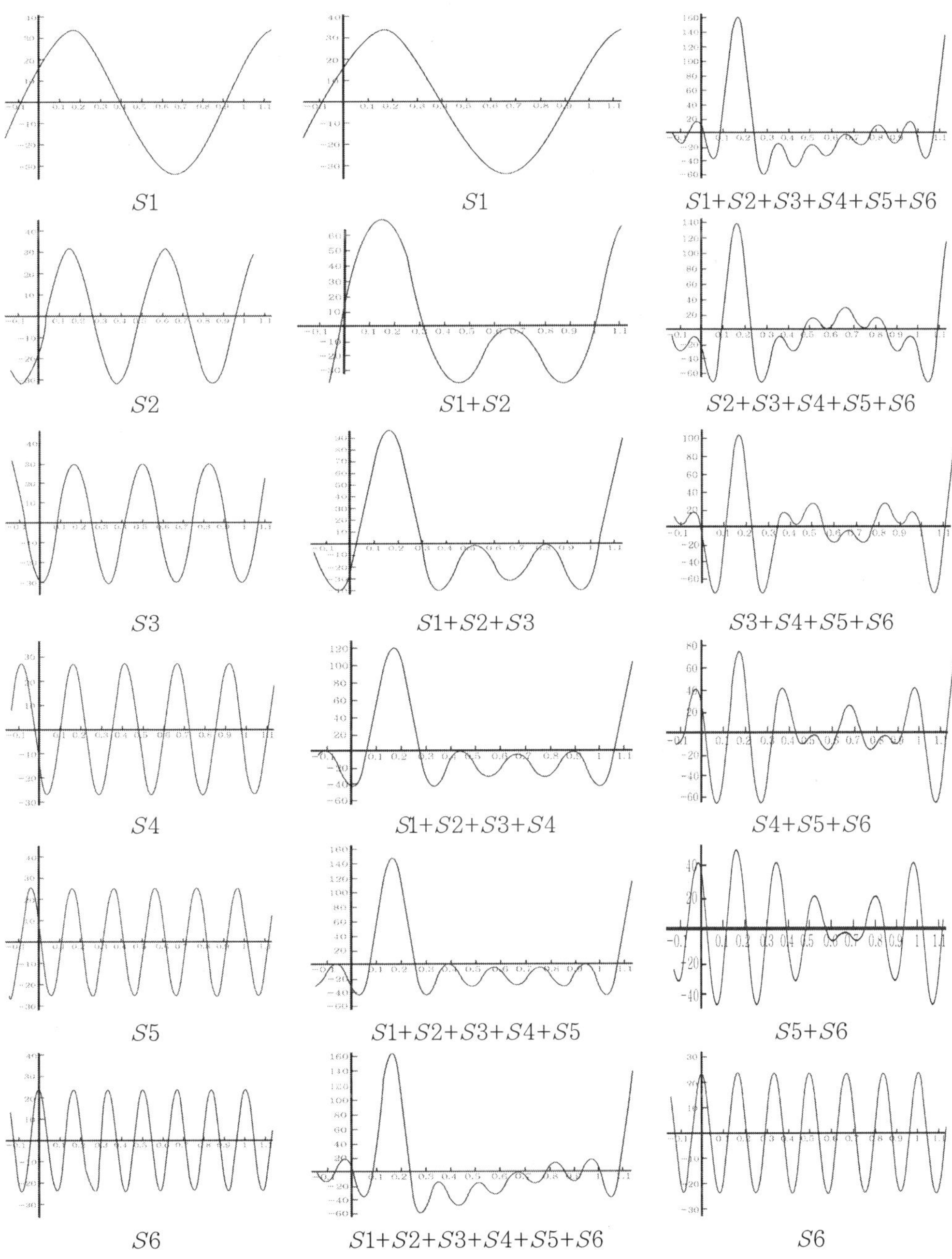

그림 6.2.6 비대칭 중심 공간군 *P*1의 전자 밀도의 계산 결과 | 제 1열에는 전자 밀도 계산에 사용된 6개 항이 있고, 제 2열과 3열에는 그 6개 항의 합산 순서를 반대로 하여 Fourier 합산한 결과이다. Br 원자는 $x = \frac{1}{6}$에 위치하고 있다.

③ 대칭 중심 공간군 $P\bar{1}(2)$을 갖는 결정에서 두 Br 원자의 위치 찾기

공간군 $P\bar{1}$에 속하며 $d(100) = 10$ Å인 한 단위 세포 안에 있는 두 개의 $^{79.9}_{35}\mathrm{Br}$ 원자의 좌표가 $(\pm 1/6, 0, 0)$일 때 면 $(100) \sim (600)$의 위상과 구조 인자의 크기를 계산하고 전자 밀도 지도를 작도하여 두 개 Br 원자의 위치를 찾는다.

대칭 중심 공간군의 구조 인자는 식 (5.1.8)로 되어 허수 부분인 sine 항이 없어 실수 성분인 $x-$성분뿐이다. 따라서 위상 $\alpha(hkl) = 0$ 또는 π이다.

$$식\ (5.1.8) \rightarrow F(hkl) = 2\sum_{j=1}^{N/2} f_j \cos 2\pi(hx_j + ky_j + lz_j) = |F(hkl)| \cos\alpha(hkl)$$

원자의 산란 인자 값은 '② 비대칭 중심 공간군 $P1(1)$을 갖는 결정에서 Br 원자의 위치 찾기'에서 구한 값을 사용한다.

(100): 산란 인자 $f(100) = 34.22$와 한 개의 원자 좌표 $(1/6, 0, 0)$을 식 (5.1.8)에 대입하면 다음과 같이 구조 인자 $F(100) = 34.22$를 얻는다.

$$F(100) = 2f(100)\cos 2\pi\frac{1}{6} = 2\times 34.22\cos 60° = 2\times 34.22\times\frac{1}{2} = 34.22$$

따라서 $F(100) = 34.22$로 0보다 크기 때문에 위상은 $\alpha(hkl) = 0°$이다.

(200): $f(200) = 32.21$

$$F(200) = 2f(200)\cos 2\pi\frac{2}{6} = 2\times 32.21\cos 120° = 2\times 32.21\times(-\frac{1}{2}) = -32.21$$

이 얻어진다. 위상은 $F(200) = -32.21$로 0보다 작기 때문에 $\alpha(200) = \pi$이다.

(300): $f(300) = 29.70$

$$F(300) = 2f(300)\cos 2\pi\frac{3}{6} = 2\times 29.70\cos\pi = -2\times 29.70 = -59.4$$

위상은 $F(300) = -59.4$로 0보다 작으므로 $\alpha(300) = \pi$이다.

(400): $f(400) = 27.27$

$$F(400) = 2f(400)\cos 2\pi\frac{4}{6} = 2\times 27.27\cos 240° = 54.54\left(-\frac{1}{2}\right) = -27.27$$

위상은 $F(400) = -27.27$로 0보다 작으므로 $\alpha(400) = \pi$이다.

(500): $f(500) = 25.14$

$$F(500) = 2f(500)\cos 2\pi\frac{5}{6} = 2\times 25.14\cos 300^\circ = 50.28\left(\frac{1}{2}\right) = 25.14$$

위상은 $F(500) = 25.14$로 0보다 크므로 $\alpha(400) = 0^\circ$ 이다.

(600): $f(600) = 23.24$이다.

$$F(600) = 2f(600)\cos 2\pi\frac{6}{6} = 2\times 23.24 = 46.48$$

위상은 $F(600) = 46.48$로 0보다 크므로 $\alpha(600) = 0^\circ$ 이다.

전자 밀도 식은 식 (6.2.7)로부터 다음과 같이 표현된다.

$$\text{식 (6.2.7)} \rightarrow \quad \rho(xyz) = \frac{1}{V}\sum_{hkl=-\infty}^{\infty} |F(hkl)|\cos[2\pi(hx+hy+lz) - \alpha(hkl)]$$

$$\rho(xyz) = \frac{1}{V}[|F(100)|\cos(2\pi x) + |F(200)|\cos(2\pi 2x - \pi) + |F(300)|\cos(2\pi 3x - \pi)$$
$$+ |F(400)|\cos(2\pi 4x - \pi) + |F(500)|\cos(2\pi 5x) + |F(600)|\cos(2\pi 6x)]$$

$$\rho(xyz) = \frac{1}{V}[34.22\cos(2\pi x) + 32.21\cos(4\pi x - \pi) + 59.40\cos(6\pi x - \pi)$$
$$+ 27.27\cos(8\pi x - \pi) + 25.14\cos(10\pi x) + 46.48\cos(12\pi x)]$$
$$= T1 + T2 + T3 + T4 + T5 + T6 \ \text{(여기서 } \tfrac{1}{V}\text{는 생략)}$$

그림 6.2.7의 제 1열에는 Fourier 급수에 사용될 6개의 항인 다음에 보인 파동 $T1$, $T2$, $T3$, $T4$, $T5$, $T6$의 그림으로 좌표 (0.0, 0.0, 0.0), (0.5, 0.0, 0.0), (1.0, 0.0, 0.0)에 반전 중심이 있다.

$$T1 = 34.22\cos(2\pi x)$$
$$T2 = 32.21\cos(4\pi x - \pi)$$
$$T3 = 29.70\cos(6\pi x - \pi)$$
$$T4 = 27.27\cos(8\pi x - \pi)$$
$$T5 = 25.14\cos(10\pi x)$$
$$T6 = 23.24\cos(12\pi x)$$

파동은 $T1$에서 $T6$로 갈수록 입사 Bragg 각이 증가함으로서 그림 5.3.1에 나타낸 것과 같이 진폭인 산란 인자가 감소하는데 이들의 실제 값은 모두 0보다 크다. 진동수는 Miller 지수 h가 증가할수록 증가하여 한 주기 $x = 0.0 \sim 1.0$ 사이의 진동수는 1, 2, 3, 4, 5, 6으로 증가하였음을 알 수 있다. 제 2열의 그림 아래에 설명되어 있는 것과 같이 위에서 아래로 가면서 다음과 같이 Fourier 합산 결과를 보여 준다:

$T1$, $T1 + T2$

$T1 + T2 + T3$

$T1 + T2 + T3 + T4$

$T1 + T2 + T3 + T4 + T5$

$T1 + T2 + T3 + T4 + T5 + T6$

여기서는 첫 번째 파동 $T1$부터 두 개의 Br의 위치인 $x = \pm 1/6$ 근처에 높은 봉우리가 있어 두 개의 Br의 대략적인 위치를 보여 주며, $T1 + T2$에서는 두 개의 Br의 위치가 $x = \pm 1/6$이라는 것을 확신하게 한다. 주목할 것은 처음의 1개부터 6개의 Fourier 항을 추가할수록 봉우리의 넓이가 좁아져서 뚜렷한 Br 원자의 위치를 알려 줄 뿐만 아니라 작은 물결 모양의 봉우리의 높이도 작아지는 것을 볼 때 큰 Miller 지수를 갖는 많은 반사를 추가하면 깨끗한 전자 밀도 그림을 얻으리라는 것을 알 수 있다.

제 3열에서는 Fourier 급수의 합산 순서를 제 2열과는 반대로 하여 아래 첫 번째는 $T6$, 두 번째는 $T6 + T5$, 마지막은 맨 위의 $T1 + T2 + T3 + T4 + T5 + T6$이다. 여기서는 4개 항을 Fourier 합산해야만 $_{35}$Br 위치를 확인할 수 있다. 제 2열과 제 3열을 비교할 때 결정 구조 해석을 위해서는 Miller 지수가 작은 반사가 Miller 지수가 큰 반사보다 더 중요하다는 것을 알 수 있다.

그림 6.2.7에 있는 모든 전자 밀도 그림에서 (0,0,0), (0.5,0,0), (1,0,0)점에 중심 대칭이 있다. 이상의 결과를 종합하면 회절 강도가 많을수록 명확한 결정의 분자 구조를 얻으리라는 것을 알 수 있다.

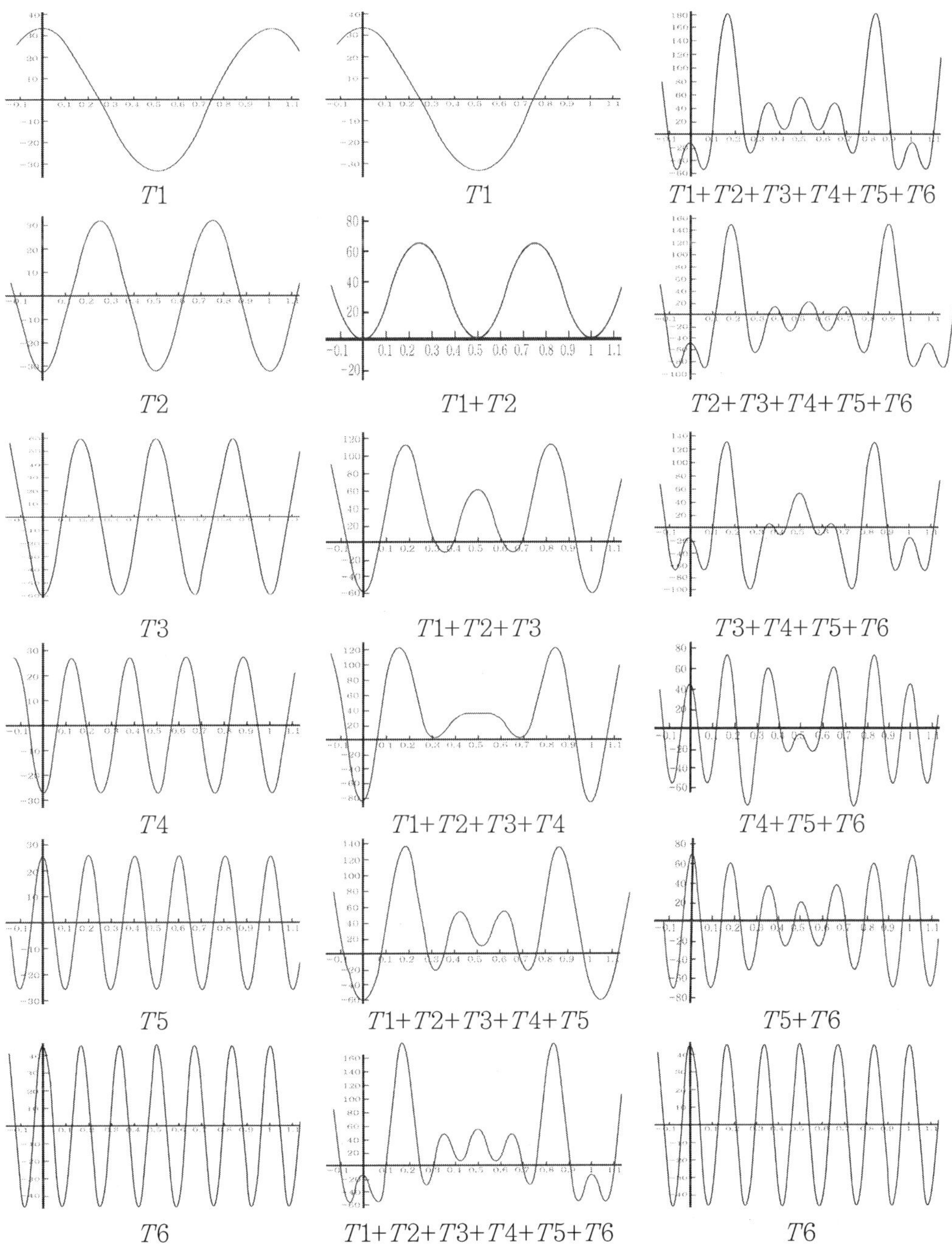

그림 6.2.7 대칭 중심 공간군 $P\bar{1}$의 전자 밀도의 계산 결과 | 제 1열에는 전자 밀도 계산에 사용된 6개 항이 있고, 제 2열과 3열에는 그 6개 항의 합산 순서를 반대로 하여 Fourier 합산한 결과이다. 2개의 Br 원자는 $x = \pm\dfrac{1}{6}$에 위치하고 있음을 알 수 있다.

6.3 위상(phase)

결정 구조를 해석하기 위한 X-선 회절 강도를 포함한 모든 자료가 구비되어 있어도 결정 구조 해석을 위한 기초 자료가 없으면 구조 해석 절차를 진행할 수 없다. 결정 구조를 시작할 수 있는 기초 자료는 대상 시료의 일정 부분의 원자의 좌표이다. 이 좌표를 제공해 주는 중원자법과 직접법은 결정학에서 핵심 이론이다.

6.3.1 중원자법(Heavy-atom method)

실험적으로 얻어지는 회절 강도는 회절된 파동의 합성 진폭(resultant amplitude)인 구조 인자 $F(hkl)$의 제곱에 비례하기 때문에 구조 인자의 위상인 $\alpha(hkl)$ 값을 주지 못하므로 $|F(hkl)|$ 값만 가지고는 결정의 구조를 알 수 없다. 이런 이유로 위상 문제를 해결하려는 많은 시도가 행해졌는데, 그 중의 하나가 Patterson 방법[53]이다. Patterson 방법은 분자가 탄소나 수소와 같이 가벼운 원자로만 구성되어 있는 경우가 아닌, 분자 내에 금속과 같은 무거운 원자가 있어 구조 인자의 위상과 크기가 일정수의 다른 원자보다는 무거운 원자가 매우 큰 영향을 행사하는 경우에 유용하다.

1935년 Patterson은 위상의 정보가 없는 회절 강도만을 가지고 결정 구조를 풀 수 있게 하는 Fourier 급수를 고안하였는데, 그 원리는 다음과 같다. 어떤 한 결정의 전자 밀도 지도 두 개를 가지고 한 개는 고정하고 다른 한 개를 x, y, z 방향으로 각각 거리 u, v, w만큼씩 옮겨 두 전자 밀도 지도를 겹친 다음 겹친 전자 밀도 값을 곱하고 그 값을 모두 합쳐 u, v, w만큼 옮겨진 전자 밀도 지도의 원점에 기록함으로서 원자의 위치 벡터를 알 수 있는 이 함수는 다음과 같으며 이를 Patterson 함수라고 한다.

$$P(uvw) = \int_0^1 \rho(x\,y\,z)\rho(x+u, y+v, z+w)\,dx\,dy\,dz \qquad (6.3.1)$$

$u = v = w = 0$일 때 모든 전자 밀도가 겹쳐져서 $P(uvw)$ 값이 가장 클 것이고 일반적인 uvw 값에서는 무거운 원자가 포개질 때 크게 된다. 식 (6.3.1)에 전자 밀도 식 (6.2.6)을 대입하면 결국 다음과 같은 식이 얻어진다.

$$P(uvw) = \frac{1}{V}\sum_{hkl=-\infty}^{\infty} |F(hkl)|^2 \cos 2\pi(hu + kv + lw) \qquad (6.3.2)$$

53) A.L. Patterson, Z. Krist. 1935, A90, 517

Patterson 함수는 다음과 같은 세 가지 특징이 있다.

(1) 실험적으로 측정되는 회절 강도를 이용한다.

(2) 공통 원점으로부터 측정되는 모든 원자 사이의 거리를 보여 준다. 단위 세포당 N개 원자가 있는 구조에서 각 원자는 자기 자신을 포함한 N 개의 원자와의 벡터를 형성하므로 원점을 포함하여 N^2 개의 봉우리가 생기어 그 봉우리를 해석하는 데 어려움이 있다. 원점에 N 개의 포개진 봉우리가 있고 원점을 제외한 N^2-N개의 봉우리가 단위 세포 내에 분포되어 있다.

(3) cosine은 우함수이므로 Patterson 지도에는 항상 중심 대칭이 있다.

중원자법은 $\dfrac{\sum z_{heavy}^2}{\sum z_{light}^2} \simeq 1$ 일 때 올바른 구조를 확인할 수 있는 가능성이 높다. Patterson 법으로 무거운 원자의 위치를 찾았으면 구조의 위상은 이 원자에 의해 좌우된다고 생각하고, 다음 두 가지 다른 식으로 표시되는 차이 Fourier 합성(difference Fourier synthesis)을 하여 나머지 원자의 위치를 찾는다. 식 (6.2.6)으로부터 다음 식을 사용한다.

$$\Delta\rho(xyz) = \frac{1}{V}\sum_{hkl=-\infty}^{\infty}(|F_o|-|F_H|)\exp[-2\pi i(hx+ky+lz)]$$

위 식에서 $(|F_o|-|F_H|)$의 위상은 F_H의 것으로 한다. 여기서 F_o는 측정된 구조 인자이고 F_H는 무거운 원자에 의한 구조 인자이다. 또는 식 (6.2.7)로부터 다음과 식을 사용할 수도 있다.

$$\Delta\rho(xyz) = \frac{1}{V}\sum_{hkl=-\infty}^{\infty}||F_o|-|F_H||\cos[2\pi(hx+ky+lz)-\alpha_H(hkl)]$$

▶ **Patterson map으로부터 중원자 위치 찾기**

본 계산에서는 비대칭 단위 내에 한 개의 무거운 원자가 있다는 특별한 가정을 한다.

① 공간군 $P1$(1): 이 공간군에는 대칭이 없으며 같은 값을 갖는 위치가 x, y, z뿐이므로 어느 점을 원점으로 택하던 Patterson 함수는 $u=v=w=0$에만 봉우리가 나타난다. 따라서 원자의 위치를 임의로 택할 수 있다.

② 공간군 $P\bar{1}$(2): 중심 대칭이 있으며 두 개의 같은 값을 갖는 위치는 x, y, z ; $-x$, $-y$, $-z$ 이다. Patterson 지도에서 봉우리의 위치는 이 두 좌표의 차이 벡터(difference vector)인 $u=\pm 2x$, $v=\pm 2y$, $w=\pm 2z$ 에서 나타나므로 무거운 원자의 위치는 $x=\pm u/2$, $y=\pm v/2$, $z=\pm w/2$ 이다. 그 무거운 원자의 위치는 같은 값을 갖는 위치 중 하나만 택하면 된다. 원점은 중심 대칭이 있는 점이다.

③ 공간군 $P2_1(4)$: $2_1[010]$는 같은 값을 갖는 위치 x, y, z; $-x, y+1/2, -z$를 만들며 Patterson 지도에 나타나는 차이 벡터는 $u = x-(-x) = 2x$, $v = y-(y+1/2) = -1/2 = 1/2$, $w = z-(-z) = 2z$ 로서 봉우리는 Harker 면에서만 나타나서 무거운 원자의 x 및 z-좌표는 정해지나 b-축을 따라서는 유일한 원점이 없다. 따라서 y-좌표는 임의로 택할 수 있다. 한 개뿐인 원자의 y-좌표를 1/4로 잡으면 단위 세포 내에 있는 두 원자의 좌표는 x, $1/4$, z와 $-x$, $3/4 = -1/4$, $-z$가 되어 구조 인자 식에는 cosine 항만 남아서 그 위상은 0 아니면 π로 되어 중심 대칭이 있는 것처럼 된다.

④ 공간군 $Pc(7)$: $c[010]$은 같은 값을 갖는 위치 x, y, z; $x, -y, 1/2+z$를 만들며 Patterson 지도에 나타나는 차이 벡터는 $u = x-x = 0$, $v = y-(-y) = 2y$, $w = z-(1/2-z) = 1/2$ 로서 봉우리는 Harker 선에서만 나타나서 무거운 원자의 y-좌표는 정해지나 x와 z는 임의로 결정된다. 만일 $x = 0$와 $z = 1/4$을 원자의 좌표로 잡으면 단위 세포 내에 있는 두 원자의 좌표는 0, $v/2$, 1/4과 0, $-v/2$, $-1/4$이 되어 구조 인자 식에는 cosine 항만 남아 위상이 0 아니면 π로 되어 중심 대칭이 있는 것 같이 된다.

⑤ 공간군 $P2_1/c(14)$: $P2_1[010]$와 $c[010]$는 같은 값을 갖는 위치 (1) x, y, z, (2) $-x, y+1/2, -z+1/2$, (3) $-x, -y, -z$, (4) $x, -y+1/2, z+1/2$를 만든다. 차이 벡터는 다음과 같이 3개이다:

$$u = \pm 2x \qquad v = 1/2 \qquad w = \pm 2z + 1/2$$
$$u = \pm 2x \qquad v = \pm 2y \qquad w = \pm 2z$$
$$u = 0 \qquad v = \pm 2y - 1/2 \qquad w = 1/2$$

Harker 선에서 y를 결정하고 Harker 평면에서 x, z를 결정한 다음, 일반적인 차이 벡터(general difference vector)에서 이 좌표를 확인할 수 있다.

⑥ 공간군 $P2_12_12_1(19)$

같은 값을 갖는 위치는 다음에 나타낸 것과 같이 4개이다.

(1) x, y, z (2) $-x+1/2, -y, z+1/2$
(3) $-x, y+1/2, -z+1/2$ (4) $x+1/2, -y+1/2, -z$

원자 간 벡터(Interatomic vector)는 다음 3개이다.

$$u = \pm 2x + 1/2 \qquad v = \pm 2y \qquad w = 1/2$$
$$u = \pm 2x \qquad v = 1/2 \qquad w = \pm 2z + 1/2$$
$$u = 1/2 \qquad v = \pm 2y + 1/2 \qquad w = \pm 2z$$

나선이 세포의 원점으로부터 벗어나 있어서 무거운 원자 벡터는 Harker 평면에서 나타난다. 각 Harker 평면에 4개의 대칭-관련 봉우리(symmetry-related peak)가 있으나 대칭 및 절대 구조를 고려하여 1개의 무거운 원자를 택해야 한다.

⑦ 공간군 $Pbca$(61)
같은 값을 갖는 위치는 다음 8개로 $P2_12_12_1$에 중심 대칭을 추가한 것과 동일하다.

(1) x, y, z	(2) $-x+1/2, -y, z+1/2$
(3) $-x, y+1/2, -z+1/2$	(4) $x+1/2, -y+1/2, -z$
(5) $-x, -y, -z$	(6) $x+1/2, y, -z+1/2$
(7) $x, -y+1/2, z+1/2$	(8) $-x+1/2, y+1/2, z$

원자 간 벡터는 다음 7개이다.

$u = \pm 2x + 1/2$	$v = \pm 2y$	$w = 1/2$
$u = \pm 2x$	$v = 1/2$	$w = \pm 2z + 1/2$
$u = 1/2$	$v = \pm 2y + 1/2$	$w = \pm 2z$
$u = \pm 2x$	$v = \pm 2y$	$w = \pm 2z$
$u = 0$	$v = \pm 2y + 1/2$	$w = 1/2$
$u = \pm 2x + 1/2$	$v = 1/2$	$w = 0$
$u = 1/2$	$v = 0$	$w = \pm z + 1/2$

먼저 Harker 선으로부터 무거운 원자의 좌표 x, y, z를 찾고 이 좌표를 Harker 면과 일반 원자 간 벡터 식에 대입하여 모두 맞아야 한다.

6.3.2 직접법(direct method)

① Harker-Kasper의 부등식(inequality)

1960년대 초반까지 구조를 결정하는 중요한 방법은 Patterson 함수의 설명에 의존하는 것이었다. 따라서 많은 수의 화합물 특히 유기화학의 탄소나 수소와 같이 가벼운 원자로 구성된 구조를 단결정 구조 해석 방법으로 연구하기에는 대단히 어렵거나 불가능했었다. 그런데 위상의 결정에 대한 소위 직접법(direct method)의 개발로 이런 제한이 해소되었다. 'Direct'란 말은 X-선 회절 자료를 가지고 수학적인 방법이 직접 구조 인자의 위상을 유도하는 방법에 사용된다는 뜻이다. 직접법의 원리는 실험 자료인 $|F_o|$가 이미 구조 인자의 위상에 대한 정보를 갖고 있다는

사실에 기초하고 있다. 이것은 소위 'Harker-Kasper 부등식'에서 지적되었다.[54] 사실, 이들 전에도 많은 결정학자들은 구조 인자 사이에 존재하는 일종의 초보적인 관계를 알고 있었다. 즉, 중심 대칭을 갖는 구조에서 $F(h)$와 $F(2h)$의 값이 크면 $F(2h)$의 부호는 '+'라는 것이다.

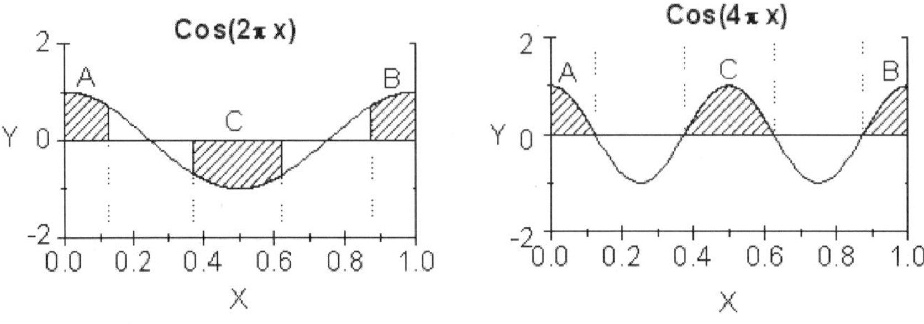

그림 6.3.1 왼쪽 그림의 빗금친 영역은 $\cos 2\pi hx$가 큰 값을 갖는 위치이지만 그 값은 양(+) 또는 음(-)의 값일 수 있다. 그러나 오른쪽 그림의 빗금친 영역은 $\cos 2\pi 2hx$가 양(+)의 큰 값만을 갖는 곳이다.

그림 6.3.1과 같이 $x=0.0$과 $x=0.5$의 각각에 산란 인자가 각각 f_1, f_2인 무거운 원자가 놓여 있는 공간군 $P\bar{1}(2)$의 구조 인자 식은 식 (5.1.8)에 의하여 다음과 같다.

$$F(hkl) = 2\sum_{j=1}^{N/2} f_j \cos 2\pi(hx_j + ky_j + lz_j)$$

$$F(100) = 2[f_1 \cos 2\pi(1\times 0) + f_2 \cos 2\pi(1\times 0.5)] = \pm 2(f_1 - f_2) = \pm \Delta f_{(100)}$$

여기서 $\pm$의 (+) 또는 (−)는 f_1과 f_2에 의존한다. $+\Delta f_{100}$이면 $F(100)$의 위상 $\alpha = 0$이고, $-\Delta f_{100}$이면 $F(100)$의 위상 $\alpha = \pi$이다. $I(hkl) \propto |F(hkl)|^2$이므로 실험값인 회절 강도만 가지고는 $I(100)$의 위상을 알 수 없다.

$$F(200) = 2[f_1 \cos 2\pi(2\times 0) + f_2 \cos 2\pi(2\times 0.5)] = 2(f_1\times 1 + f_2 \times 1) = 2(f_1 + f_2)$$

$F(200)$의 위상은 0°이다. $F(100)$의 위상에 비해 $F(200)$의 위상은 명백하다. 이 관계는 Harker-Kasper 부등식에 대응되며, 직접법의 시초는 1948년 Harker와 Kasper가 처음 설명한 구조 인자 사이의 부등식의 관계까지 거슬러 올라간다. Harker-Kasper 부등식에 더하여 Woolfson은 많은 부등식 관계들을 유도할 수 있었다.[55] 그러나 일반적으로 이러한 조건을 만족하는 반사가 많지 않아서 불충분한 수의 위상만이 결정될 수 있으므로 Harker-Kasper 방법

54) Harker & Kasper, Acta Cryst, 1, 70 (1948)
55) Direct method in crystallography by M. M. Woolfson, Oxford University Press, 1961

의 사용은 제한되어 왔다. 그러므로 Harker–Kasper 방법은 실제적인 결정 구조 해석에는 응용되지 않는다.

② Hauptman과 Karle의 tangent 공식

Harker–Kasper 부등식이 실제적인 구조 해석에 응용되지는 않았지만 구조 인자의 크기와 위상 사이의 특정 관계가 있음을 보임으로써 직접적인 위상 결정의 보다 강력한 방법을 개발하게 된 중요한 계기가 되었다. 그리하여 이 주제에 관한 많은 연구가 수행되었으며 초기에 이룬 중요한 결과 중 하나가 1952년에 개발된 Sayre 식[56]으로서 다음과 같다.

$$F_h = \frac{\theta_h}{V}\sum_k F_k F_{h-k}$$

정규화된 구조 인자(1.3.1절 참조)를 대입하면 다음과 같다.

$$E_h = T\sum_k E_k E_{h-k} \qquad (6.3.3)$$

식 (6.3.3)은 Sayre 방정식이며 직접법 이론의 핵심 공식이다.

① 중심 대칭 구조(Centrosymmetric structure)

중심 대칭(centrosymmetric)인 경우 E–값은 + 또는 − 부호만을 갖는다. 그러면 Sayre 식은 다음과 같이 설명할 수 있다. 식 (6.3.3)이 성립하므로 충분히 큰 E 값에 대하여 식 (6.3.3)의 양측 부호가 같을 확률이 크다.

$$S(E_h) = S(E_k)S(E_{h-k})$$
$$S(E_h)S(E_k)S(E_{h-k}) = +1 \qquad (6.3.4)$$

중심 대칭 공간군의 구조 인자는 허수 부분은 없고 $F(hkl) = 2\sum_{j=1}^{N/2} f_j \cos 2\pi(hx_j + ky_j + lz_j)$ 와 같이 cosine으로 표시되는데 cosine은 짝수 함수이므로 다음과 같이 쓸 수 있다.

$$\phi_{-h} + \phi_k + \phi_{h-k} = 0 \qquad (6.3.5)$$

식 (6.3.5)를 만족하는 삼중항 반사를 $\sum_2$ –관계를 이루고 있다고 한다. 이 부분에 대해서는 다음과 같이 설명할 수 있다.

56) Sayre, D., Acta Cryst. 5, 60 (1952)

만일 $\sum_2$ – 관계인 식 (6.3.5)에 맞는 3개의 반사가 있고, 이들 중 두 개의 위상이 알려져 있으면, 세 번째 반사의 부호는 식 (6.3.4)로부터 추정할 수 있다.

② 비중심 대칭 구조(Acentric structure)

비중심 대칭(acentric)인 경우에서의 위상 결정에 대한 다른 공식이 Sayre 식에서 유도될 수 있다. 식 (6.3.3)은 다음 식으로 나타낼 수 있으므로

$$|E(h_1)|\exp i\alpha(h_1) = T\sum_{h_2}|E(h_2)E(h_1+h_2)|\exp[i\alpha(h_2)+i\alpha(h_1+h_2)]$$

h_1 반사의 위상은 아래의 식으로 나타낼 수 있다.

$$\tan\alpha(h_1) = \frac{\sum_{h_2}|E(h_2)E(h_1+h_2)|\sin[\alpha(h_2)+\alpha(h_1+h_2)]}{\sum_{h_2}|E(h_2)E(h_1+h_2)|\cos[\alpha(h_2)+\alpha(h_1+h_2)]} \qquad (6.3.6)$$

식 (6.3.6)은 1956년 Karle과 Hauptman이 유도한 'tangent formula'이다.[57] 식 (6.3.4)가 중심 대칭인 경우에 위상 결정을 위한 핵심 공식인 것 같이 tangent formula는 비대칭 중심인 경우에 위상 결정을 위한 핵심 공식이다. 식 (6.3.6)을 응용하여 위상을 결정하는 과정은 원리상 대칭 중심인 경우와 같아서 $\sum_2$ – 관계가 발견되어야만 하며 두 개 반사의 위상이 알려지면 이 관계는 세 번째 반사의 위상을 결정하기 위하여 식 (6.3.6)의 입력 정보로 사용될 수 있는 것이다. 직접법의 모든 이론적인 결과를 요약하면 다음 세 조건이 맞을 때 이 방법의 실제적인 응용이 가능하다고 말할 수 있다.

(a) 구조가 너무 크지 않을 때

(b) 큰 E – 값을 갖는 많은 반사의 위상이 얻어질 수 있을 때

(c) 이 반사가 부가적인 위상 결정을 위하여 반사 사이의 충분한 수의 $\sum_2$ – 관계에 사용될 수 있을 때

그러면 문제는 식 (6.3.5)인 $\sum_2$ – 관계를 만족시키면서 정규화된 구조 인자 E 값이 크며, 식 (6.3.4)의 부호 관계에 응용될 수 있는 알려진 부호를 갖는 반사를 어디서 얻느냐 하는 것이다. 이 문제는 다음에 보이는 원점 정의(origin definition)에서 해결할 수 있다.

57) Hauptman, H. and Karle, J., Acta Cryst. 9, 635(1956)

③ 임의의 3개 반사의 위상은 원점 정의에 의하여 할당될 수 있다.

원점(origin)의 정의가 위상을 아는 데 어떻게 사용되는지 이해하기 위하여 공간군 $P\bar{1}$에 대한 문제를 연구하자. 구조 인자는 다음과 같이 표시된다.

$$F(hkl) = \sum_{j=1}^{N} f_j \exp[2\pi i(hx_j + ky_j + lz_j)] = A + iB$$

공간군 $P\bar{1}$에서는 $B=0$이 되어 식 (5.1.8)과 같이 실수 항인 $A(hkl)$만 남으며

$$A(hkl) = 2\sum_{j=1}^{N/2} f_j \cos 2\pi(hx_j + ky_j + lz_j)$$

$A(hkl)$의 위상은 π이거나 2π이다.

공간군 $P\bar{1}$에서는 반전 중심(inversion center)인 $000, \frac{1}{2}00, 0\frac{1}{2}0, 00\frac{1}{2}, \frac{1}{2}\frac{1}{2}0, \frac{1}{2}0\frac{1}{2}, 0\frac{1}{2}\frac{1}{2}, \frac{1}{2}\frac{1}{2}\frac{1}{2}$ 등 8개 점 중 하나로 원점을 지정할 수 있는데 이들 각 점의 환경이 다르므로 이들 각 점을 원점으로 지정할 때 구조 인자의 위상이 변한다.

위상의 변화 상태를 보기 위하여 구조 인자 식에 있는 좌표 x, y, z를 $x+\frac{1}{2}$, $y+\frac{1}{2}$, $z+\frac{1}{2}$로 병진변위시키면 다음 식이 얻어지며 이 식으로부터 표 6.3.1의 결과가 얻어진다.

$$A(hkl) = \sum_{j=1}^{N/2} 2f_j \cos 2\pi(hx_j + \frac{h}{2} + ky_j + \frac{k}{2} + lz_j + \frac{l}{2})$$

$$= \sum_{j=1}^{N/2} 2f_j \cos[2\pi(hx_j + ky_j + lz_j) + \pi(h+k+l)]$$

$$= \sum_{j=1}^{N/2} (\ 1)^{h+k+l}\ 2f_j \cos 2\pi(hx_j + ky_j + lz_j)$$

상술한 8개를 원점으로 선택할 수 있는 라우에(Laue) 그룹 $\bar{1}$, $2/m$, mmm에서 유도되는 다음의 21개의 primitive 공간군은 표 6.3.1을 만족한다: $P\bar{1}$(2), $P2/m$(10), $P2_1/m$(11), $P2/c$(13), $P2_1/c$(14), $Pmmm$(47), $Pnnn$(48), $Pccm$(49), $Pban$(50), $Pmma$(51), $Pnna$(52), $Pmna$(53), $Pcca$(54), $Pbam$(55), $Pccn$(56), $Pbcm$(57), $Pnnm$(58), $Pmmn$(59), $Pbcn$(60), $Pbca$(61), $Pnma$(62).

표 6.3.1 $P\bar{1}$에서의 위상 이동 (E = 짝수, O = 홀수)

No.	원점 이동	반사(hkl)의 패리티(parity)에 따른 위상 이동							
		EEE	OEE	EOE	EEO	OOE	OEO	EOO	OOO
1	0,0,0	0	0	0	0	0	0	0	0
2	1/2,0,0	0	π	0	0	π	π	0	π
3	0,1/2,0	0	0	π	0	π	0	π	π
4	0,0,1/2	0	0	0	π	0	π	π	π
5	1/2,1/2,0	0	π	π	0	0	π	π	0
6	1/2,0,1/2	0	π	0	π	π	0	π	0
7	0,1/2,1/2	0	0	π	π	π	π	0	0
8	1/2,1/2,1/2	0	π	π	π	0	0	0	π

표 6.3.1에서 패리티 그룹(parity group) EEE 반사의 위상은 어떤 원점을 택하든 위상이 불변하므로 제외되고, 만일 패리티 그룹 EEO인 임의의 반사 (021)의 위상 이동(phase shift)을 0 radian으로 고정하면 원점은 1, 2, 3, 5번으로 제한된다. 다음에 패리티 그룹이 OEE인 임의의 반사 (102)의 위상 이동을 0 radian으로 고정하면 1, 3번으로 제한된다. 다음에는 패리티 그룹 EOE, OOE, EOO, OOO 중에 하나를 택할 수 있다. 즉 패리티 그룹 EOE인 임의의 반사 (210)의 위상을 0으로 고정함으로써 원점은 0,0,0으로 고정되었다. 그러나 중심(A, B, C, I, F) 공간군의 경우, 각 중심 격자의 반사조건에 의하여 택할 수 있는 패리티 그룹이 A–면 중심(A–centered) 격자에서는 OEE, EOO, OOO, B–면 중심(B–centered) 격자에서는 EOE, OEO, OOO, C–면 중심(C–centered) 격자에서는 EEO, OOE, OOO, 체심(I–centered) 격자에서는 OOE, OEO, EOO, 그리고 전면 중심(F–centered) 격자에서는 OOO 뿐이므로 원점을 정할 수 없어 중심 격자에는 표 6.3.1을 적용할 수 없다.

그 외에 점군 222에서 유도되는 9개 비중심 대칭 공간군 $P222$(16), $P222_1$(17), $P2_12_12$(18), $P2_12_12_1$(19), $C222_1$(20), $C222$(21), $F222$(22), $I222$(23), $I2_12_12_1$(24)에서도 마치 중심 대칭 공간군에서와 같이 π 또는 2π의 위상을 갖는 특정한 반사가 있으나,[58] 앞서 언급한 이유로 중심 격자를 제외한 다음 4개의 공간군에만 표 6.3.1을 이용하여 원점을 정하여 그들에게 위상 이동 0 또는 π radian을 할당할 수 있다.

적절한 시작 집합(starting set)의 선택을 위하여 다음 두 가지 기준이 중요하다.

(I) 시작 집합은 식 (6.3.6)에서 유도되는 부호의 높은 확률을 위하여 가능한 한 큰 E–값을 갖는 반사를 포함해야 한다.

58) Il-Hwan Suh, Acta A54, 254-256, (1998)

(II) 시작 집합은 가능한 많은 $\sum_2$ −관계에 포함되어야 많은 수의 부가적인 위상이 결정될 수 있다. 좋은 시작 집합을 발견하는 문제는 (I)과 (II) 양쪽이 만족되어야만 된다.

반사의 위상을 결정하는 과정에서 230개 공간군에 속한 반사의 등가관계도 한몫한다. 다행스럽게 모든 공간군 반사의 등가관계가 "International Tables for X-ray Crystallography, Vol. I, pp. 374−525, The Kynoch Press, 1969"에 표로 작성되어 있다.

직접법은 결정학의 위대한 성공 사례 중의 하나이다. 1940년 중반에 시작해서, Wilson, Sayre, Hauptman, Karle, Woolfson, Main, Giacovazzo 그리고 Sheldrick 같은 개척자들의 노력과 더불어, 이제 분말(powder) 및 전자 회절 자료들뿐만 아니라, 약 1.1Å까지의 자료가 얻어진다는 조건에서 작은 단백질 구조까지도 해석할 수 있는 위상 문제에 대한 전문기술을 갖고 있다. 화학에서 그 방법론의 영향력은 Hauptman과 Karle에게 수여된 1985년 노벨상에 의해서 인정되었으며, 지금도 직접법은 매우 유용한 연구 분야이다.

6.4 230개 공간군의 구조 인자 식의 유도와 규칙적인 반사 조건

6.4.1 구조 인자의 3가지의 응용

구조 인자를 계산하는 것은 다음 3가지의 응용 때문에 결정학의 가장 중요한 부분이다.

첫 번째 계산은 위상을 얻는 데 사용된다. 6.3.1절에서 이미 논한 중원자법이나 6.3.2절에서 언급한 직접법으로부터 얻어지는 원자의 대략 위치로부터 시작하여 그 대상 시료의 완전한 구조를 얻을 때까지 구조 인자의 계산을 반복한다. 두 번째는 구조 결정의 진전 과정을 평가하기 위한 것이다. 식 (6.2.4)와 (6.2.7)을 반복하여 계산하는 것은 그 계산 과정이 개량되는 위상과 개량되는 $\rho(x,y,z)$의 쪽으로 수렴하는지를 알기 위하여 추적하는 수단을 제공한다. 그 계산된 구조 인자인 F_{calc}은 올바른 위상을 갖는 새로운 회절 강도 자료를 포함한다. 반복법(iteration)이 진행될수록 I_{calc}의 값은 I_{obs}에 접근해야 한다. 그래서 결정학자들은 이 반복법이 수렴하는지를 보기 위하여 매 순환과정마다 다음 식으로 표현되는 신뢰도(reliability index) R을 비교한다.

$$R = \frac{\sum_{hkl} ||F_o(hkl)| - |F_c(hkl)||}{\sum_{hkl} |F_o(hkl)|}$$

그 계산의 순환과정이 계산된 강도와 측정한 회절 강도 사이에 일치하는 데 있어서 더 이상의 진전이 없으면 이 절차는 완성된 것이며 그 모델은 더 이상 개량할 수가 없는 것이다. 구조 인자의 세 번째 응용은 그 회절 무늬 내에 있는 반사의 규칙적인 소멸을 통하여 단위 세포 내에 어떠한 대칭 요소(symmetry elements)가 있는지를 보여 주는 동시에 결정학자에게 공간군을 결정하도록 안내하는 것이다.

X-선 사진법을 이용하거나 면적 검출기(area detector)를 장착한 회절계를 이용하여 제일 먼저 얻는 것이 대상 시료가 갖고 있는 결정계, 즉 7개 결정계 중의 하나이다. 이 결정계가 얻어지면 '5.2.1절의 회절 강도의 대칭성'에 의하여 그 결정의 회절 강도의 비대칭 단위를 측정한다. 이어서 컴퓨터 프로그램은 '5.2.2절의 회절 강도의 규칙적인 소멸 법칙'을 보아 시료의 임시 공간군도 결정해 준다. 그러나 컴퓨터 프로그램이 정해 주는 공간군이 항상 정확한 것은 아니므로 결정학자들은 때때로 대상 시료의 회절 강도의 규칙적인 소멸 법칙을 확인해야 한다.

각 공간군의 소멸 법칙을 확인하기 위해서는 다음 두 가지 절차를 따라야 한다. 첫째, 증명하고자 하는 공간군의 일반등가 좌표를 이용하여 구조 인자 식을 유도한다. 다행히 230개의 각 공간군의 구조 인자 식은 "Internatonal Table(1969)"[59]에 기재되어 있으나 때때로 결정학자들은 각자가 구조 인자 식을 계산할 수 있어야 한다.

230개 각 공간군의 구조 인자 식은 식 (5.1.5)로 다음과 같이 계산할 수 있다.

$$F(hkl) = \sum_{j=1}^{N} \exp 2\pi i(hx_j + ky_j + lz_j)$$
$$= \sum_{j=1}^{N} [\cos 2\pi(hx_j + ky_j + lz_j) + i \sin 2\pi(hx_j + ky_j + lz_j)] = A + iB \qquad (5.1.5)$$

한 공간군에 주어진 일반등가 좌표를 식 (5.1.5)에 대입하여 실수부 A와 허수부 B를 계산한 다음, 아래에 주어진 삼각함수 합산 공식을 사용한다.

[삼각함수 합산 공식]

$$\cos(\alpha \pm \beta) = \cos\alpha\cos\beta \mp \sin\alpha\sin\beta$$
$$\sin(\alpha \pm \beta) = \sin\alpha\cos\beta \pm \cos\alpha\sin\beta$$

$$\cos\alpha + \cos\beta = 2\cos\frac{1}{2}(\alpha+\beta)\cos\frac{1}{2}(\alpha-\beta)$$
$$\cos\alpha - \cos\beta = -2\sin\frac{1}{2}(\alpha+\beta)\sin\frac{1}{2}(\alpha-\beta)$$

$$\sin\alpha + \sin\beta = 2\sin\frac{1}{2}(\alpha+\beta)\cos\frac{1}{2}(\alpha-\beta)$$
$$\sin\alpha - \sin\beta = 2\cos\frac{1}{2}(\alpha+\beta)\sin\frac{1}{2}(\alpha-\beta)$$

둘째, 첫 번째에서 얻어진 구조 인자 식에 각 공간군에 주어진 규칙적인 소멸 법칙을 대입하여 규칙적 소멸 법칙을 확인한다.

다음은 4개 공간군의 예를 든 것이다. Monoclinic 같은 간단한 결정 격자에서는 일반적인 구조 인자 식에 일반등가 좌표를 대입하여 인수분해함으로써 소멸 법칙을 쉽게 계산을 할 수도

59) Henry, N. F., Lonsdale, K. International Tables for X-Ray Crystallography, Volume 1, 1969, pp. 373-525, published by The Kynoch Press, Birmingham, England.

있으나, 대칭성이 높은 결정계에서는 완성된 구조 인자 식을 이용하는 편이 훨씬 쉽다.

▶ $P2_1(4)$: 극성 카이랄 공간군

이 공간군의 일반등가 좌표는 2개이다: $x, y, z;\ -x, 1/2+y, -z(=-x, -1/2+y, -z)$

(1) 구조 인자 식의 실수부 A와 허수부 B의 유도

$$A(hkl) = \cos 2\pi(hx+ky+lz) + \cos 2\pi(-hx-\frac{k}{2}+ky-lz)$$

공식 $\cos\alpha + \cos\beta = 2\cos\frac{1}{2}(\alpha+\beta)\cos\frac{1}{2}(\alpha-\beta)$로부터

$$\boxed{A(hkl) = 2\cos 2\pi(-\frac{k}{4}+ky)\cos 2\pi(hx+\frac{k}{4}+lz)}$$

$$B(hkl) = \sin 2\pi(hx+ky+lz) + \sin 2\pi(-hx-\frac{k}{2}+ky-lz)$$

공식 $\sin\alpha + \sin\beta = 2\sin\frac{1}{2}(\alpha+\beta)\cos\frac{1}{2}(\alpha-\beta)$로부터

$$\boxed{B(hkl) = 2\sin 2\pi(-\frac{k}{4}+ky)\cos 2\pi(hx+\frac{k}{4}+lz)}$$

(2) 소멸 법칙 확인

이 공간군의 소멸 법칙은 $0k0$: $k=2n$이다. 이를 A와 B에 대입한다.

$$A(0k0) = 2\cos 2\pi(-\frac{k}{4}+ky)\cos 2\pi(\frac{k}{4}) = 0,\ k=2n+1 \text{일 때}$$

$$B(0k0) = 2\sin 2\pi(-\frac{k}{4}+ky)\cos 2\pi(\frac{k}{4}) = 0,\ k=2n+1 \text{일 때}$$

▶ $P2_1/c(14)$: 대칭 중심 공간군

이 공간군의 일반등가 좌표는 4개이다:

$\pm x, \pm y, \pm z;\ \mp x, 1/2 \pm y, 1/2 \mp z(=\mp x, -1/2 \pm y, -1/2 \mp z)$

(1) 구조 인자 식의 유도

대칭 중심 공간군에서는 실수부 A만 남는다.

$$A = 2\cos 2\pi(hx+ky+lz) + 2\cos 2\pi(-hx-\frac{k}{2}+ky-\frac{l}{2}-lz)$$

공식 $\cos\alpha+\cos\beta=2\cos\frac{1}{2}(\alpha+\beta)\cos\frac{1}{2}(\alpha-\beta)$로부터

$A=4\cos2\pi(-\frac{k}{4}+ky-\frac{l}{4})\cos2\pi(hx+\frac{k}{4}+\frac{l}{4}+lz)$

$$A(hkl)=4\cos2\pi(ky-\frac{k+l}{4})\cos2\pi(hx+lz+\frac{k+l}{4});\quad B(hkl)=0$$

(2) 반사 조건 확인

이 공간군의 반사 조건은 $h0l$: $l=2n$과 $0k0$: $k=2n$이다. 이를 A에 대입한다. $h0l$을 대입하면 다음과 같다.

$A(h0l)=4\cos2\pi(\frac{l}{4})\cos2\pi(hx+lz+\frac{l}{4})=0$, $l=2n+1$일 때

$0k0$: $k=2n$을 대입하면 다음과 같다.

$A(0k0)=2\cos2\pi(ky+\frac{k}{4})\cos2\pi(\frac{k}{4})=0$, $k=2n+1$일 때

▶ $C2/c$(15): 대칭 중심 공간군

이 공간군의 일반등가 좌표는 8개이다: (0,0,0; 1/2,1/2,0) $\pm$ $|x,y,z;\ x,\bar{y},z+\frac{1}{2}|$

(1) 구조 인자 식의 유도

대칭 중심 공간군에서는 실수부 A만 남는다.

$A(hkl)=2\cos2\pi(hx+ky+lz)\ \leftarrow\ \pm(x,y,z)$①

$\quad+2\cos2\pi(hx-ky+lz+\frac{l}{2})\leftarrow\ \pm(x,-y,z+\frac{1}{2})$②

$\quad+2\cos2\pi(hx+\frac{h}{2}+ky+\frac{k}{2}+lz)\leftarrow\ \pm(x+\frac{1}{2},y+\frac{1}{2},z)$③

$\quad+2\cos2\pi(hx+\frac{h}{2}-ky+\frac{k}{2}+lz+\frac{l}{2})\ \leftarrow\ \pm(x+\frac{1}{2},-y+\frac{1}{2},z+\frac{1}{2})$④

공식 $\cos\alpha+\cos\beta=2\cos\frac{1}{2}(\alpha+\beta)\cos\frac{1}{2}(\alpha-\beta)$로부터

$A(hkl)=4\cos2\pi(hx+lz+\frac{l}{4})\cos2\pi(ky-\frac{l}{4})$①+②

$\quad+4\cos2\pi(hx+lz+\frac{h+k}{2}+\frac{l}{4})\cos2\pi(ky-\frac{l}{2})$③+④

$$= 4\cos 2\pi(ky - \frac{l}{4})[\cos 2\pi(hx + lz + \frac{l}{4}) + \cos 2\pi(hx + lz + \frac{h+k}{2} + \frac{l}{4})]$$

$$= 8\cos 2\pi(ky - \frac{l}{4})[\cos 2\pi(hx + lz + \frac{h+k}{4} + \frac{l}{4})\cos 2\pi(-\frac{h+k}{4})]$$

※ $\cos 2\pi(hx + lz + \frac{h+k}{4} + \frac{l}{4})$

$$= \cos 2\pi(hx + lz + \frac{l}{4})\cos 2\pi(\frac{h+k}{4}) - \sin 2\pi(hx + lz + \frac{l}{4})\sin 2\pi(\frac{h+k}{4})$$

C-면 중심이므로 $h+k=2n$일 때만 존재한다. 따라서 $\sin 2\pi(\frac{h+k}{4}) = 0$이다.

※ cosine은 짝수 함수이므로 $\cos 2\pi(\frac{h+k}{4}) = \cos 2\pi(-\frac{h+k}{4})$이다.

$$A(hkl) = 8\cos^2 2\pi(\frac{h+k}{4})\cos 2\pi(hx + lz + \frac{l}{4})\cos 2\pi(ky - \frac{l}{4});\ \ B(hkl) = 0$$

(2) 이 공간군의 반사 조건은 다음과 같다.

$hkl:\ h+k=2n;\ \ h0l:\ l=2n\ (h=2n);\ \ 0k0:\ (k=2n)$

(2-1) $hkl:\ h+k=2n$은 $A(hkl)$ 식의 계수에서 얻어진다.

$\cos^2 2\pi(\frac{h+k}{4}) = 0,\ \ h+k=2n+1$일 때

(2-2) $h0l:\ l=2n\ (h=2n)$은 $A(hkl)$ 식의 계수에 $h0l$을 대입하면 다음 결과가 얻어진다.

$\cos^2 2\pi(\frac{h}{4}) = 0,\ h=2n+1$일 때

(2-3) $0k0:\ (k=2n)$은 (2-1)의 조건에서 얻어진다.

$\cos^2 2\pi(\frac{k}{4}) = 0,\ k=2n+1$일 때

▶ $Cmm2$(35): 극성 공간군

이 공간군의 일반등가 좌표 8개: $(0,0,0;\ \frac{1}{2},\frac{1}{2},0) + (x,y,z;\ \bar{x},\bar{y},z;\ \bar{x},y,z;\ x,\bar{y},z)$

(1) 구조 인자 식의 유도(비대칭 중심 공간군에서는 실수부 $A(hkl)$와 허수부 $B(hkl)$가 모두 있다).

(1.1) 실수부 $A(hkl)$의 계산

$$A = ① \cos 2\pi(hx+ky+lz) + ② \cos 2\pi(-hx-ky+lz)$$
$$+ ③ \cos 2\pi(-hx+ky+lz) + ④ \cos 2\pi(hx-ky+lz)$$
$$+ ⑤ \cos 2\pi(\frac{h}{2}+hx+\frac{k}{2}+ky+lz) + ⑥ \cos 2\pi(\frac{h}{2}-hx+\frac{k}{2}-ky+lz)$$
$$+ ⑦ \cos 2\pi(\frac{h}{2}-hx+\frac{k}{2}+ky+lz) + ⑧ \cos 2\pi(\frac{h}{2}+hx+\frac{k}{2}-ky+lz)$$

공식 $\cos\alpha + \cos\beta = 2\cos\frac{1}{2}(\alpha+\beta)\cos\frac{1}{2}(\alpha-\beta)$로부터

$$A = ① + ②\ 2\cos 2\pi(lz)\cos 2\pi(hx+ky)$$
$$+ ③ + ④\ 2\cos 2\pi(lz)\cos 2\pi(-hx+ky)$$
$$+ ⑤ + ⑥\ 2\cos 2\pi(\frac{h+k}{2}+lz)\cos 2\pi(hx+ky)$$
$$+ ⑦ + ⑧\ 2\cos 2\pi(\frac{h+k}{2}+lz)\cos 2\pi(-hx+ky)$$

$$\rightarrow ① + ② + ③ + ④\ 2\cos 2\pi(lz)[\cos 2\pi(hx+ky) + \cos 2\pi(-hx+ky)]$$
$$= 4\cos 2\pi(lz)[\cos 2\pi ky \cos 2\pi hx)] = 4\cos 2\pi hx \cos 2\pi ky \cos 2\pi lz$$
$$\rightarrow ⑤ + ⑥ + ⑦ + ⑧\ 2\cos 2\pi(\frac{h+k}{2}+lz)[\cos 2\pi(hx+ky) + \cos 2\pi(-hx+ky)]$$
$$= 4\cos 2\pi(\frac{h+k}{2}+lz)[\cos 2\pi(ky)\cos 2\pi(hx)]$$

$$A = ① + ② + ③ + ④ + ⑤ + ⑥ + ⑦ + ⑧$$
$$= 4\cos 2\pi hx \cos 2\pi ky\, [\cos 2\pi lz + \cos 2\pi(\frac{h+k}{2}+lz)]$$
$$= 8\cos 2\pi hx \cos 2\pi ky\, [\cos 2\pi(\frac{h+k}{4}+lz)\cos 2\pi(\frac{h+k}{4})]$$

※ $\cos 2\pi(\frac{h+k}{4}+lz) = \cos 2\pi(\frac{h+k}{4})\cos 2\pi lz - \sin 2\pi(\frac{h+k}{4})\sin 2\pi lz$

$$= \cos 2\pi(\frac{h+k}{4})\cos 2\pi lz$$

※ C–면 중심 공간군의 반사 조건 $h+k=2n$에 의하여 $\sin 2\pi(\frac{h+k}{4}) = 0$이다.

$$= 8\cos 2\pi hx \cos 2\pi ky \cos 2\pi(\frac{h+k}{4})\cos 2\pi(\frac{h+k}{4})\cos 2\pi lz$$

$$A(hkl) = 8\cos^2 2\pi \frac{h+k}{4} \cos 2\pi hx \cos 2\pi ky \cos 2\pi lz$$

(1.2) 허수부 $B(hkl)$의 계산

$$\begin{aligned} B = & ① \sin 2\pi(hx+ky+lz) + ② \sin 2\pi(-hx-ky+lz) \\ & + ③ \sin 2\pi(-hx+ky+lz) + ④ \sin 2\pi(hx-ky+lz) \\ & + ⑤ \sin 2\pi(\frac{h}{2}+hx+\frac{k}{2}+ky+lz) + ⑥ \sin 2\pi(\frac{h}{2}-hx+\frac{k}{2}-ky+lz) \\ & + ⑦ \sin 2\pi(\frac{h}{2}-hx+\frac{k}{2}+ky+lz) + ⑧ \sin 2\pi(\frac{h}{2}+hx+\frac{k}{2}-ky+lz) \end{aligned}$$

공식 $\sin\alpha + \sin\beta = 2\sin\frac{1}{2}(\alpha+\beta)\cos\frac{1}{2}(\alpha-\beta)$로부터

$$\begin{aligned} B = & ①+② \; 2\sin 2\pi lz \cos 2\pi(hx+ky) \\ & +③+④ \; 2\sin 2\pi lz \cos 2\pi(-hx+ky) \\ & +⑤+⑥ \; 2\sin 2\pi(\frac{h+k}{2}+lz)\cos 2\pi(hx+ky) \\ & +⑦+⑧ \; 2\sin 2\pi(\frac{h+k}{2}+lz)\cos 2\pi(-hx+ky) \end{aligned}$$

$$\begin{aligned} B = & ①+②+③+④ \; 4\sin 2\pi lz \cos 2\pi ky \cos 2\pi hx \\ & +⑤+⑥+⑦+⑧ \; 4\sin 2\pi(\frac{h+k}{2}+lz)\,[\cos 2\pi ky \cos 2\pi hx] \end{aligned}$$

$$\begin{aligned} B = & ①+②+③+④+⑤+⑥+⑦+⑧ \\ = & 4\cos 2\pi ky \cos 2\pi hx [\sin 2\pi lz + \sin 2\pi(\frac{h+k}{2}+lz)] \\ = & 8\cos 2\pi ky \cos 2\pi hx [\sin 2\pi(\frac{h+k}{4}+lz)(\cos 2\pi\frac{h+k}{4})] \\ = & 8\,(\cos 2\pi\frac{h+k}{4})\cos 2\pi ky \cos 2\pi hx \sin 2\pi(\frac{h+k}{4}+lz) \end{aligned}$$

※ $\sin 2\pi(\frac{h+k}{4}+lz) = \sin 2\pi(\frac{h+k}{4})\cos 2\pi lz + \cos 2\pi(\frac{h+k}{4})\sin 2\pi lz$

$$= \cos 2\pi(\frac{h+k}{4})\sin 2\pi lz$$

※ C-면 중심 공간군의 반사 조건 $h+k=2n$에 의하여 $\sin 2\pi(\frac{h+k}{4}) = 0$이다.

$$B = 8\ (\cos 2\pi \frac{h+k}{4}) \cos 2\pi ky \cos 2\pi hx\ \cos 2\pi (\frac{h+k}{4}) \sin 2\pi lz$$

$$\boxed{B(hkl) = 8\cos^2 2\pi \frac{h+k}{4} cos\, 2\pi hx \cos 2\pi ky\ \sin 2\pi lz}$$

(2) 이 공간군의 반사 조건은 다음과 같다.

hkl : $h+k=2n$

A와 B의 계수에서

$\cos^2 2\pi \dfrac{h+k}{4} = 0$, $h+k=2n+1$일 때

이 조건으로부터 다음의 나머지 조건이 나온다.

$0kl$: $(k=2n)$

$h0l$: $(h=2n)$

$hk0$: $(h+k=2n)$

$h00$: $(h=2n)$

$0k0$: $(k=2n)$

$00l$: 조건 없음

이상과 같이 각 공간군의 반사 조건은 그 공간군의 구조 인자 식으로부터 쉽게 계산할 수 있다. 230개 모든 공간군의 구조 인자 식은 책 "International Table for x-ray Crystallography"[60]에 자세히 나타나 있다.

※ 상기 책에 있는 구조 인자 식으로부터 공간군의 반사 조건 계산 예

▶ $P2_12_12_1$(19): 카이랄 공간군

(1) 구조 인자 식

$$\boxed{\begin{aligned} A(hkl) &= 4\cos 2\pi (hx - \frac{h-k}{4}) \cos 2\pi (ky - \frac{k-l}{4}) \cos 2\pi (lz - \frac{l-h}{4}) \\ B(hkl) &= -4\sin 2\pi (hx - \frac{h-k}{4}) \sin 2\pi (ky - \frac{k-l}{4}) \sin 2\pi (lz - \frac{l-h}{4}) \end{aligned}}$$

60) Norman F. M. Henry and Kathleen Lonsdale, International Tables for X-ray Crystallography, Volume I, 1969, pp. 373-525, published by The Kynoch Press, Birmingham, England.

(2) 반사 조건

반사 조건은 $h00: h=2n;\ \ 0k0: k=2n;\ \ 00l: l=2n$일 때 반사가 일어난다.

(2-1) $h00$를 구조 인자 식에 대입하자.

$A(h00)=4\cos 2\pi(hx-\frac{h}{4})\cos 2\pi(0)\cos 2\pi(\frac{h}{4})=0,\ \ h=2n+1$과 같이 홀수일 때

$B(h00)=\ -4\sin 2\pi(hx-\frac{h}{4})\sin 2\pi(0)\sin 2\pi(\frac{h}{4})=0,\ \ \sin 0=0$이므로

(2-2) $0k0$를 구조 인자 식에 대입하자.

$A(0k0)=4\cos 2\pi(\frac{k}{4})\cos 2\pi(ky-\frac{k}{4})\cos 2\pi(0)=0,\ \ k=$홀수일 때

$B(0k0)=\ -4\sin 2\pi(\frac{k}{4})\sin 2\pi(ky-\frac{k}{4})\sin 2\pi(0)=0,\ \ \sin 0=0$이므로

(2-3) $00l$를 구조 인자 식에 대입하자.

$A(00l)=4\cos 2\pi(0)\cos 2\pi(\frac{l}{4})\cos 2\pi(lz-\frac{l}{4})=0,\ \ l=$홀수일 때

$B(00l)=\ -4\sin 2\pi(0)\sin 2\pi(\frac{l}{4})\sin 2\pi(lz-\frac{l}{4})=0,\ \ \sin 0=0$이므로

▶ $I4/m$(87): **대칭 중심 공간군**

(1) 구조 인자 식

$$A(hkl)=16\cos^2 2\pi\frac{h+k+l}{4})\cos\pi[(h-k)x+(h+k)y]\cos\pi[(h+k)x-(h-k)y]\cos 2\pi lz$$

$$B(hkl)=0$$

(2) 반사 조건

반사 조건은 $hkl: h+k+l=2n;\ \ hk0: (h+k=2n);\ \ 00l: (l=2n)$일 때 반사가 일어난다.

(2-1) $hkl: h+k+l=2n$은 구조 인자 식의 계수에서 얻어진다.

$$\cos^2 2\pi\frac{h+k+l}{4}=0,\ \ h+k+l=2n+1\text{일 때}$$

(2-2) $hk0:(h+k=2n)$

$$\cos^2 2\pi\frac{h+k}{4}=0,\quad h+k=2n+1 \text{일 때}$$

(2-3) $00l:(l=2n)$

$$\cos^2 2\pi\frac{l}{4}=0,\quad l=2n+1 \text{일 때}$$

▶ $P6_3(173)$: 극성 공간군

(1) 구조 인자 식

$$A(hkl)=2\cos 2\pi(lz-\frac{l}{4})[\cos 2\pi(hx+ky+\frac{l}{4})+\cos 2\pi(kx+iy+\frac{l}{4})+\cos 2\pi(ix+hy+\frac{l}{4})]$$

$$B(hkl)=2\sin 2\pi(lz-\frac{l}{4})[\cos 2\pi(hx+ky+\frac{l}{4})+\cos 2\pi(kx+iy+\frac{l}{4})+\cos 2\pi(ix+hy+\frac{l}{4})]$$

(2) 반사 조건 $000l:\ l=2n$

구조 인자 식에 $000l$를 대입하자.

$$A(00l)=2\cos 2\pi(lz-\frac{l}{4})[\cos 2\pi(\frac{l}{4})+\cos 2\pi(\frac{l}{4})+\cos 2\pi(\frac{l}{4})]=0,\quad l=2n+1 \text{일 때}$$

$$B(00l)=2\sin 2\pi(lz-\frac{l}{4})[\cos 2\pi(\frac{l}{4})+\cos 2\pi(\frac{l}{4})+\cos 2\pi(\frac{l}{4})]=0,\quad l=2n+1 \text{일 때}$$

6.4.2 구조 인자로부터 전자 밀도까지

구조 인자와 전자 밀도를 Fourier 합산으로 기술할 때 이 둘이 밀접하게 관련이 있다는 것을 발견할 수 있다. 전자 밀도는 구조 인자의 Fourier 변환인데 이것이 의미하는 것은 결정학적 자료인 구조 인자를 단위 세포와 분자 구조로 바꿀 수 있다는 것을 의미한다. 그러나 한 가지 필요한 정보가 빠져 있다. 우리는 반사의 회절 강도 $I(hkl)$만을 측정할 뿐이지 완전한 구조 인자 $F(hkl)$을 얻는 것이 아니다. 그렇다면 $I(hkl)$과 $F(hkl)$ 사이에는 무슨 관계가 있는 것인가? 구조 인자의 진폭은 그 측정한 회절 강도의 제곱근인 $\sqrt{I(hkl)}$에 비례하는 것이다. 그래서 만일 회절 자료로부터 $I(hkl)$을 알면 $F(hkl)$의 진폭은 알지만, 불행하게도 구조 인자의 위상

$\alpha(hkl)$은 알지 못한다.

현미경에서 한 대상 물체로부터 반사된 광선을 초점에 맞출 때 렌즈가 광선 사이의 모든 위상 관계를 유지하고 있어서 상을 정확히 작도한다. X-선 실험에서 회절 강도를 수집할 때 컴퓨터가 X-선의 초점을 맞추는 데 필요한 위상 $\alpha(hkl)$의 정보를 잃는 것이다. 다행히 6장 3절에서 언급한 중원자법 또는 직접법에 의하여 각각의 반사의 위상을 얻을 수 있는 것이다. 여기서 얻은 위상 값을 구조 인자에 추가하여 Fourier 합산을 하여 분자 구조를 알게 되는 것이다.

부 록

공간군 $P6_122$를 가진 $C_{56}H_{56}Cl_6Cr_2P_4$의 절대구조

Korean J. Crystallography
Vol. 19, No. 1, pp.14~20, 2008

空間群 $P6_122$를 가진 $C_{56}H_{56}Cl_6Cr_2P_4$의 絕對構造

金成觀 · 韓元植 · 閔庚台 · 姜相旭 · 徐日煥[a]
高麗大學校(世宗 campus) 新素材化學科
[a]韓國科學技術情報研究院

Absolute Structure of $C_{56}H_{56}Cl_6Cr_2P_4$ with Space Group $P6_122$

Sung-Kwan Kim, Won-Sik Han, Kyoung-Tae Min, Sang Ook Kang and Il-Hwan Suh[a]
Department of Material Chemistry, Korea University, 208 Seochang, Chochiwon, Chungnam 339-700 Korea
[a]Korea Institute of Science and Technology Information, 52-11 Eoeun-dong, Yuseong-gu, Daejeon 305-806, Korea
E-mail: ihsuh@korea.ac.kr

抄　錄

Enantiomorphic space group $P6_122$를 가진 $C_{56}H_{56}Cl_6Cr_2P_4$의 絕對構造가 anomalous dispersion effect를 사용하여 確認되었다.

Abstract

The absolute structure of a compound $C_{56}H_{56}Cl_6Cr_2P_4$ with enantiomorphic space groups $P6_122$ was confirmed by means of anomalous dispersion effect.

1. Introduction to Enantiomorphic Pair Space Groups $P6_122$(178) and 6_522(179)

1.1. Coordinates of space group $P6_122$

Space group $P6_122$의 6_1[001], 2[100] 그리고 2[210] at z = 1/2에 의하여 다음의 equivalent coordinates가 얻어진다.

$$6_1[001] = \begin{bmatrix} 1 & -1 & 0 \\ 1 & 0 & 0 \\ 0 & 0 & 1 \end{bmatrix}\begin{bmatrix} x \\ y \\ z \end{bmatrix} + \begin{bmatrix} 0 \\ 0 \\ 1/6 \end{bmatrix}$$

으로부터 다음의 6개 등가좌표를 얻어지며

$$\underset{(1)}{\begin{bmatrix} x \\ y \\ z \end{bmatrix}} = \underset{(6)}{\begin{bmatrix} x-y \\ x \\ z+1/6 \end{bmatrix}} = \underset{(2)}{\begin{bmatrix} -y \\ x-y \\ z+1/3 \end{bmatrix}} = \underset{(4)}{\begin{bmatrix} -x \\ -y \\ x+1/2 \end{bmatrix}}$$

$$= \underset{(3)}{\begin{bmatrix} -x+y \\ -x \\ z+2/3 \end{bmatrix}} = \underset{(5)}{\begin{bmatrix} y \\ -x+y \\ z+5/6 \end{bmatrix}} = \begin{bmatrix} x \\ y \\ z \end{bmatrix}$$

$$\mathbf{2[100]} = \begin{bmatrix} 1 & -1 & 0 \\ 0 & -1 & 0 \\ 0 & 0 & -1 \end{bmatrix}$$

으로부터 다음의 6개 등가좌표가 추가된다.

$$\underset{(1)}{\begin{bmatrix} x \\ y \\ z \end{bmatrix}} = \underset{(8)}{\begin{bmatrix} x-y \\ -y \\ -z \end{bmatrix}}$$

(6) (10)

$$\begin{bmatrix} x-y \\ x \\ z+1/6 \end{bmatrix} = \begin{bmatrix} -y \\ -x \\ -z-1/6 \end{bmatrix} = \begin{bmatrix} -y \\ -x \\ -z+5/6 \end{bmatrix}$$

(2) (9)

$$\begin{bmatrix} -y \\ x-y \\ z+1/3 \end{bmatrix} = \begin{bmatrix} -x \\ -x+y \\ -z+2/3 \end{bmatrix}$$

(4) (11)

$$\begin{bmatrix} -x \\ -y \\ z+1/2 \end{bmatrix} = \begin{bmatrix} -x+y \\ y \\ -z+1/2 \end{bmatrix}$$

(3) (7)

$$\begin{bmatrix} -x+y \\ -x \\ z+2/3 \end{bmatrix} = \begin{bmatrix} y \\ x \\ -z+1/3 \end{bmatrix}$$

(5) (12)

$$\begin{bmatrix} y \\ -x+y \\ z+5/6 \end{bmatrix} = \begin{bmatrix} x \\ x-y \\ -z+1/6 \end{bmatrix}$$

2[210] at $z = 1/12$의 transformation matrix 인 $\begin{bmatrix} 1 & 0 & 0 \\ 1 & -1 & 0 \\ 0 & 0 & -1 \end{bmatrix} = \begin{bmatrix} 0 \\ 0 \\ 1/6 \end{bmatrix}$ **로부터는 다음같이 동일한 coordinate들이 나온다:**

(1) (12) (2) (4)

$$\begin{bmatrix} x \\ y \\ z \end{bmatrix} = \begin{bmatrix} x \\ x-y \\ -z+1/6 \end{bmatrix} \qquad \begin{bmatrix} -y \\ x-y \\ z+1/3 \end{bmatrix} = \begin{bmatrix} -y \\ -x \\ -z+1/2 \end{bmatrix}$$

이상으로 space group $P6_122(178)$의 12개 coordinates가 다음과 같이 모두 유도되었다

(1) x, y, z	(2) $-y, x-y, z+1/3$
(3) $-x+y, -x, z+2/3$	(4) $-x, -y, z+1/2$
(5) $y, -x+y, z+5/6$	(6) $x-y, x, z+1/6$
(7) $y, x, -z+1/3$	(8) $x-y, -y, -z$
(9) $-x, -x+y, -z+2/3$	(10) $-y, -x, -z+5/6$
(11) $-x+y, y, -z+1/2$	(12) $x, x-y, -z+1/6$

1.2. Coordinates of space group 6_522

Space group $P6_122$의 12개 coordinates에 inversion를 취하면 다음과 같다

(1) $-x, -y, -z$	(2) $y, -x+y, -z+2/3$
(3) $x-y, x, -z+1/3$	(4) $x, y, -z+1/2$
(5) $-y, x-y, -z+1/6$	(6) $-x+y, -x, -z+5/6$
(7) $-y, -x, z+2/3$	(8) $-x+y, y, z$
(9) $x, x-y, z-2/3$	(10) $y, x, z-5/6$
(11) $x-y, -y, z+1/2$	(12) $-x, -x+y, z-1/6$

$-x \equiv X$, $-y \equiv Y$, $-z \equiv Z$로 놓아 얻어지는 다음 coordinates는 $6_522(179)$의 12개의 coordinates이다.

(1) X, Y, Z	(2) $-Y, X-Y, Z+2/3$
(3) $-X+Y, -X, Z+1/3$	(4) $-X, -Y, Z+1/2$
(5) $Y, -X+Y, Z+1/6$	(6) $X-Y, X, Z+5/6$
(7) $Y, X, -Z+2/3$	(8) $X-Y, -Y, -Z$
(9) $-X, -X+Y, -Z+1/3$	(10) $-Y, -X, -Z+1/6$
(11) $-X+Y, Y, -Z+1/2$	(12) $X, X-Y, -Z+5/6$

따라서 $P6_122$와 $P6_522$의 general equivalent coordinates間에는 inversion symmetry의 관계에 있다.

2. Special relations between $P6_122(178)$ and $P6_522(179)$

Section 1.1과 1.2에서 증명된 바와 같이 space groups $P6_122$와 $P6_522$의 general equivalent coordinates간에는 inversion symmetry의 관계에 있어 다음관계가 얻어진다.

2.1. Enantiomorphism(거울像 異性質體) of $P6_122$ and $P6_522$

첫째 이들 두 space groups의 structure factors는 서로의 complex conjugate이다.

둘째 이들 두 space groups 各各에 屬한 分子는 D(dextro = right hand) 또는 L(levo = left hand)-form을 갖는 서로의 enantiomer(左右像)이다.

셋째 anomalous dispersion을 무시할 때 space groups $P6_122$와 $P6_522$의 intensity가 동일하여 Friedel's law가 성립한다.

넷째 Friedel's law가 成立하는 限 分子의 absolute structure는 定할 수가 없어 그 분자는 두 space groups $P6_122$와 $P6_522$ 모두에게 속할 수 있다.

2.2. Identical reflection condition of $P6_122$ and $P6_522$

상기 두 space groups에서 다음의 동일한 reflection condition이 나온다.

$$\begin{aligned} F(00l) = &\exp 2\pi i l z(1 + \exp 2\pi i l/3 \\ &+ \exp 2\pi i l 2/3 + \exp 2\pi i l/2 \\ &+ \exp 2\pi i l 5/6 + \exp 2\pi i l/6) \\ &+ \exp 2\pi i(-z)(\exp 2\pi i l/3 + 1 \\ &+ \exp 2\pi i l 2/3 + \exp 2\pi i l 5/6 \\ &+ \exp 2\pi i l/2 + \exp 2\pi i l/6) \\ &\neq 0 \text{ only when } l = 6n \end{aligned}$$

3. Previous Work

결정학에는 32개의 point groups가 있고 이들로부터 유도되는 92개의 centric space groups와 138개의 noncentric space groups를 합하여 230개의 space groups가 있다.

138個의 모든 noncentric space groups에 속한 molecules는 그들의 absolute structures를 결정해야 한다.

3.1. Centric space groups 92個

11개의 centric point groups $\bar{1}$, $2/m$, mmm, $4/m$, $4/mmm$, $\bar{3}$, $\bar{3}m$, $6/m$, $6/mmm$, $m3$, $m3m$에서 92개의 centric space groups가 유도된다.

Centric space groups에는 inversion symmetry를 갖는 coordinates $\pm x$, $\pm y$, $\pm z$가 존재하여 unit cell에는 D-form과 L-form이 공존하며 分子內에 anomalous scatterer가 있어도 항상 Friedel's law $I(hkl) = I(\bar{h}\bar{k}\bar{l})$가 성립하다.

3.2. Noncentric space groups 138個

21個 noncentric point groups는 rotoinversion symmetry를 갖는 point groups와 enantiomorphous point groups으로 분류되며 이들로부터 138개 space groups가 유도된다.

3.2.1. Rotoinversion symmetry를 갖는 space groups 73個

Rotoinversion symmetry를 갖는 10개의 point groups $\bar{4}$, $\bar{4}2m$, $\bar{6}$, $\bar{6}m2$, $\bar{4}3m$, m, $mm2$, $4mm$, $3m$, $6mm$에서 73개의 space groups가 유도되며 rotoinversion symmetry 때문에 unit cell內에 D-form과 L-form의 structures가 공존한다. 그러나 여기에는 inversion symmetry에서 얻어지는 coordinates $\pm x$, $\pm y$, $\pm z$가 없으므로 SHELX-97[5] program으로 refine할 때 command MOVE 1 1 1 −1을 사용하여 atomic coordinates에 inversion symmetry를 조작한 후 refine하여 Flack parameter[3]를 보아 absolute structure를 정해야 한다.

3.2.2. Enantiomorphous space groups

Rotoinversion symmetry가 없는 11개 enantiomorphous point groups 1, 2, 3, 4, 6, 222, 422, 32, 622, 23, 432에서 유도되는 65개 enantiomorphous space groups의 unit cell內에는 D-form 아니면 L-form의 구조가 존재한다.

또한 이 65개 enantiomorphous space groups 중에는 11개의 pair space groups가 있는데 이들의 coordinates는 서로 inversion symmetry관계에 있어 한 쪽의 structure가 D-form이면 다른 쪽의 structure는 L-form을 갖는다.

3.3. Absolute structure

Absolute structure를 결정하기 위하여는 對象 compound가 noncentric space group에 속하며 그 compound內에 anomalous scatterer가 포함되어 있어 X-ray intensity data에서 Friedel's law가 성립하지 않아야 한다.

Anomalous dispersion effect를 이용하여 absolute

structure를 밝히는 이론방법은 이미 확립되었으며[1] Flack parameter x value로 absolute structure를 판정할 수 있다.[3] Choi *et al.*의 실험에서는 enantiomorhpous pair space groups $P4_12_12(92)$와 $P4_32_12(96)$를 구별하였다.[2]

4. Absolute structure of $C_{56}H_{56}Cl_6Cr_2P_4$

본 시료의 intensity는 SMART single crystal diffractometer[3]를 이용하여 limiting sphere의 hemisphere 영역을 측정하였다.

이 intensity data는 reflection condition $00l$: $l = 6n$을 만족하여 본 시료는 enantiomorphic pair space groups P6$_1$22(178)와 P6$_5$22(179) 양쪽에 속할 수 있음을 알았다.

이 두 space groups는 noncentrosymmetric point group $622(D_6)$에 속하므로 anomalous dispersion이 고려될 때는 이 point group의 symmetry를 만족하

Table 1. Crystallographic data of $C_{56}H_{56}Cl_6Cr_2P_4$ refined with two space groups P6$_1$22(178) and P6$_5$22(179) are the same when $\Delta f'' = 0$

Space groups	P6$_1$22(178) & P6$_5$22(179)
Empirical formula	$C_{56}H_{56}Cl_6Cr_2P_4$
Formula weight	1169.59
Temperature	233(2) K
Wavelength	0.71073 Å
Crystal system	Hexagonal
Unit cell dimensions	a = 11.0901(6) Å alpha = 90°
	b = 11.0901(6) Å beta = 90°
	c = 87.205(9) Å gamma = 120°
Volume	9288.4(12) Å^3
Z, Calculated density	6, 1.255 Mg/m^3
Absorption coefficient	0.746 mm^{-1}
F(000)	3612
Crystal size	0.08 × 0.07 × 0.04 mm
Theta range for data collection	1.40 to 28.31°
Limiting indices	$-14 <= h <= 12$, $-13 <= k <= 14$, $-102 <= l <= 115$
Reflections collected/unique	67749/4753 [R(int) = 0.2115]
Completeness to theta = 28.31	99.9%
Max. and min. transmission	0.9744 and 0.9427
Refinement method	Full-matrix least-squares on F^2
Data/restraints/parameters	4753/0/312
Goodness-of-fit on F^2	0.920
Final R indices [I > 2sigma(I)]	R1 = 0.1196, wR2 = 0.2764
R indices (all data)	R1 = 0.1444, wR2 = 0.2929
Absolute structure parameter	10(10)
Extinction coefficient	0.0131(14)
Largest diff. peak and hole	1.223 and −1.276 e. Å^{-3}

Table 2. Comparison of crystallographic data of $C_{56}H_{56}Cl_6Cr_2P_4$ with space groups P6$_1$22 and P6$_5$22 when $\Delta f'' \neq 0$. The same experimental data as in Table 1 are omitted for easy comparison

	P6$_1$22	P6$_5$22
Data/restraints/parameters	7707/0/312	7707/0/312
Goodness-of-fit on F^2	0.827	0.835
Final R indices [I > 2sigma(I)]	R1 = 0.1114, wR2 = 0.2598	R1 = 0.1131, wR2 = 0.2625
R indices (all data)	R1 = 0.1448, wR2 = 0.2828	R1 = 0.1465, wR2 = 0.2856
Absolute structure parameter	0.10(7)	0.89(7)
Extinction coefficient	0.0195(15)	0.0196(15)
Largest diff. peak and hole	1.333 and −1.326 e.Å^{-3}	1.344 and −1.332 e.Å^{-3}

Table 3. Atomic coordinates (× 10^4) and equivalent isotropic displacement parameters (Å^2 × 10^3) with $P6_122$ and $P6_522$ for $C_{56}H_{56}Cl_6Cr_2P_4$. U(eq) is defined as one third of the trace of the orthogonalized Uij tensor. Only nine atomic coordinates are shown due to the limited space

	P6₁22				P6₅22			
atom	x	y	z	U(eq)	x	y	z	U(eq)
Cr	5743(1)	−659(1)	191(1)	35(1)	4257(1)	10659(1)	9809(1)	35(1)
Cl(1)	4802(2)	−2962(2)	124(1)	45(1)	5198(2)	12962(2)	9876(1)	45(1)
Cl(2)	4008(2)	−1131(2)	365(1)	48(1)	5992(2)	11131(2)	9635(1)	48(1)
Cl(3)	7489(2)	0	0	37(1)	2511(2)	10000	10000	37(1)
Cl(4)	4625(2)	0	0	38(1)	5375(2)	10000	10000	38(1)
P(1)	7256(3)	−933(2)	379(1)	41(1)	2744(3)	10933(2)	9621(1)	41(1)
P(2)	6821(2)	1670(2)	320(1)	39(1)	3178(2)	8330(2)	9680(1)	39(1)
C(1)	8029(10)	596(10)	516(1)	47(2)	1971(10)	9404(10)	9484(1)	47(2)
C(2)	7111(10)	1263(11)	521(1)	48(2)	2890(10)	8736(11)	9479(1)	48(2)

는 intensity data를 이용할 수 있다.

4.1. Structure refinement of without anomalous dispersion effect

SHELX-97[5]에서 MERG 4(MERG 4 averages all equivalents, including Friedel opposites, and sets all $\delta f'$ values to zero)를 사용하여 anomalous dispersion term인 $\delta f' = 0$라고 놓아 Friedel's law가 성립하는 상태에서 compound $C_{56}H_{56}Cl_6Cr_2P_4$의 structure를 $P6_122$와 $P6_522$로 refinement한 결과 Table 1에 보인 바와 같이 모든 crystallographic data가 모두 동일하였으며 absolute structure parameter $x = 10(10)$로 absolute structure는 정할 수 없음을 나타내었다(Expected Flack x is 0(within 3 esd's) for correct and +1 for inverted absolute structure).

따라서 Friedel's law가 성립하는 한 본 시료는 $P6_122$와 $P6_522$ 의 양쪽에 속한다고 볼 수 있다.

측정한 total reflections 67749개 중에서 Friedel's pair를 평균한 unique reflection의 수는 4753개 였다.

Space group $P6_522$로 refine할 때는 space group $P6_122$에서 얻은 atomic coordinates에 command MOVE 1 1 1 −1을 사용하여 inversion symmetry를 조작한 coordinates로 refine하였다.

4.2. Structure refinement of $C_{56}H_{56}Cl_6Cr_2P_4$ with anomalous dispersion effect

Title compound $C_{56}H_{56}Cl_6Cr_2P_4$에는 anomalous scatterer인 ^{15}P, ^{17}Cl, ^{24}Cr가 있어 structure factor value에 충분한 anomalous dispersion effect를 미칠 수 있다. 따라서 SHELX-97[5]에서 MERG 2(= n)(if $n = 2$, the Friedel opposites are not combined before refinement)를 사용하여 anomalous dispersion term인 $\Delta f' \neq 0$라는 상태에서 compound $C_{56}H_{56}Cl_6Cr_2P_4$의 structure를 $P6_122$와 $P6_522$로 refine한 결과들이

Table 4. Bond lengths (Å) and bond angle [°] with $P6_122$ and $P6_522$. Only nine bond lengths and nine bond angles are given due to the limited space

Bond A-B	P6₁22	P6₅22
Cr-Cl(1)	2.298(3)	2.299(3)
Cr-Cl(2)	2.296(3)	2.298(3)
Cr-Cl(3)	2.375(3)	2.374(2)
Cr-Cl(4)	2.399(3)	2.397(2)
Cr-P(1)	2.471(3)	2.472(3)
Cr-P(2)	2.507(3)	2.506(3)
Cl(3)-Cr#1	2.375(3)	2.374(2)
Cl(4)-Cr#1	2.399(3)	2.397(2)
P(1)-C(5)	1.825(12)	2.397(2)
∠A-B-C	P6₁22	P6₅22
Cl(1)-Cr-Cl(2)	92.96(12)	92.91(10)
Cl(1)-Cr-Cl(3)	90.66(9)	90.69(7)
Cl(2)-Cr-Cl(3)	174.23(13)	174.23(10)
Cl(1)-Cr-Cl(4)	98.42(9)	98.41(8)
Cl(2)-Cr-Cl(4)	91.54(11)	91.52(9)
Cl(3)-Cr-Cl(4)	83.47(10)	83.48(8)
Cl(1)-Cr-P(1)	89.46(12)	89.46(9)
Cl(2)-Cr-P(1)	94.31(12)	94.30(9)
Cl(3)-Cr-P(1)	90.22(11)	90.24(9)

Symmetry transformations used to generate equivalent atoms: #1 $x-y$, $-y$, $-z$

Table 2에 보여져 있다.

Table 2에 의하면 unique reflection 數 7707 個 (≃ 2 × 4753)는 同一하나 space group $P6_122$에서는 reliability factor R1 = 0.1114이고 absolute structure parameter는 0.10(7)인데 대하여 space group $P6_522$에서는 R1 = 0.1131이고 absolute structure parameter는 0.89(7)이므로 본 compound의 space group은 $P6_122$임이 확인되었다. $P6_122$와 $P6_522$에서 사용한 atomic coordinates는 Table 3에 주어져 있다.

Table 5. Comparison of torsion angles [°] for $C_{56}H_{56}Cl_6Cr_2P_4$ with $P6_122$ and $P6_522$. Only nine torsion angles are shown due to the limited space

	$P6_122$	$P6_522$
Cl(1)-Cr-Cl(3)-Cr#1	98.39(7)	−98.38(7)
Cl(2)-Cr-Cl(3)-Cr#1	−30.2(9)	30.2(9)
Cl(4)-Cr-Cl(3)-Cr#1	0.0	0.000(2)
P(1)-Cr-Cl(3)-Cr#1	−172.16(8)	172.16(8)
P(2)-Cr-Cl(3)-Cr#1	−92.27(7)	92.27(7)
Cl(1)-Cr-Cl(4)-Cr#1	−89.74(7)	89.73(7)
Cl(2)-Cr-Cl(4)-Cr#1	177.09(8)	−177.10(9)
P(1)-Cr-Cl(4)-Cr#1	51.6(5)	−51.6(5)
P(2)-Cr-Cl(4)-Cr#1	95.59(7)	−95.59(7)

Symmetry transformations used to generate equivalent atoms: #1 $x-y, -y, -z$

4.3. Method to differentiate $P6_122$ from $P6_522$

Table 4에서 보인 바와 같이 양쪽 space groups에서 bond lengths와 bond angles는 같다.

그러나 Table 5에서 보인 바와 같이 torsion angles의 크기는 같으나 부호가 서로 반대임을 알 수 있다.

따라서 11個 enantiomorphic pair space groups간의 absolute structure의 差異는 torsion angles의 부호가 반대라는 것이다.

Fig. 1은 title compound의 structure의 asymmetric unit인 half molecule이며 atoms Cl(3)와 Cl(4)는 2[100]의 symmetry가 지나는 special positions에 놓여 있다.

Fig. 2는 Cl(3)와 Cl(4)를 지나는 2[100] symmetry

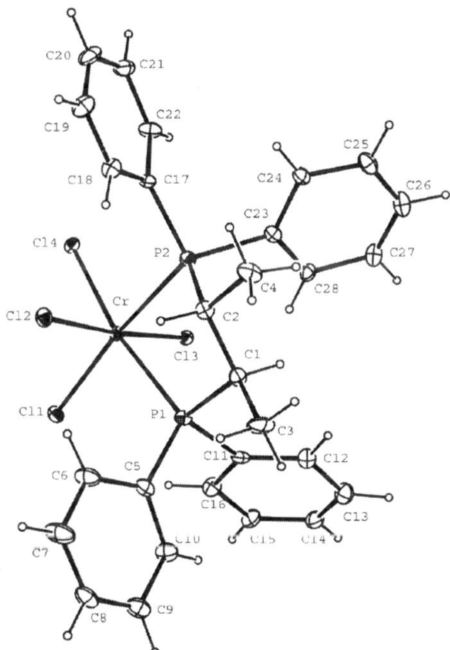

Fig. 1. ORTEP[6] plot of a half molecule of $C_{56}H_{56}Cl_6Cr_2P_4$ with anisotropic thermal factors and 20% probability. Hydrogen atoms are drawn with arbitrary isotropic radii. Space group $P6_122$(178). Cl(3) and Cl(4) atoms are located at a Wyckoff letter *a* · 2 · meaning a special position with 2[100].

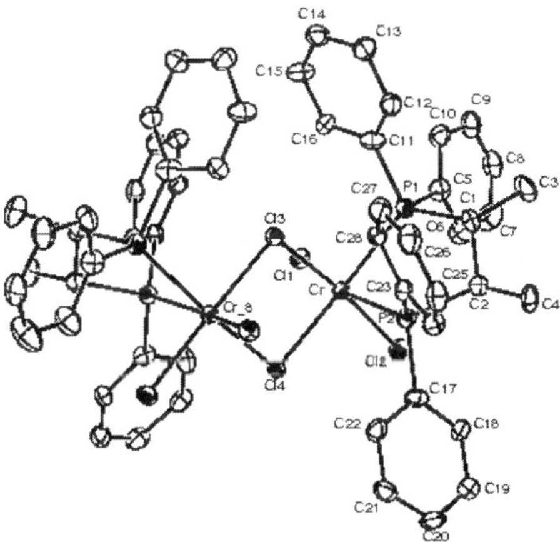

Fig. 2. ORTEP[5] plot of a molecule $C_{56}H_{56}Cl_6Cr_2P_4$. A molecule is completed by a 2[100] symmetry passing through Cl(3) and Cl(4). Hydrogen atoms are omitted for clarity. Only an asymmetric unit of a molecule is labeled.

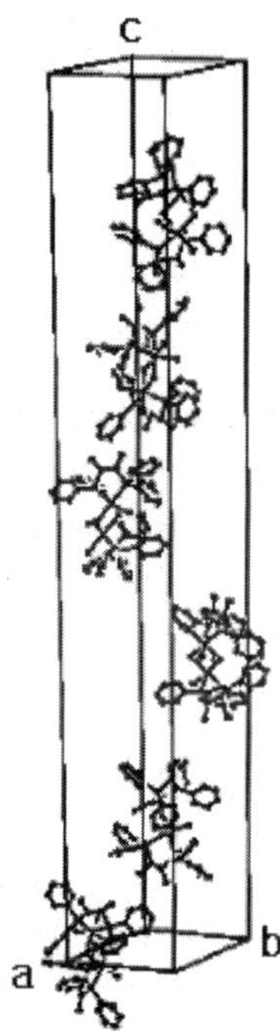

Fig. 3. Packing diagram of molecules $C_{56}H_{56}Cl_6Cr_2P_4$ with space group $P6_122$. There are six molecules in a unit cell with $a = b = 11.0901(6)$ Å, $c = 87.205(9)$ Å, $\alpha = \beta = 90°$ and $\gamma = 120°$.

에 의하여 이루어진 one molecule이다.

Fig. 3는 unit cell내에 있는 6개 분자의 packing diagram이다.

特記하고 싶은 것은 radius가 100 mm인 CCD (charge-coupled device) detector와 sample-detector distance가 48 mm인 조건에서 axis length c = 87.205(9) Å까지의 구조가 밝혀졌다는 것이다.

References

1) Kang, S. O. and Suh, I.-H., Fundamental X-Ray Crystallography, Korea University Press (2007), 246-264.
2) Choi, K.-Y., *et al.*, *Korean J. Crystallography*, **16**, (2005) 21-29.
3) Flack, H. D., *Acta Cryst.*, **A39**, (1983) 876-881.
4) Bruker SMART (Version 5.0) and SAINT-plus (Version 6.0). Bruker AXS Inc., Madison, Wisconsin, U.S.A. (1999).
5) Sheldrick, G. M., SHELX-97. University of Goettingen, Germany (1977).
6) Farrugia, L. J., *J. Appl. Cryst.*, **30**, (1997) 565.

(Received 15 July 2008; accepted 21 July 2008)
Published online 31 July 2008

찾아보기

A

B

R

S

T

U

V

W

ㅈ

ㅊ

ㅋ

| 저자 소개 |

강 상 욱
고려대학교 화학과 졸업(이학사)
고려대학교 대학원 물리화학 전공(이학석사)
미국 펜실베니아 대학교 대학원 무기화학 전공(이학박사)
미국 MIT Post Doctorate
고려대학교 신소재화학과 교수
광전자에너지연구소 소장

서 일 환
서울대학교 문리과대학 물리학과 졸업(이학사)
고려대학교 대학원 물리학 전공(이학석사)
고려대학교 대학원 물리학 전공(이학박사)
원자력청 원자력연구소 원자력연구관(3갑)
한국원자력연구소 선임연구원
충남대학교 물리학과 교수
충남대학교 명예교수

이 종 대
고려대학교 화학과 졸업(이학사)
고려대학교 대학원 무기화학 전공(이학석사)
고려대학교 대학원 무기화학 전공(이학박사)
일본 JSPS Fellowship, Post Doctorate
조선대학교 화학과 교수

알기 쉬운 X-선 유기결정구조 해석

| 저 자 강상욱 · 서일환 · 이종대
| 펴 낸 이 주정희
| 펴 낸 곳 자유아카데미
| 주 소 경기도 파주시 회동길 37-42
파주출판도시
| 전 화 031-955-1321
| 팩 스 031-955-1322
| 전자우편 main@freeaca.com(대표)
editor@freeaca.com(편집)
| 홈페이지 www.freeaca.com
| 등 록 제406-2003-017호, 1980. 7. 12
| 제1판1쇄 2014년 2월 20일 발행
| 정 가 20,000원

ISBN 978-89-7338-096-1 93430